浙江省普通高校"十三五"新形态教材

大学物理实验

秦艳芬　冯唐福　杨　建　章国荣 / 编

College Physics Experiment

U0221516

ZHEJIANG UNIVERSITY PRESS
浙江大学出版社

内容简介

本书根据教育部高等学校物理实验基础课程教学指导分委员会制定的《非物理类理工科大学物理实验课程教学基本要求》编写。

全书共分 5 章。第 1 章和第 2 章,重点介绍贯穿实验课全过程的实验误差和数据处理基本知识;第 3 章介绍力、热、光、电等各类实验的预备知识和常用仪器;第 4 章编选了 21 个基本实验,涵盖了"力、热、声、光、电"5 类实验;第 5 章综合性设计性实验(含近代物理实验),编选了 26 个综合、设计性实验(含近代物理实验)。目的是巩固学生在基本实验阶段的学习成果、开阔学生的眼界和思路,提高学生对实验方法和实验技术的综合运用能力。

本书可作为高等理工科院校理工科各专业大学物理实验课程的基本教材和相关实验技术人员的教学参考书。

图书在版编目(CIP)数据

大学物理实验 / 秦艳芬等编. — 杭州 : 浙江大学出版社,2019.11

ISBN 978-7-308-19718-2

Ⅰ. ①大… Ⅱ. ①秦… Ⅲ. ①物理学－实验－高等学校－教材 Ⅳ. ①O4－33

中国版本图书馆 CIP 数据核字(2019)第 253646 号

大学物理实验

秦艳芬 冯唐福 杨 建 章国荣 编

责任编辑	吴昌雷
责任校对	沈巧华
封面设计	北京春天
出版发行	浙江大学出版社
	(杭州市天目山路 148 号 邮政编码 310007)
	(网址：http://www.zjupress.com)
排　版	杭州朝曦图文设计有限公司
印　刷	浙江省邮电印刷股份有限公司
开　本	787mm×1092mm 1/16
印　张	15.75
字　数	373 千
版 印 次	2019 年 11 月第 1 版 2019 年 11 月第 1 次印刷
书　号	ISBN 978-7-308-19718-2
定　价	38.00 元

序

物理学一词"Φυσικη"最早源于希腊文"υσιζ",意为自然。其现代内涵是指研究物质运动最一般规律和物质基本结构的学科。物理学是实验科学,凡物理学概念、规律及公式等都是以客观实验为基础的。物理理论则是对实验观测结果的归纳和总结,两者相互促进,如鸟之双翼,人之双足,相辅相成,使人类对于自然基本规律的认识不断向前发展。物理学的基本理论渗透在自然科学的各个领域,应用于生产技术的各个方面,是其他自然科学和工程技术的基础。

物理实验课是高等理工科学校的一门基础课,是本科学生进入大学以后接受系统实验方法和实验技能训练的开端。其任务是培养学生的基本科学实验技能,提高学生的科学实验基本素质,使学生初步掌握实验科学的思想和方法。

实验科学的思想和方法是伽利略创立的对实验现象进行实验研究并把实验方法与数学方法、逻辑论证相结合的科学研究方法。科学实验是探索的过程,是可能成功也可能失败的,结果可能符合预期也可能否定预期,当然还可能有意外收获,而得到未曾预期的成功。

物理实验课不同于科学实验,物理实验课是以教学为目的,重在对学生的训练,其目标不在于探索,是以传授知识培养人才为目的。物理实验课中每个实验题目都经过精心设计和安排,以验证性为主,是一定能成功的,它使学生获得基本的实验知识,并在实验方法和实验技能诸方面得到较为系统、严格的训练,是大学里从事科学实验的入门向导。在培养科学工作者的良好素质及科学世界观方面,物理实验课程也起着潜移默化的作用。

前　　言

信息技术和网络技术在教育、教学中应用的深入，不仅改变着高校的教育方式、学习方式，也改变了高校的教材的编写方式。本教材就是融媒体课程型的教材。

与传统的大学物理实验教材相比，本教材通过互联网、移动互联网技术，以嵌入二维码的纸质教材为载体，配套手机端应用，将教材、课堂、教学资源三者融合。本书的大部分实验都有五个部分的讲授视频，分别是"实验简介""仪器设备""实验内容及数据记录""数据处理""思考与讨论"。其中"仪器设备"部分，是在实验室进行讲解、讲授的视频，介绍仪器各部分功能，使用注意事项。使读者打开书，就可进入课堂，就可进入实验室，为读者提供良好的学习环境。

本教材纸质部分的基础始于 2005 年，由秦艳芬老师编写，在宁波工程学院已使用数届，在使用过程中许多老师参与过修订和提出修订建议，其中有尉国栋、金丹青、胡国琦、金淑华、贺梅英、王怀军、汪金芝、孙仁斌老师；另外，季丰民老师编写了 DS1000 数字示波器操作面板介绍；章国荣老师编写了"用双踪示波器测 RLC 电路的相位关系"实验，设计了太阳电池伏-安特性测量的实验电路，参与了电磁实验部分的修订。在此深表谢意。

这次的融媒体课程型教材的编写，文字部分仍由秦艳芬老师完成；视频部分由冯唐福、杨建和胡伦三位老师完成。同时冯唐福和杨建又参与了所做视频部分文字内容的校稿和修订工作。

读者在学习中如对教材的编写和实验的扩展有建议和想法，欢迎与编者交流、讨论。

秦艳芬

2019 年 3 月

目　　录

绪 论
怎样做好物理实验

0.1　物理实验课的性质

　　根据教育部颁发的《高等工业学校物理实验课程教学基本要求》的规定,物理实验是对高等工业学校学生进行科学实验基本训练的一门独立的必修基础课程,是工科学生进入大学以后接受系统实验方法和实验技能训练的开端。

　　物理实验课覆盖面广,具有丰富的实验思想、方法、手段,同时能提供综合性很强的基本实验技能训练,是培养学生科学实验能力、提高科学素质的重要基础。它在培养学生严谨的治学态度、活跃的创新意识、理论联系实际和适应科技发展的综合应用能力等方面具有其他实践类课程难以替代的作用。

　　物理实验在人类文明的发展中,一直扮演着重要的角色,许多物理实验在科学发展中起到里程碑式的作用。可以毫不夸张地讲,没有物理实验就没有当今的人类文明。愿我们共同努力学好物理实验;愿热爱科学研究的学子,努力钻研、探索、创新,为物理实验的发展做贡献。

0.2　物理实验课的任务

　　本课程将在中学物理实验的基础上,按照循序渐进的原则,让学生学习物理实验知识、方法和技能,了解科学实验的主要过程与基本方法,为今后学习和工作奠定良好的实验基础。其具体任务是:

　　(1)培养和提高学生的物理实验技能。通过物理现象的观察、分析和对物理量的测量,学习物理思想、原理及方法,加深对物理实验设计创新思维的理解。

（2）培养和提高学生的科学实验基本素质。包括：

①能够通过阅读实验教材或资料，正确理解原理及方法，尤其是对实验设计思想的理解，为进行实验做好准备。

②能够借助教材和仪器说明书，在教师指导下正确使用仪器，并进行正确的测试。

③能够正确地运用物理理论对实验现象进行初步分析和判断，逐步学会提出问题、分析问题和解决问题的方法。

④能够正确地记录和处理实验数据，绘制曲线，分析实验结果，撰写合格的实验报告。

⑤能够完成符合规范要求的设计性内容的实验。

⑥在教师的指导下，能够查阅有关方面科技资料，用实验原理、方法进行简单的具有研究性和创意性内容的实验。

（3）培养与提高学生的科学实验素养，培养学生理论联系实际和实事求是的科学作风，认真严谨的科学态度，积极主动的探索精神，以及遵守纪律、团结协作和爱护公共财产的优良品德。

为完成以上任务，下面结合实验课的程序提出一些意见和规定，要求学生参照执行。

0.3 怎样做好物理实验

做好物理实验要抓好三个环节：实验预习、实验过程、实验报告。

1. 实验预习

实验预习是实验的基础，是实验顺利进行和提高实验质量的保障。为确保预习质量，在预习中要结合实验仪器设备进行。预习首先要明确本次实验的目的，以此为出发点明确实验原理、实验的方法特点、应测量的内容及注意事项，重点是实验的具体任务是"做什么，怎么做"。如哪些是直接测量的，该用什么仪器和方法来测量；哪些是间接测量的，该用什么方法来测量；结果的不确定度如何估算等。从而能够制定合理的实验规划，能在课堂实验过程中有的放矢，有目的、有指导地进行操作和观察，及时发现和解决问题，独立完成各项任务，实现各个目标。在此基础上写出实验预习报告。

2. 实验过程

（1）认真检查并熟悉测量仪器，记下主要测量仪器的型号及其主要技术参数（如测量范围和仪器误差）。

（2）根据仪器使用说明，正确安装和调整仪器，经检查无误后，按实验程序进行实验。

（3）严肃认真，胆大心细，独立操作，有条不紊。一般每个物理量至少测 6 次。

（4）实事求是，正确记录实验数据和实验现象。

（5）实验中和实验完毕要及时分析和整理数据，如有问题，应该重测或补测。原始数据最后送教师签字后，将电源关掉，将仪器归整好，填写学生实验记录本和仪器设备损坏记录本。经教师检查同意后离开实验室。

实验中强调规范操作，注意操作的安全性；逐渐学会边实验、边检查、边分析，避免实验结束时才发现实验做错了的现象发生。树立误差观念,时刻注意避免产生失误和减小误差。实验中出现故障时应立即控制现场(如切电、降温等),主动报告老师,分析原因,排除故障,总结教训,切不可有意回避,推诿责任,或擅自调换别组的仪器。仪器如有损坏,凡属学生责任事故者,将视情节酌情赔偿。

教师的指导和规则的约束,是实验顺利进行的保障,但绝不意味着束缚学生的主观能动性。学生既要勇于发问,又要有所见地;既要吃透规则,又要有所创新。要有意识地培养独立工作的能力。

3.实验报告

实验报告是实验者的成果展示,这就决定了报告是给人阅读的。阅读者要从报告中了解实验者做了些什么,根据什么去做的,取得了哪些观测资料和通过分析得到什么实验结果;并取得了什么成果或结论。实验者要表明的是自己所做的工作和成果,而不是一份学生的作业。实验报告应能反映实验者对所做实验的完整思路,其中特别应注意实验目的、实验原理、实验结论的和谐一致。即实验中的结论应该是在原理的指导下取得的结果,以说明对实验目的的实现程度。

写实验报告字体要端正,文字要简练,数据要齐全,图表要规范,计算要正确,分析要充分、具体、定量。要按时交实验报告,过时无故不交者无分。如发现有抄袭报告或修改原始数据的现象,将严肃处理。

0.4　关于实验报告

为了阶段性学习的需要,我们将实验报告分为预习报告、课上记录和课后报告三部分。

实验课前必须做书面预习报告,实验课上请老师审阅。无预习报告或预习报告不合格者不准上实验课。

1.预习报告内容

(1)实验名称。

(2)实验目的。

(3)实验原理:主要原理公式及简要说明,主要是公式适用条件,以及如何在实验过程中得以保证(不得照抄书);画好必要的原理图、电路图或光路图。

(4)实验仪器:主要仪器的名称、型号及主要技术参数(测量范围和仪器误差)。

(5)预习思考题回答。

(6)实验数据记录表格。

2.课上记录内容

(1)实验中的现象和处理。

(2)数据记录(表格化记录,不得用铅笔,经教师签字)。

3.课后报告内容

(1)数据处理：

①测量的原始数据和多次重复性简单计算的数据应尽量一起列成表格,并注意数据的有效数字位数。

②单次测量的数据要同时标出不确定度;多次测量的数据在求出平均值后,应同时求出不确定度,并标在平均值后面。

③较复杂的间接测量的计算要有计算过程。计算过程包括依据的公式、列出运算式和得出结果。并同步计算不确定度。

④正确写出最后的实验结果。

⑤数据和不确定度都要有单位,且单位要统一(原始数据的单位用仪器读数的单位,计算时统一换算成通用的国际单位)。

(2)结果的分析讨论：

①实验结论是什么,结论是否正确、合理,若不合理,问题在哪;结合实验中观察到的现象和得到的实验结果进行结果的可靠性讨论。

②误差分析,分析影响实验的主要误差、系统误差修正等,尽可能具体、定量或半定量,切忌空谈。

③实验中现象处理的分析。

④实验方法讨论,主要是方法的优劣,实验的改进、提高,新的创见等。

课后报告与预习报告、课上记录构成一份完整报告。

0.5 物理实验的观察与分析

实验报告中误差分析和结果的分析讨论常常是学生感到比较困难的,本书在物理实验的观察与分析中编写了实验误差分析和结果分析等的内容以供参考。

实验需要测量,更需要观察和分析,因为只有通过对实验现象的观察分析,才能对所要研究的对象及其规律做出合乎客观事实的正确判断,为实验成功奠定基础;同样,也只有通过对测量过程和结果的分析才能从所得的数据中发现其物理本质,并给予某种恰当的评价。

观察和分析是科学实验素质和能力的重要内容。实验者要认识自身的价值与地位,即使所做的实验已被许多前人研究过,也要认真而严肃地用清晰准确的文字向他人展示自己对这个问题的理解和取得的实验成果。

0.5.1 实验观察的方法

观察是收集科学事实,形成科学认识的基础。实验者可以通过自身的观察实践逐步形成自己的方法。下面介绍几种方法,作为引导。

1. 做好预习明确观察对象

做好预习的标志就是实验者具有明确的实验目的,对实验的对象和原理有充分的了解,对实验如何进行已有初步的设想和方案(其中包括观察设计)。在预习过程中,预习笔记是不可缺少的,它是实验者为自己准备的一份计划书。它应包含:

(1)对"实验目的"的理解。"实验目的"规定了实验和观察的目的、对象和任务。

(2)对"实验原理"的理论分析。"实验原理"包括:实验原理的条件、适用范围;物理量的表现形式、物理量之间的关系;原理所预期的现象及其现象出现与转化的条件等。通过这些分析将有助于指导实验的观察和测量。

(3)观察设计。观察设计应有步骤性,先观察什么,后观察什么,一步步地逼近实验的最终目的。由于此时的设计并未接触到实验的实际,难免有片面性,甚至错误,这是完全正常的,实验者正是通过对这些错误设想的反面教训才逐步学会如何正确地思考的。

2. 粗测观察

通过预习,对目的、原理已有了初步的了解,对实验如何进行也有了设想,那么在实验开始时按预习设想将整个实验从头到尾粗略地实施一遍,对实验的全貌有整体认识,这就是粗测观察。将预习设计与实际现象联系起来,对现象出现的合理性做出分析判断。由粗略地调整,做到对实验心中有数,解除预习中的疑问,取得驾驭实验的能力。

从另一角度讲,这种观察为发现问题和提出问题创造了条件,理论分析和实验现象之间的任何不一致都可能是值得进一步探索的问题。

3. 变动性观察

如果仅仅观察研究对象的静态表现(许多测量就是只对静态进行的),认识的范围和深度就会受到局限,若要扩大认识的范围,就必须进行变动性观察,即有意识地改变某些物理量的大小,改变某个实验条件或实验状态,观察它们对研究对象的影响。

0.5.2 实验的分析

要反映观察取得信息的本质,就必须通过思维分析。实际上,观察和分析并不能严格地分开讨论,分析的实施就需要进行观察,而观察的判断就是分析的结果,所以在实际过程中它们往往是交替进行的。下面介绍几种实验中涉及的分析。

1. 现象分析

在实验过程中,边实验观察,边检查分析做出判断。运用物理的和数学的知识以取得较为确切的科学结论。这是理论联系实际的一种很好的学习方式,有利于提高分析能力。这里要注意对有意义的现象做分析,还要抓住那些具有本质意义的现象,对其产生的原因、形成的条件、表现的形态及其规律性等做出较为仔细的理论分析。

2. 误差分析

这部分是对实验的主要误差来源进行分析。这些分析主要是对实验中的系统误差(已定系统误差和未定系统误差)产生的原因和影响的大小进行定量或半定量的分析。在实验结果出现不一致时,这种分析尤为重要,它可以帮助实验者找到结果不一致的原因。

3. 结果分析

这种分析属于对实验结果的评价的一种综合分析。具体内容为：

(1)从实验结果看该实验的目的、要求是否达到？

(2)假若这是一个验证性实验，那么实验结果是否符合已知定律或标准值？

(3)假若是探索性实验，那么实验取得了怎样的规律结果？对此规律应作何种解释？

第 1 章
实验误差与不确定度评定

在科学实验中,总要进行大量的测量工作。要测量就会有误差,而误差的存在与大小将直接影响测量效果;测量效果的好坏即测量的质量由不确定度评定。因此,研究实验误差与不确定度是从事任何科学实验必不可少的。

1.1　测量和误差

1.1.1　测量的基本概念

1.测量定义和测量分类

测量是用一定的工具或仪器,通过一定的方法,直接或间接地与被测对象进行比较。简言之,测量是指为确定被测对象的量值而进行的一组操作。

测量的分类很多,这里只介绍一种按测量值获取方法进行的分类:直接测量和间接测量。

直接测量是把待测物理量直接与认定为标准的物理量相比较,例如用直尺测量长度和用天平测物体的质量。

间接测量是指按一定的函数关系,由一个或多个直接测量量计算出另一个物理量,例如测物体密度时,先测出该物体的体积和质量,再用公式($\rho = m/V$)算出物体的密度。在物理实验中进行的测量,有许多属于间接测量。

2.测量数据

数据不同于一个数值,它是由数值和单位两部分组成的。一个数值有了单位,才具有特定的物理意义,这时它才可以称为一个物理量。因此测量所得的值就是数据,数据应包括数值(大小)和单位,两者缺一不可。通常直接测量量的单位同测量时所用的仪器单位,间接测量量用国际单位。

1.1.2 测量误差的基本知识

1.真值与误差

真值即真实值,是指在一定条件下,任何物理量都必然具有的某一客观反映事物本身特性的真实数据。物理量客观存在的实际值,是我们想要获得的。它是一个理想的概念,一般是无法得到的。

实验测量的结果和客观的真值之间总存在着一定的差值,称为测量量的测量误差,简称"误差"。误差的大小反映了测量的准确程度,即测量接近于客观真实的程度。误差的大小可以用绝对误差表示,也可用相对误差表示。

绝对误差是其测量值与真值之差,其计算式如式(1-1)。相对误差指的是测量所造成的绝对误差与被测量(约定)真值之比。乘以 100% 所得的数值,其计算式如式(1-2),以百分数表示。

$$绝对误差 = 测量值 - 真值,即 \Delta_x = x - x_0 \tag{1-1}$$

$$相对误差 = \frac{绝对误差}{真值},即 E_r = \frac{\Delta_x}{x_0} \cdot 100\% \tag{1-2}$$

绝对误差和相对误差的关系是

$$\Delta_x = \frac{\Delta_x}{x_0} \cdot x_0 = E_r \cdot x_0 \tag{1-3}$$

绝对误差既指明误差的大小,又指明其正负方向;相对误差则更能反映测量的可信程度。一般表示测定值的误差用绝对误差,评价测量的精确程度则需用相对误差。误差可正、可负;$\Delta_x > 0$ 时称为正误差,$\Delta_x < 0$ 时称为负误差。由于真值不能确切地知道,测量误差实际上也不能确切地知道,只能对它进行合理地估算。

2.误差的分类

误差按其性质和产生原因的不同,可分为"系统误差"和"随机误差"两大类。不同性质的误差,其处理的方法也不相同,所以,我们处理误差,必须首先要分清误差的性质。测量结果的总误差,应是这两类误差的总和。

(1)系统误差。在相同的条件下,多次测量同一物理量时,如果误差的大小和正负号总保持不变或按一定的规律变化,这种误差称为系统误差。系统误差的来源主要有:

①理论公式的近似性。例如单摆的周期公式 $T = 2\pi \sqrt{\dfrac{l}{g}}$ 成立的条件之一是摆角趋于零,而在实验中,摆角趋于零是不现实的。

②测量方法的因素。如伏安法测电阻时没有考虑电表内阻的影响。

③仪器因素。如天平的两臂不等长,千分尺的零点不准等。

④环境的因素。如测磁体磁场时受到地磁场的影响,在 30℃ 时使用 20℃ 时标定的标准电池等。

⑤还有观测者的因素。如有人读数时有偏大(或偏小)的痼癖,有人按秒表时总是滞后等。

系统误差有些是定值的,如千分尺的零点不准;有些是积累性的,如用受热膨胀的钢卷尺进行测量时,其测量值就小于真值,误差随测量长度成比例地增加;还有些是周期性变化的,如停表指针的转动中心与表面刻度的几何中心不重合,造成偏心差,其读数误差就是一种周期性的系统误差。

系统误差是测量误差的重要组成部分,发现、估计和消除系统误差,对一切测量工作都非常重要。这种误差的特征是误差的确定性,不能通过多次测量来发现、表征和消除。但它有其一定的内在规律性,消除的方法是找出它的影响规律,对测量值进行修正,这正是实验科学的基本任务。为了找出系统误差的影响规律,往往要做一系列的补充实验。

(2)随机误差。在相同的条件下,多次测量同一物理量时,如果误差的符号时正时负,其绝对值时大时小,没有确定的规律,这种误差称为随机误差。

随机误差的产生取决于测量过程中一系列随机因素的影响。其主要来源有:环境的因素,如温度、湿度、气压的微小变化等;观测者的因素,如瞄准、读数的不稳定等;测量装置的因素,如零件配合的不稳定性、零件间的摩擦等。

随机误差的特征是误差的随机性。如果我们对某一物理量只进行一次测量,它的随机误差是没有规律可循的;但如果在相同的宏观条件下对一个量进行足够多次的测量,就会发现随机误差有一定的统计规律,即它们服从某种概率分布。

增加测量次数可以减小随机误差,但不能完全消除。因此在实验中常常要进行多次测量,一般大学物理实验中对物理量的测量为 6 次。对测量中随机误差的估算,可以利用统计理论处理,这是误差理论的任务。

3. 与误差相关的几个概念

准确度:在不计随机误差时,获得的测量结果与真值的偏离程度。其从根本上取决于系统误差的大小。所以,系统误差大小反映了测量可能达到的准确程度。

精密度:用同一测量工具与方法在同一条件下多次测量,如果测量值随机误差小,即每次测量结果离散性小,说明测量重复性好,称为测量精密度好也称稳定度好,因此,测量随机误差的大小反映了测量的精密度。

精确度:测量的准确度与精密度的总称。在实际测量中,影响精确度的可能主要是系统误差,也可能主要是随机误差,或者两者同时影响测量的精确度。在某些测量中常用精度这一概念,实际上包括了系统误差与随机误差两个方面,例如常用的仪表就常以精度划分仪表等级。仪表精确度又简称精度。精确度和误差可以说是"孪生兄弟",因为有误差的存在,才有精确度这个概念。

等精度测量:是指系统和环境都不变的测量。

4. 测量误差的客观性和普遍性

误差存在于一切测量中,而且贯穿测量过程的始终。因此,在每次测量的整个过程中都要注意分析各种可能的误差影响因素,注意观察测量过程中产生的各种物理现象,分析它们对测量结果的影响。这也包括理论计算的结果。一方面理论本身有局限性(有其适用条件和范围);另一方面,计算的参量本身也是测量量,是有测量误差的,由此计算出来的因变量自然也是有误差的。

误差可以通过各种途径不断减小,但无法绝对避免。为此,我们要对众多的影响因素至少要进行半定量的估计,以便找出主要误差影响因素,采取措施重点予以减小。

误差无法确知,但可进行合理地估算。

1.1.3 系统误差的处理

在许多情况下,系统误差是影响测量结果精确度的主要因素,然而它又不可能通过多次测量被发现,容易被遗漏,从而给实验结果带来严重影响。因此,发现系统误差,估算出它对结果的影响,设法修正它或消除它的影响是误差处理一个重要而困难的内容。

1.系统误差的修正

系统误差中有一部分是可以找出它们的影响规律的,因此可以直接对测得值进行修正,经修正后,这一系统误差就得到消除。

不计随机误差,系统误差 Δ_x^* 定义为测量值 x 与真值 x_0 之差,即

$$\Delta_x^* = x - x_0 \tag{1-4}$$

当测量值大于真值时,规定系统误差是正的;当测量值小于真值时,规定系统误差是负的。

对测量结果进行修正,即测量结果要加上修正值 δ:

$$x_0 = x + \delta \tag{1-5}$$

而

$$\delta = - \Delta_x^* \tag{1-6}$$

2.估计上限的系统误差

在物理实验中,大多数情况下,很多系统误差的影响规律无法确知,自然也无法对它们进行修正,从而无法消除这些误差,而这些系统误差往往构成实验中的主要误差部分而不可略去。如果我们可以估计其上限,在此上限内,这些误差的存在又尚在我们的实验要求容许的范围内,则我们不必把它们的影响规律研究得十分清楚,也不必对此进行系统误差修正,而是把它们形同随机误差,作类似处理。这种误差被称为估计上限的系统误差,仪器误差大多数属于这类误差。

1.1.4 随机误差的估算

1.测量结果的最佳估计值

对某一物理量进行直接多次测量,测量值分别为 x_1,x_2,$\cdots$,x_n,由于存在随机误差,那么用什么值才能合理地代表测量结果呢? 由随机误差的性质可以证明,多次测量值的算术平均值最接近真值,作为真值的最佳估计值,作为测量结果的最佳值。算术平均值

$$\bar{x} = \frac{\sum_{i=1}^{n} x_i}{n} \tag{1-7}$$

其中，n 为测量次数，x_i 为第 i 次测量值，可以证明，当 $n \to \infty$ 时，$\bar{x} \to x_0$（真值）。

2. 随机误差的估算

由随机误差定义知，其大小、方向是不确定的，因此无法计算其值。但可对其估算，测量中随机误差是用其对测量值离散性来说明随机误差的大小。由误差理论知，测量值的标准偏差 S_x 反映测量值的离散性。把测量值的标准偏差 S_x 作为测量中随机误差的估算。标准偏差 S_x 的数学表达式如式(1-8)，此式称为贝塞尔公式。

$$S_x = \sqrt{\frac{\sum\limits_{i=1}^{n}(x_i - \bar{x})^2}{n-1}} \tag{1-8}$$

1.1.5　常见的随机误差分布

随机误差的服从概率分布的形式较多，这里只介绍几种常见的概率分布。概率分布形式由其性质决定，概率分布的性质用概率密度函数 $f(x)$ 来描述，其中 x 代表测量误差，是一种随机变量，在实际问题中，$f(x)$ 一般难以确定，而我们关心的往往也不是 $f(x)$ 本身，而是它的几个数字特征：期望 $E(x)$ 和方差 $D(x)$，还有置信概率 p。

期望 $E(x)$ 描述测量误差平均值的大小。方差 $D(x)$ 描述测量误差的离散性。置信概率 p 是表示变量 x 在（x_1，x_2）区间出现的概率，定义为 $p = \int_{x_1}^{x_2} f(x)\mathrm{d}x$。

1. 正态分布

通过概率统计的检验假设可以证明，只要一个随机变量是由大量的、相互独立的、微弱的因素所构成的，这个随机变量就近似地遵从正态分布。因此，由不能控制的大量的偶然因素造成的测量的随机误差，也近似遵从正态分布。正态分布是最常见的一种连续型概率分布。正态分布的概率密度函数是

$$f(x) = \frac{1}{\sigma\sqrt{2\pi}}\exp\left(-\frac{1}{2}\left(\frac{x-\mu}{\sigma}\right)^2\right), \quad (-\infty < x < +\infty) \tag{1-9}$$

正态分布曲线见图 1-1，这一图形表示，在没有系统误差的条件下，当测量次数 $n \to \infty$ 时，绝对值小的误差比绝对值大的误差出现的次数较多（单峰性），绝对值相等的正误差和负误差出现的次数大体相等（对称性）。

误差 x 的期望 $E(x) = 0$，表示误差的平均值为零（抵偿性）。这也可用另一种形式表示，即

图 1-1　正态分布曲线

$$\lim_{n \to \infty}\frac{1}{n}\sum_{i=1}^{n}(x_i - x_0) = 0 \tag{1-10}$$

其中，n 为测量次数，x_i 为第 i 次测量值，x_0 为待测真值。它表示 $n \to \infty$ 时，所得测量值的算术平均值就等于真值。

误差 x 的方差 $D(x) = \sigma^2(x)$，$\sigma(x) = \sqrt{D(x)}$，σ 称为标准差，它的物理意义是：σ 的大小反映测量值的离散性。σ 大，曲线矮而宽，表示 x 的离散性显著，测量可重复性差；

σ 小，曲线高而窄，表示 x 的离散性不显著，测量可重复性好。见图 1-2。

标准差 σ 是无法实际得到的（$n \to \infty$ 达不到），而从测量值 x_1，x_2，$\cdots$，x_n，可以得到测量值的标准偏

差 $S_x = \sqrt{\dfrac{\sum\limits_{i=1}^{n}(x_i - \bar{x})^2}{n-1}}$。$S_x$ 反映测量值 x_i 对 $\bar{x}$ 的离

图 1-2 σ 的大小与曲线的宽窄关系

散程度。

由于算术平均值不是测量的结果，但最接近真值，因此我们更希望知道 $\bar{x}$ 对真值的离散程度。误差理论可以证明 $\bar{x}$ 的标准偏差为

$$S_{\bar{x}} = \frac{S_x}{\sqrt{n}} = \sqrt{\frac{\sum\limits_{i=1}^{n}(x_i - \bar{x})^2}{n(n-1)}} \tag{1-11}$$

$S_{\bar{x}}$ 的大小反映 $\bar{x}$ 对真值的离散程度。

2. t 分布

在实际中，多为有限次。若对一个物理量在同一条件下进行的测量次数 $n < 10$ 次，则随机误差遵循 t 分布。

t 分布的概率密度函数为

$$f(t,v) = \frac{\Gamma\left(\dfrac{v+1}{2}\right)}{\Gamma(v\pi)\Gamma\left(\dfrac{v}{2}\right)} \times \left(1 + \frac{t^2}{v}\right)^{-\frac{v+1}{2}}, (-\infty < t < \infty) \tag{1-12}$$

式中，v 是正整数，称为自由度 v（$v = n - 1$，n 为测量次数），而 Γ 函数 $\Gamma(\mu) = \int_0^\infty x^{\mu-1}\mathrm{e}^{-x}\mathrm{d}x$，其性质和运算规则可以由数学用表查得。

从 $f(t,v)$ 的表达式可以看出，$f(t,v)$ 只与测量次数 n 有关。知道了 n（$v = n - 1$），$f(t,v)$ 就完全可以确定了。$f(t,v)$ 对于 $t = 0$ 是对称的，它的图形见图 1-3。这一图形表示，在没有系统误差的条件下，当测量次数 $n \to \infty$ 时，绝对值小的误差比绝对值大的误差出现的次数较多（单峰性），绝对值相等的正误差和负误差出现的次数大体相等（对称性）。

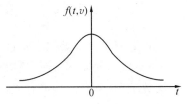

图 1-3 $t = 0$，t 分布是对称的

误差 t 的期望 $E(t) = 0$，表示误差的平均值为零（抵偿性）。这也表示算术平均值

$\bar{x} = \dfrac{\sum\limits_{i=1}^{n} x_i}{n}$ 最接近真值。

误差 t 的方差 $D(t) = \dfrac{v}{v-2}(v > 2)$，当 $v \to \infty$ 时，t 分布趋于标准正态分布。

3. t 分布与正态分布的比较

从图 1-4 可以看到，t 分布的峰值低于正态分布，离散程度也比正态分布稍大。因此，为了达到同样的置信水平，即曲线下的面积相同，$t_p S_{\bar{x}}$ 要大于正态分布的 σ。也可以这样理解：测量次数少了，数据的离散程度就大，即测量误差就要大。为了达到同样的置信水平，就要把测量误差的范围扩大些。

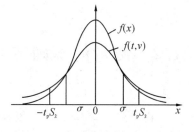

图 1-4　t 分布的峰值低于正态分布

其中 t_p 称为置信系数，p 为置信概率，t_p 与 p 之间的对应关系可以查表得到。表 1-1 列出了不同自由度 v（$v = n-1$，n 为测量次数）下几种常用的置信概率 p 的 t_p 数值。

表 1-1　常用的不同自由度 v 下的 t_p 数值

t_p \ v	1	2	3	4	5	6	7	8	9	10	20	∞
$t_{0.683}$	1.84	1.32	1.20	1.14	1.11	1.09	1.08	1.07	1.06	1.05	1.03	1.00
$t_{0.90}$	6.31	2.92	2.35	2.13	2.02	1.94	1.90	1.86	1.83	1.81	1.73	1.65
$t_{0.95}$	12.71	4.30	3.18	2.78	2.57	2.45	2.36	2.31	2.26	2.23	2.09	1.96
$t_{0.99}$	63.66	9.93	5.84	4.60	4.03	3.71	3.50	3.36	3.25	3.17	2.84	2.58

从表中可看出，当 $n \to \infty$ 时，t 分布趋于正态分布。

4. 均匀分布

只要一个随机变量 X 在某一区间 $[a,b]$ 内任意点出现的概率相同（见图 1-5），即概率密度函数

图 1-5

$f(x) = (x-a)/(b-a)，a \leqslant x \leqslant b$，

则称随机变量 X 服从 $[a,b]$ 上的均匀分布，记为 $X \sim U[a,b]$。

若 $[x_1, x_2]$ 是 $[a,b]$ 的任一子区间，则 $P\{x_1 \leqslant x \leqslant x_2\} = (x_2 - x_1)/(b-a)$，这表明 X 落在 $[a,b]$ 的子区间内的概率只与子区间长度有关，而与子区间位置无关，因此 X 落在 $[a,b]$ 的长度相等的子区间内的可能性是相等的，所谓的均匀指的就是这种等可能性。

在测量实践中均匀分布是常见的，比如数字仪表显示数字的最后一位，在一定范围内不能分辨引入的误差，数据在结尾时引入的舍入误差都可以认为服从均匀分布。均匀分布的重要性还在于：对于实验中遇到的未定系统误差，在一般情况下，由于信息的缺乏，根据等概率假设，也可以认为它们服从均匀分布。例如，有些仪器的误差在允差范围内可以认为服从均匀分布。

1.2 测量的不确定度评定和测量结果的表示

由于测量误差的存在,测量结果中不可避免地含有误差,含有不确定的成分,实际上,这种不确定程度可以用一种科学合理的方法来表征,这就是"不确定度"的评定。在测量方法正确的情况下,不确定度愈小,表示测量结果愈可靠。反之,不确定度愈大,测量质量愈低,它的可靠性愈差,使用价值就愈低。

1.2.1 关于不确定度的一些概念和分类

过去基本上是用误差来评价测量的质量。但一般测量量的真值不可知从而误差不可知,导致用误差来评价测量的质量有诸多不适。1993 年由国际标准化组织(ISO)、国际计量局(BIPM)、国际法制计量组织(OIML)等 7 个国际组织联合推出全世界范围关于测量不确定度表示的指导性文件——《测量不确定度表示指南》(简称《GUM:1993》)。我国计量科学研究院于 1999 年经国家质量技术监督局批准,发布了《JJF1059—1999 测量不确定度评定与表示》,用以代替《JJF1027—1991 测量误差及数据处理》中的测量误差部分。明确提出了测量结果的最终形式要用不确定度来进行评定与表示,由此不确定度在我国开始进入推广使用阶段。以后大学物理实验也用不确定度取代误差来评定测量结果的质量。

1. 不确定度的概念

不确定度是表示由于测量误差的存在而对测量结果不能肯定的误差范围。用来"表征被测量之值的分散性,"是"与测量结果相联系的参数"。不确定度是标准不确定度的简称。标准不确定度是指以"标准偏差"表示的测量不确定度估计值,常记为 u。

2. 不确定度的分类

由于误差来源众多,测量结果的不确定度一般包含几个分量。为了估算方便,按估计其数值的不同方法,它可以分为 A、B 两类分量。

A 类分量是能用统计方法计算出的标准偏差;

B 类分量是能用非统计方法估计出来的等价标准偏差。

1.2.2 不确定度 A 类分量(u_A)的评定

不确定度 A 类分量是通过多次重复测量用统计方法计算而得的分量。在大学物理实验中,对一个物理量在同一条件下进行的测量次数多为 $n < 10$ 次,属有限次测量。随机误差遵循 t 分布,t 分布中 $t_p S_{\bar{x}}$ 反映误差的离散程度,因此将它作为不确定度 A 类分量的评定,通过查表(表 1-1)可以计算 $t_p S_{\bar{x}}$,但这样用起来很不方便。

在实用中,常常要求作高置信概率的报道。国家有关技术规范要求报道的置信概率取为 95%,并规定,当 $p = 95\%$ 时,可将 p 值略去不写;当 $p \neq 95\%$,则必须注明 p 值。

鉴于此,在大学物理实验中,本书置信概率采用 0.95。$t_{0.95}$ 和 $t_{0.95}/\sqrt{n}$ 的值见表 1-2。

表 1-2　$t_{0.95}/\sqrt{n}$ 的值

n	3	4	5	6	7	8	9	10	15	20	$\geqslant 100$
$t_{0.95}$	4.30	3.18	2.78	2.57	2.45	2.36	231	2.26	2.14	2.09	$\leqslant 1.97$
$\dfrac{t_{0.95}}{\sqrt{n}}$	2.48	1.59	1.24	1.05	0.926	0.834	0.770	0.715	0.553	0.467	$\leqslant 0.39$

从表中可以看出,当 $n=6$ 时,有 $t_{0.95}/\sqrt{n} \approx 1$,$t_{0.95}/\sqrt{n} = S_x$,即在置信概率为 0.95 的前提下,A 类不确定度 u_A 可用测量值的标准偏差 S_x 估算。记为:

$$u_A = S_x = \sqrt{\frac{\sum_{i=1}^{n}(x_i - \overline{x})^2}{n-1}} \tag{1-13}$$

1.2.3　不确定度 B 类分量(u_B)的评定

1. 仪器误差

任何仪器都存在误差,我们把在规定的使用条件下,正确使用仪器时,仪器的示值和被测量的真值之间可能出现的最大误差称为仪器误差,以 $\Delta_{仪}$ 表示。

仪器误差包括随机误差和估计上限的系统误差两部分。对于大学物理实验室中多数仪表、器具来说,对同一物理量在相同条件下作多次直接测量时,测量的随机误差分量一般比系统误差小很多;而对另一些仪表、器具,在实际使用中很难保证在相同条件下或规定的正常条件下进行测量,测量误差除估计上限的系统误差外,还包括变差等其他分量。

2. B 类分量与仪器误差

本书约定,在大学物理实验中,大多数情况下把仪器误差 $\Delta_{仪}$ 简化地直接作为用非统计方法估计的分量 u_B,而写成

$$u_B = \frac{\Delta_{仪}}{C} \tag{1-14}$$

其中 C 为修正因子,是根据仪器误差各种不同误差分布的特性,为了折算成近似的等价标准偏差而作的适当修正。一般我们认为仪器误差的误差分布呈均匀分布,折算成 95% 的置信概率,一般都近似地取 $C=1.05$,简化为 $C=1$。因而得

$$u_B = \Delta_{仪} \tag{1-15}$$

表 1-3 给出了几种常见的仪器误差分布函数及其修正因子 C 值。

表 1-3　几种常见的仪器误差分布函数及其修正因子 C 值

分布类型	均匀分布	反正弦分布	两点分布
图型			

续表

分布类型	均匀分布	反正弦分布	两点分布
修正因子 C	1.05	1.003	1
适用条件	量化误差（数字式仪表、游标尺、秒表等）；投影误差（安装调整不垂直、不水平、不对准等）；回程差，频率误差；数值凑整误差等。	偏心引起的测角误差；振动；正弦噪声；失真等。	电流正反向流动；换向器测定误差；只知道误差绝对值

3.常用实验仪器的仪器误差

仪器误差一般由生产厂家在仪器铭牌或说明书中给出；对于未说明仪器误差的仪器，可取仪器的最小分度或最小分度的一半作为仪器误差。表 1-4 是一些常用实验仪器的仪器误差。

表 1-4　某些常用实验仪器的仪器误差

仪器名称	量　程	最小分度值	仪器误差
钢板尺	150mm	1mm	±0.10mm
	500mm	1mm	±0.15mm
	1000mm	1mm	±0.20mm
钢卷尺	1m	1mm	±0.8mm
	2m	1mm	±1.2mm
游标卡尺	125mm	0.02mm	±0.02mm
		0.05mm	±0.05mm
螺旋测径器（千分尺）	0~25mm	0.01mm	±0.004mm
七级天平（物理天平）	500g	0.05g	0.08g(接近满量程) 0.06g(1/2 量程附近) 0.04g(1/3 量程附近)
三级天平（分析天平）	200g	0.1mg	1.3mg(接近满量程) 1.0mg(1/2 量程附近) 0.7mg(1/3 量程附近)
普通温度计（水银或有机溶剂）	0~100℃	1℃	±1℃
精密温度计（水银）	0~100℃	0.1℃	±0.2℃
电表(0.5 级)			0.5%×量程
电表(0.1 级)			0.1%×量程

仪器名称	量　　程	最小分度值	仪器误差
数字万用电表			$\alpha\% \cdot U_x + \beta\% \cdot U_m$（其中 U_x 表示测量值即读数，U_m 表示满度值即量程，α,β 对不同的测量功能有不同的数值。通常将 $\beta\% \cdot U_m$ 用字数表示，如"2 个字"等）

1.2.4　不确定度的合成和测量结果的表示

1. 不确定度 u 的合成

不确定度 u 由 A 类不确定度 u_A 和 B 类不确定度 u_B 采用方和根合成方式得到

$$u = \sqrt{u_A^2 + u_B^2} \tag{1-16}$$

即

$$u = \sqrt{S_x^2 + \Delta_{仪}^2}\ ,\ S_x = \sqrt{\frac{\sum_{i=1}^{n}(x_i - \bar{x})^2}{n-1}}$$

若 A 类分量有 n 个，B 类分量有 m 个，那么合成不确定度为

$$u = \sqrt{\sum_{i=1}^{n} u_{A_i}^2 + \sum_{i=1}^{m} u_{B_i}^2} \tag{1-17}$$

2. 测量结果的表示

若用不确定度表征测量结果的可靠程度，则测量结果写成下列标准形式

$$\begin{cases} x = \bar{x} \pm u \\ u_r = \dfrac{u}{\bar{x}} \times 100\% \end{cases} \tag{1-18}$$

式中，$\bar{x}$ 为多次测量的平均值，u 为合成不确定度，u_r 为相对不确定度，与 u_r 对应 u 也称为绝对不确定度。

测量结果表达式 $x = \bar{x} \pm u$ 的含义是：测量结果是一个范围，即它表示待测物理量的真值有一定的概率落在 $(\bar{x} - u , \bar{x} + u)$ 范围内；误差以一定的概率落在 $(-u , u)$ 范围内；一定的概率就是置信概率。

1.2.5　直接测量不确定度的计算

1. 单次测量

单次测量时，大体有三种情况：

(1)仪器精度较低，随机误差很小，多次测量读数相同，不必进行多次测量。

(2)对测量的准确程度要求不高，只测一次就够了。

(3)因测量条件的限制，不可能多次重复测量。

单次测量的结果也应以上式表示测量结果。这时 u 常用极限误差 Δ 表示。Δ 的取法一般有两种：一种是仪器标定的最大允差 $\Delta_{仪}$；另一种是根据不同仪器、测量对象、环境条件、灵敏阈等估计的一个极限误差。两者中取数值较大的作为 Δ 值。

2. 多次测量

多次测量时，不确定度以下面的过程进行计算：

(1)求测量数据的算术平均值：$\bar{x} = \dfrac{\sum x_i}{n}$；

(2)修正已知的系统误差，得到测量值(如螺旋测微器必须消除零误差)；

(3)用贝塞尔公式计算标准偏差：$S_x = \sqrt{\dfrac{\sum\limits_{i=1}^{n}(x_i - \bar{x})^2}{n-1}}$；

(4)标准偏差乘以置信参数 $t_{0.95}/\sqrt{n}$，测量次数 $n=6$，取 $t_{0.95}/\sqrt{n}=1$，则 $u_A = S_x$；

(5)根据仪器标定的最大允差 $\Delta_{仪}$ 确定 $u_B = \Delta_{仪}$；

(6)由 u_A、u_B 合成不确定度：$u = \sqrt{u_A^2 + u_B^2}$；

(7)计算相对不确定度：$u_r = \dfrac{u}{\bar{x}} \times 100\%$；

(8)给出测量结果：$\begin{cases} x = \bar{x} \pm u \\ u_r = \dfrac{u}{\bar{x}} \times 100\% \end{cases}$。

【例 1-1】 在室温 23℃下，用 $0\sim25$mm 的螺旋测微器测量钢丝的直径 d，数据见表 1-5。

表 1-5 用 $0\sim25$mm 的螺旋测微器测量钢丝的直径 d 数据

N	1	2	3	4	5	6
d /mm	0.602	0.608	0.603	0.605	0.606	0.605

试用不确定度表示测量结果。

解：钢丝的直径 d 的平均值为

$$\bar{d} = \frac{1}{6}\sum_{i=1}^{6} d_i = 0.605(\text{mm})$$

任意一次直径测量值的标准偏差为

$$S_d = \sqrt{\frac{\sum\limits_{1}^{6}(\bar{d} - d_i)^2}{(6-1)}} \approx 0.0023\text{mm}$$

螺旋测微器的仪器误差为 0.004mm：$\Delta_{仪} = 0.004$mm

直径 d 不确定度的 A 类分量为：$u_A = S_d = 0.0023$mm

B 类分量为：$u_B = \Delta_{仪} = 0.004$mm

于是，直径的合成不确定度为

$$u_d = \sqrt{u_A^2 + u_B^2} = \sqrt{(0.0023)^2 + (0.004)^2} \approx 0.005(\text{mm})$$

相对不确定度为 $u_{rd} = \dfrac{u}{d} \times 100\% = 0.9\%$

测量结果表达为 $\begin{cases} d = (0.605 \pm 0.005)\text{mm} \\ u_{rd} = 0.9\% \end{cases}$

1.2.6　间接测量不确定度的计算

间接测量量是由直接测量量根据一定的数学公式计算出来的。这样一来,直接测量量的不确定度就必然影响到间接测量量,这种影响的大小也可以由相应的数学公式计算出来。

1. 间接测量不确定度的计算式

设间接测量所用的数学公式可以用如下的函数形式表示

$$N = F(x, y, z, \cdots) \tag{1-19}$$

式中的 N 是间接测量量, $x, y, z, \cdots$ 是直接测量量,它们是互相独立的量。设 $x, y, z, \cdots$ 的不确定度分别为 $u_x, u_y, u_z, \cdots$,它们必然影响间接测量量,使 N 值也有相应的不确定度 u。由于不确定度都是微小的量,相当于数学中的"增量",因此间接测量的不确定度的计算式与数学中的全微分公式基本相同。不同之处是:①要用不确定度 u_x 等替代微分 d_x 等;②要考虑到不确定度合成的统计性质,一般是用"方、和、根"的方式进行合成。于是,在大学物理实验中用以下两式来简化地计算不确定度:

$$u = \sqrt{\left(\frac{\partial F}{\partial x}\right)^2 (u_x)^2 + \left(\frac{\partial F}{\partial y}\right)^2 (u_y)^2 + \left(\frac{\partial F}{\partial z}\right)^2 (u_z)^2 + \cdots} \tag{1-20}$$

$$u_r = \frac{u_N}{N} = \sqrt{\left(\frac{\partial \ln F}{\partial x}\right)^2 (u_x)^2 + \left(\frac{\partial \ln F}{\partial y}\right)^2 (u_y)^2 + \left(\frac{\partial \ln F}{\partial z}\right)^2 (u_z)^2 + \cdots} \tag{1-21}$$

2. 用间接测量不确定度表示结果的计算过程

(1)先写出(或求出)各直接测量量的不确定度。

(2)依据 $N = F(x, y, z, \cdots)$ 的关系求出 $\dfrac{\partial F}{\partial x}, \dfrac{\partial F}{\partial y} \cdots$ 或 $\dfrac{\partial \ln F}{\partial x}, \dfrac{\partial \ln F}{\partial y} \cdots$。

(3) N 是和差形式的函数,用式(1-20)先求解 u;

N 是积商形式的函数,用式(1-21)先求解 u_r,然后由式 $u_r = \dfrac{u_N}{N}$ 求出 u 或 u_r。

(4)亦可用传递公式直接用各直接测量量不确定度进行计算(见表1-6)。

(5)给出实验结果。$\begin{cases} N = \overline{N} + u \\ u_r = \dfrac{u}{N} \times 100\% \end{cases}, \overline{N} = f(\overline{x}, \overline{y}, \overline{z}, \cdots)$

3. 常用函数的不确定度传递公式

表1-6给出了常用函数的不确定度传递公式,实践中对简单函数关系直接应用较为方便。

表 1-6　常用函数的不确定度传递公式

测量关系	不确定度传递公式
$N = x + y$	$u = \sqrt{u_x^2 + u_y^2}$
$N = x - y$	$u = \sqrt{u_x^2 + u_y^2}$
$N = kx$	$u = ku_x$ ，$u_r = \dfrac{u}{x}$
$N = \sqrt[k]{x}$	$u_r = \dfrac{1}{k} \cdot \dfrac{u}{x}$
$N = xy$	$u_r = \sqrt{u_{rx}^2 + u_{ry}^2}$
$N = x/y$	$u_r = \sqrt{u_{rx}^2 + u_{ry}^2}$
$N = \dfrac{x^k \times y^m}{z^n}$	$u_r = \sqrt{(ku_{rx})^2 + (mu_{ry})^2 + (nu_{rz})^2}$
$N = \sin x$	$u = \lvert \cos x \rvert u_x$
$N = \ln x$	$u = u_{rx}$

【例 1-2】　已知金属环的内径 $D_1 = (2.880 \pm 0.004)\,\text{cm}$，外径 $D_2 = (3.600 \pm 0.004)$ cm，高度 $H = (2.575 \pm 0.004)\,\text{cm}$，求金属环的体积，并用不确定度表示实验结果。

解：求金属的体积 $\overline{V} = \dfrac{\pi}{4}(D_2^2 - D_1^2)H = \dfrac{\pi}{4} \times (3.600^2 - 2.880^2) \times 2.575 = 9.436\,\text{cm}^3$

求偏导：

$$\frac{\partial \ln V}{\partial D_2} = \frac{2D_2}{D_2^2 - D_1^2}, \quad \frac{\partial \ln V}{\partial D_1} = \frac{-2D_1}{D_2^2 - D_1^2}, \quad \frac{\partial \ln V}{\partial H} = \frac{1}{H}$$

$$u_{rV} = \frac{u_v}{\overline{V}} = \sqrt{\left(\frac{2D_2 u_{D_2}}{D_2^2 - D_1^2}\right)^2 + \left(\frac{-2D_1 u_{D_1}}{D_2^2 - D_1^2}\right)^2 + \left(\frac{u_H}{H}\right)^2}$$

$$= \sqrt{\left(\frac{2 \times 3.600 \times 0.004}{3.600^2 - 2.880^2}\right)^2 + \left(\frac{-2 \times 2.880 \times 0.004}{3.600^2 - 2.880^2}\right)^2 + \left(\frac{0.004}{2.575}\right)^2} = 0.008 = 0.8\%$$

$$u_V = \overline{V}u_{rV} = 9.436 \times 0.008 \approx 0.08\,(\text{cm}^3)$$

求

实验结果：$\begin{cases} V = (9.44 \pm 0.08)\,\text{cm}^3 \\ u_{rV} = 0.8\% \end{cases}$　。

1.3　有效数字及其运算规则

1.有效数字的定义

任何一个物理量，其测量的结果总存在着误差，也就是说，表示该测量值的数值不应随意取位，而要采用有一定意义的表示法。同时，数据计算都有一定的近似性，因此，计算的准确性既不应超过测量时应有的准确性，也不能使测量的准确性受到损失，即计算的准确性必须与测量的准确性相适应。

例如我们用米尺测量一个物体的长度,读出物体的长度为 34.51cm,这个读数的前三位 34.5cm 是直接从尺上读出,称为可靠数字,而最末一位 0.01cm 则是从尺上最小刻度之间估计来的,称为可疑数字。可靠数字和可疑数字合起来,称为有效数字。有效数字的最后一位虽然是估计的,但它在一定程度上反映客观实际,因此它也是有效的,而在它以后的各位数字的估计就没有必要了;反之,如果取少了有效数字位数,将会引入人为的计算误差,所以必须予以充分的重视。

有效数字的位数由误差决定,误差由不确定度表示,一般取一位有效数字,它所在位以前的数字(包括这一位)都是有效数字,所以计算测量结果时,必须同步计算不确定度。

2.确定测量结果有效数字的方法

(1)不确定度的有效数字在一般情况下只取一位(只在第一位数值为 1 或 2 时可取两位),如有尾数则进位。

例:0.0142 进位成 0.015;0.00315 进位成 0.004。

(2)测量值的最后一位应与不确定度的最后一位对齐,在此以前的测量值数字都是有效数字(用以表示小数点位数的 0 不能算作有效数字,但数字之间和数字后面的 0 都是有效数字,故数字后面不能随便加 0)。

(3)测量值在不确定度所在位以后的数字,小于 50 则舍,大于 50 则入,正好等于 50 时则把末位数凑成偶数。

按此舍入规则,将下列值取 4 位有效数字,得到

4.32749→4.327

4.32851→4.329

4.32750→4.328

4.32850→4.328

(4)数字常数的有效数字有无限多位,可根据计算中的需要决定取多少位为宜。如 1 $+2.8\times10^{-3}=1.0028$,π 可根据需要取 3.14,3.142,3.1416 等。

(5)在计算过程中,可比有效数字位数多保留一位数字到运算结束,再最后去掉这些多保留的位数。

(6)直接测量仪器读数的有效数字,要读到估计位(一般为最小刻度的 1/5~1/10)为止,如为整数读数,则必须补 0。

(7)在"(1)与(2)"情况有矛盾时,则测量值的有效数字按有效数字运算规则而定,不确定度的有效数字取位规则不变,仍与测量值的最后一位对齐,这需要合理放大不确定度。

3.有效数字和科学计数法表示

测量结果必须表示为 $x=(\bar{x}\pm u)$ 单位。在测量数值甚大或甚小时,或为了避免有效数字位数的误解,常采用科学表达式来表示测量结果。科学计数法是把一个大于 10(或者小于 1)的整数记为 $a\times10^n$ 的形式(其中 $1\leqslant|a|<|10|$)。例如

①13500±400→$(1.35\pm0.04)\times10^4$

②0.0000135±0.0000004→$(1.35\pm0.04)\times10^{-5}$

③$1.3500\times10^4\pm4.00\times10^2\rightarrow(1.35\pm0.04)\times10^4$

注意:在科学计数法表示式中,测量值和不确定度必须用相同的单位。数值表示的形式是用 10 的方幂来表示其数量级。前面的数字是测量结果的有效数字,并只保留一位数在小数点的前面。

4. 间接测量的有效数字

间接测量结果的有效数字,原则上要先根据不确定度传递公式算出间接测量结果的不确定度值,再按上述方法确定,也可按如下方法进行估计。

(1)加减运算:直接测量值加减时,由于其结果的绝对不确定度主要决定于参与运算数据中绝对不确定度最大的一个,而该数据的最后位置最靠前,因此,其结果的有效数字的末位位置应与该数据的末位位置对齐。例如

①$9875.4-1.3562=9874.0$

②$107.5028-2.5=105.0$

③$2547.2-2546.3=0.9$

(2)乘除运算:直接测量值乘除时,由于其结果的相对不确定度主要决定于参与运算数据中相对不确定度最大的一个,而该数据的位数最少,因此,其结果的有效数字的位数应与该数据的位数相同。例如

①$1111\times1.0=11\times10^2$

②$237.5\div0.10=2.4\times10^3$

③$\dfrac{76.000}{40.00-2.0}=\dfrac{76.000}{38.0}=2.00$

④$\dfrac{50.00\times(18.30-16.3)}{(103-3.0)\times(1.00-0.001)}=\dfrac{50.00\times2.0}{100\times1.00}=1.0$

⑤$1.426458\times(1+0.006)=1.426458\times1.006=1.435$(其中 1 为数学常数)。

(3)方开方:有效数字与其底的有效数字相同。例如

①$12.5^2=156$

②$\sqrt{43.2}=6.57$

(4)对数函数:运算后的尾数位数与真数位数相同。例如

①$\lg1.938=0.2973$

②$\lg1938=3+\lg1.938=3.2973$

(5)指数函数:运算后的有效数字的位数与指数的小数点后的位数相同(包括紧接小数点后的零)。例如

①$10^{6.25}=1.8\times10^6$

②$10^{0.0035}=1.008$

(6)三角函数:取位随角度有效数字而定。例如

①$\sin30°00'=0.5000$

②$\cos20°16'=0.9381$

第 2 章
数据处理的基本方法

由实验测得的数据,只有经过科学的分析和处理,才能揭示出各物理量之间的关系。我们把从获得原始数据起到得出结论为止的加工过程称为数据处理。物理实验中常用的数据处理方法有列表法、作图法、逐差法和最小二乘法等。

2.1 列表法

列表法是用表格的方式把物理量之间的对应关系一一列举出来。在记录和处理实验数据时常常将实验数据列成表,可以清楚地反映出有关物理量之间的一一对应关系,既有助于及时发现和检查实验中存在的问题,判断测量结果的合理性,又有助于分析实验结果,找出有关物理量之间存在的规律性。一个好的数据表可以提高数据处理的效率,减少或避免错误,所以一定要养成列表记录和处理数据的习惯。

数据在列表处理时,应遵循以下原则:

(1)表格力求简单明了,便于分析各物理量之间的关系。

(2)列表前,应先明确实验中要测哪些物理量,哪些是直接测量量、哪些是间接测量量;一般先列先测,后列后测。

(3)表格中应标明所记录的物理量的名称及单位,单位要写在标题栏中,一般应按国家标准(GB3100-3102)的规定表示物理量的符号。若用自定符号(尽量避免)则需加以说明。

(4)表中数据要正确反映测量结果的有效数字。

(5)为了清楚说明表的意义,要加上表名。

例如,用自搭式惠斯通电桥测电阻实验,测 3 个待测电阻,电阻阻值和电桥灵敏度测量数据如表 2-1 所示。

表 2-1　电阻阻值和电桥灵敏度测量数据　　　　　　　　条件:工作电压 4.5V

i	粗测值/Ω	R_1/Ω	R_2/Ω	R_3/Ω	$\Delta R_3/\Omega$	n/格	S/格
1	50	50	500	498.5	0.3	7.2	11964
2	500	500	500	499.6	1	12	5995
3	1k	1k	1k	999.4	3	9	299

说明:(1)表中 R_1、R_2 是比例臂,R_3 是比较臂;(2)所用电阻箱为 0.1 级。

2.2　作图法

作图法是利用实验数据,将实验中物理量之间的函数关系用几何图线表示出来。作图法是一种被广泛用来处理实验数据的方法,它不仅能简明、直观、形象地显示物理量之间的关系,而且有助于我们研究物理量之间的变化规律,找出定量的函数关系或得到所求的参量。同时,所做的图线对测量数据起到取平均的作用,从而减小随机误差的影响。此外,还可以做出仪器的校正曲线,帮助发现实验中的某些测量错误等。因此,作图法不仅是一个数据处理方法,而且是实验方法中不可分割的部分。

1.作图规则

作图不是作示意图,而是要用图来表达从实验中得到的物理量之间的定量关系,同时还要反映出测量的精确程度,因而作图时必须遵循一定的程序和规则:

(1)作图必须选用坐标纸。最常用的是直角坐标纸(方格纸),根据需要也可选用双对数坐标纸、单对数坐标纸、极坐标纸等。

(2)坐标纸的大小及坐标轴的比例,应根据所测数据的有效数字和结果的需要来确定,原则上数据中的可靠数字在图中是可靠的,数据中可疑数字的一位在图中亦是估计的。

(3)适当地选取 X 轴和 Y 轴的比例和坐标的起点,使图线比较适中地呈现在图纸上,不偏于一角或一边,并能明显地反映图线的变化特点和趋势,作图区域应占图纸的一半以上(70%~80%)。横轴和纵轴的标度可以不同,坐标轴的起点也不一定都从零值开始,可以取比数据最小值再小一些的整数开始标值。坐标分度应便于读数,通常每格代表 1、2、5 而不选用 3、6、7、9。

(4)坐标轴上应标明所代表的物理量、单位和标度(标度也要注意有效数字位数)。

(5)数据点要用端正的"+"、"×"或"⊙"等符号来表示(不可标成"·")。数据点应在符号的中心,符号的大小应相当于不确定度的大小;但为简单起见,也可统一取 2~3mm。在一张图纸上做几条曲线时,每条曲线的数据点要用不同的符号标记,并在图中适当位置说明不同符号的不同意义。求斜率时取点的符号应采用有别于这些数据点的符号,如"△",并在其旁标以坐标(坐标值应正确写出有效数字)。

用计算机软件作图也要有实验数据点的表示。

(6)连接线段时,要用透明直尺或曲线板进行,根据数据点分布的变化趋势,做出穿过数据点分布区域的平滑曲线。由于测量存在误差,曲线不一定要通过所有的数据点,而是让数据点大致均匀分布在所画曲线的两侧,并且尽量靠近曲线(较多地照顾不确定度小的点)。如欲将曲线延伸到测量数据的范围之外,则应依其趋势用虚线来表示。作校正曲线时,相邻数据点一律用直线连接,成为一个折线图,不能连成光滑曲线。

(7)要用铅笔作图,以便作必要的修改,有关的计算不要写在图纸上。要保持图面的整洁、清晰、美观。

(8)在图的下面空隙处写上图名、姓名、日期。图上的中、英文字及数字均需书写端正,一般应用仿宋体。

(9)作出的图应贴附在实验报告中的适当位置,并说明由图可得出什么结论,或求出哪些常数,如斜率、截距等。

2.图解求直线斜率和截距

在利用所做直线求斜率时,选点的间距要大一些,以减小计算的误差。不在线上的实验点不能作为求斜率的依据。在实验数据范围内,在尽量靠近直线的两端处任取两点 $P_1(x_1, y_1)$ 和 $P_2(x_2, y_2)$,其 x 的坐标最好为整数,并注意不要取原始实验数据点。用与实验数据点不同的符号将它们标示出来,并在旁边注明其坐标读数,如图 2-1 所示。

若图线类型为直线,其直线方程为 $y = kx + b$。

将 P_1、P_2 两点的坐标代入上式,有 $y_1 = kx_1 + b$,$y_2 = kx_2 + b$,从而可求得:

$$k = \frac{y_2 - y_1}{x_2 - x_1} \tag{2-1}$$

$$b = \frac{x_2 y_1 - x_1 y_2}{x_2 - x_1} \tag{2-2}$$

从上面两式,即可求出直线的斜率 k 和截距 b 的值。

图 2-1　直线图线的图解

例如:用伏安法测线性电阻数据如表 2-2 所示,试用作图法求电阻。

表 2-2　伏安法测线性电阻数据记录

U /V	0.00	1.00	2.00	3.00	4.00	5.00	6.00	7.00	8.00	9.00	10.00
I /mA	0.00	2.00	4.01	6.05	7.85	9.7	11.83	13.78	16.02	17.86	19.94

按表中数据作出电阻的伏安特性图如图 2-2 所示。在图上取两点 A、B,两点尽量远,利用 A、B 的坐标可得直线斜率:

$$k = \frac{I_B - I_A}{U_B - U_A} = \frac{(20.00 - 5.00)\text{mA}}{(10.40 - 2.40)\text{V}}$$

$$= \frac{15.00\text{mA}}{8.00\text{V}}$$

因此,电阻 $R = \dfrac{1}{k} = \dfrac{8.00\text{V}}{15.00\text{mA}} = 533\Omega$

图 2-2　电阻的伏安特性

3.曲线改直

由于直线能够比较容易精确地绘制,因此当实

验图线不是直线时,可以通过坐标变换,设法将某些曲线图形变为直线图形,这种把曲线变换成直线来处理的方法称为曲线改直,下面举两个例子来加以说明。

(1) $y = ax^b$,式中 a 和 b 均为常数,将上式两边取常用对数,可得:

$$\lg y = b\lg x + \lg a \tag{2-3}$$

如果以 $\lg x$ 为横坐标,$\lg y$ 为纵坐标作图,即可得一直线,其中斜率为 b,截距为 $\lg a$。

(2) $y = \dfrac{x}{a + bx}$,式中 a 和 b 均为常数,将上式两边取倒数,可得:

$$\frac{1}{y} = \frac{a}{x} + b \tag{2-4}$$

以 $1/x$ 为横坐标,$1/y$ 为纵坐标作图,即可得一直线,其中斜率为 a,截距为 b。

4.Origin7.5 作图和拟合过程介绍

(1)整体界面如图 2-3 所示。

图 2-3　整体界面

(2)作图过程如下:

①输入数据,注意 A(X)和 B(Y)分别是 x 轴和 y 轴变量,别输错了。

②选中被作图的数据。

③选择图 2-4 中 图标，得到图 2-5。

图 2-4　选择要拟合的曲线　　　　　　图 2-5　初步结果

④选择图 2-6 中的"Linear Fit"，即线性拟合，弹出如图 2-7 所示的对话框，选择
"Fit"。注意，可以选择是否通过坐标原点。

图 2-6　选择线性拟合　　　　　　　图 2-7　选择是否通过坐标原点

⑤拟合结果如图 2-8 所示。

图 2-8　拟合结果

⑥注意此时图片还需要进一步美化,包括文字修改、坐标轴美化、坐标轴刻度、字体修改等,这里就不详述了。

⑦图片输出的方法有如下几种:

(a)导出图片法,即最安全的方法,这种方法不用担心字体不支持的问题,方法见图2-9。点击 Export Page 后出现图 2-10。

(b)在图 2-10 中,选择图片格式(tif,gif,jpg,bmp 等),并选择"Show Export Options"(对图片进行格式设置),点击保存弹出图 2-11。

(c)在图 2-11 中选择分辨率和彩色深度,点击 OK 就得到图片。

图 2-9　导出图片法

图 2-10　保存导出结果

图 2-11　选择分辨率和彩色深度

2.3　逐差法

为了减少随机误差,在实验中一般都采取多次测量。但在等量线性变化测量中,若仍用一般的求平均值的方法,就会发现只有头尾两个起作用,所有的中间测量值全部抵消,无法反映多次测量的优点。逐差法则不然。所谓逐差法,就是把测量数据中的因变量按顺序分为两组进行对应项相减,然后将所得差值作为因变量的多次测量值进行数据处理的方法。

逐差法是物理实验中处理数据常用的一种方法。凡是自变量作等量变化,而引起应变量也作等量变化时,都可采用逐差法求出应变量的平均变化值。逐差法计算简便,特别是在检查数据时,可随测随检,及时发现差错和数据规律。更重要的是可充分地利用已测到的所有数据,并具有对数据取平均的效果。

逐差法的处理数据过程:将测得的偶数个数据按次序分为数目相等的前后两组(两组次序应相同),将后一组的第 1 项与前一组的第 1 项相减,后一组的第 2 项与前一组的第 2 项相减……再利用各相减项的差值求出被测量的平均值。

例如:在弹性限度内,钢丝的伸长量 x 与所受的载荷(拉力)F 满足线性关系 $F=kx$。实验时等差地改变载荷,测得一组实验数据如表 2-3 所示。求每增加 1kg 砝码钢丝的平均伸长量 Δx。

表 2-3　钢丝的伸长量 x 与所受的载荷的数据记录

砝码质量 m/kg	1.000	2.000	3.000	4.000	5.000	6.000	7.000	8.000
弹簧伸长位置 x_i/cm	x_1 2.04	x_2 2.55	x_3 3.07	x_4 3.54	x_5 4.04	x_6 4.53	x_7 5.04	x_8 5.49

解:将上述数据分成前后两组,前一组为 x_1、x_2、x_3、x_4,后一组为 x_5、x_6、x_7、x_8,然后对应项相减求平均,即得:

$$\Delta x = \frac{1}{4 \times 4}\left[(x_5 - x_1) + (x_6 - x_2) + (x_7 - x_3) + (x_8 - x_4)\right]$$

$$= \frac{1}{4 \times 4}\left[(4.04 - 2.04) + (4.53 - 2.55) + (5.04 - 3.07) + (5.49 - 3.54)\right]$$

$$\approx 0.494\text{cm}$$

若进行逐项相减,看看会是什么结果。用逐差法得到的实验结果,比作图法精确,但劣于最小二乘法。

2.4　最小二乘法

把实验的结果画成图表固然可以表示出物理规律,但是图表的表示往往会引起附加误差,不如用函数表示来得明确,所以我们希望从实验的数据求经验方程,也称为方程的回归问题,变量之间的相关函数关系称为回归方程。

方程的回归,首先要确定函数的形式。最简单的关系是一元线性关系。下面我们仅讨论一元线性回归问题(或称直线拟合问题)。某些曲线的函数可以通过数学变换改写为直线,例如 $y = ax^b$,式中 a 和 b 均为常数,将上式两边取常用对数,可得 $\lg y = b\lg x + \lg a$,这样 $\lg y$ 与 x 的关系就变成了线性关系,因此,一元线性回归也适用于某些类型的曲线。

函数形式的确定一般是根据理论的推断或者从实验数据变化的趋势推测出来的。例如推断物理量 y 和 x 之间的关系是线性关系,则把函数的形式写成

$$y = a + bx \tag{2-5}$$

式中 a 和 b 均为常数,所以回归的问题可以认为是用实验的数据来确定上列方程中的待定常数的。

由一组实验数据找出一条最佳的拟合直线,常用的方法是最小二乘法,最小二乘法也称为最小二乘线性回归,是一种数学优化技术,它采用最小化误差的平方和寻找数据的最佳函数匹配。最小二乘法原理是:若能找到一条最佳的拟合直线,如图 2-12 所示,那么这条拟合直线上各相应点的值与测量值之差的平方和在所有拟合直线中应是最小的。

假设所研究的两个变量 x 与 y 之间存在线性相关关系,回归方程的形式为式(2-5)的一条直线。测得一组数据 x_i,y_i($i = 1, 2, \cdots, n$),现在要解决的问题是:怎样根据这组数据来确定式(2-7)中的系数 a 和 b。

讨论最简单的情况,即每个测量值都是等精度的,而且假定 x_i,y_i 中只有 y_i 有明显的测量随机误差,如果 x_i,y_i 均有误差,只要将相对而言误差较小的变量作为 x 即可。

图 2-12 最小二乘法求拟合直

由于存在误差,实验点是不可能完全落在由式(2-7)拟合的直线上的。对于和某一个 x_i 相对应的 y_i 与拟合直线在 y 方向上的偏差为

$$v_i = y_i - (a + bx_i) \tag{2-6}$$

求偏差平方和

$$S = \sum_{i=1}^{n} v_i^2 = \sum_{i=1}^{n} \left[y_i - (a + bx_i) \right]^2 \tag{2-7}$$

根据最小二乘法原理,偏差平方和为最小,即在上式中,y_i,x_i 是已经测定的数据点,它们不是变量。要使方程达到最小,变动的量是 b 和 a。现在根据求极值的条件,即上式对 a 的偏导数为零,对 b 的偏导数也为零,得到两个方程:

$$\begin{cases} -2 \sum_{i=1}^{n} (y_i - a - bx_i) = 0 \\ -2 \sum_{i=1}^{n} (y_i - a - bx_i) x_i = 0 \end{cases} \tag{2-8}$$

整理后写成

$$\begin{cases} \bar{x} b + a = \bar{y} \\ \overline{x^2} b + \bar{x} a = \overline{xy} \end{cases} \tag{2-9}$$

式中

$$\bar{x} = \frac{1}{n} \sum_{i=1}^{n} x_i, \bar{y} = \frac{1}{n} \sum_{i=1}^{n} y_i$$

$$\overline{x^2} = \frac{1}{n} \sum_{i=1}^{n} x_i^2, \overline{xy} = \frac{1}{n} \sum_{i=1}^{n} x_i y_i \tag{2-10}$$

联立方程求解 a 和 b,得

$$a = \frac{\overline{x^2} \cdot \bar{y} - \overline{xy} \cdot \bar{x}}{\overline{x^2} - \bar{x}^2} \tag{2-11}$$

$$b = \frac{\overline{xy} - \bar{x} \cdot \bar{y}}{\overline{x^2} - \bar{x}^2} \tag{2-12}$$

如果实验是要通过 x_i，y_i 的测量值来寻找经验公式，则还应判断上述一元线性拟合所找出的线性回归方程是否合理，两变量之间的函数关系与线性的符合程度，可用相关系数来判别，一元线性回归的相关系数 r 定义为

$$r=\frac{\overline{xy}-\overline{x}\cdot\overline{y}}{\sqrt{(\overline{x^2}-\overline{x}^2)(\overline{y^2}-\overline{y}^2)}} \tag{2-13}$$

可以证明，r 的值在$[-1,1]$区间内，在物理实验中，一般 $0.9\leqslant|r|\rightarrow1$ 时，则认为 x 与 y 之间存在较密切的线性关系，用一元线性回归合理。相反，则认为 x 与 y 之间不存在较密切线性关系。$|r|\rightarrow0$ 时，x，y 间无线性关系，拟合无意义。表 2-4 是推荐的最小二乘法数据处理表。

表 2-4　最小二乘法拟合直线数据处理

i	x_i	y_i	x_iy_i	$x_i{}^2$	$y_i{}^2$
1					
2					
3					
⋮					
n					
$\sum$					

习　题

1.指出下列情况属于随机误差还是系统误差：
(1)视差；
(2)天平零点漂移；
(3)千分尺零点不准；
(4)照相底版收缩；
(5)水银温度计毛细管不均匀；
(6)电表的接入误差。

2.说明以下因素的系统误差将使测量结果偏大还是偏小：
(1)米尺因低温而收缩；
(2)千分尺零点为正值；
(3)测铁块密度其内有砂眼；
(4)单摆公式测重力加速度，没考虑 $\theta\neq0$；
(5)安培表的分流电阻因温度升高而变大。

3.用物理天平($\Delta_{仪}=0.020g$)称一个物体的质量 m，共称了 6 次，结果分别为 36.123、36.127g、36.122g、36.121g、36.120g 和 36.125g。试求该物体质量 m 的最佳值，并用不

确定度表示该物体质量 m 的测量结果。

4.一个铅圆柱体,测得其直径 $d=(2.04\pm0.01)$cm,高度 $h=(4.12\pm0.01)$cm,质量 $m=(149.18\pm0.05)$g:

(1)计算铅的密度 ρ;

(2)用不确定度表示铅密度 ρ 的测量结果。

5.判断下列表达式是否正确,并将错误的改正:

(1)$N=(10.8000\pm0.2)$cm;

(2)28cm=280mm;

(3)$L=(28000\pm8000)$mm;

(4)$0.0221\times0.0221=0.00048841$;

(5)$\dfrac{400\times1500}{12.60-11.6}=600000$。

6.将下列表达式写成科学表达式:

(1)$R=(17000\pm1000)$km;

(2)$c=0.001730\pm0.000005$;

(3)$m=(1.750\pm0.001)$kg,分别写成以 g、mg、t(吨)为单位的形式;

(4)$h=(8.54\pm0.02)$cm,分别写成以 μm、mm、m、km 为单位的形式。

7.写出下列函数的不确定度表达式,绝对不确定度或相对不确定度只写出一种:

(1)$N=X+Y-2Z$;

(2)$Q=\dfrac{k}{2}(A^2+B^2)$,k 为常量;

(3)$\rho=\dfrac{m}{m_3-m_2}\rho_o$;

(4)$k=\dfrac{mg}{\Delta x}$,不考虑 g 的误差;

(5)$C=\sum\limits_{i=1}^{n}m_ic_i$,其中 c_i 都为常量。

8.试利用有效数字运算规则计算下列各式:

(1)$258.1+1.413$;

(2)$27.85-27.1$;

(3)728×0.10;

(4)$\dfrac{36.00}{2000-2\times10^2}$;

(5)$\dfrac{80.00\times(7.58-5.078)}{(4.7+15.281)\times0.00100}$。

9.计算下列结果并用不确定度表示。

(1)$N=A+B-\dfrac{1}{3}C$,

$A=(0.5768\pm0.0002)$cm;$B=(85.07\pm0.02)$cm;

$C=(3.247\pm0.002)$cm;

(2)$N = A - B$，

$A = (101.0 \pm 0.1)\mathrm{cm}$；$B = (100.0 \pm 0.1)\mathrm{cm}$；

(3)$V = (1000 \pm 1)\mathrm{cm}^3$，求 $\dfrac{1}{V}$；

(4)$R = \dfrac{a}{b}x$，

$a = (13.65 \pm 0.02)\mathrm{cm}$；$b = (10.871 \pm 0.005)\mathrm{cm}$；

$x = (67.0 \pm 0.8)\Omega$；

(5)$N = \dfrac{h_1}{h_1 - h_2}$，

$h_1 = (45.51 \pm 0.02)\mathrm{cm}$；$h_2 = (12.20 \pm 0.02)\mathrm{cm}$。

10. 力敏传感器的灵敏度 K 与传感器所受外力 F 以及传感器的输出电压 ΔU 的关系为 $\Delta U = KF$。实验得到力敏传感器灵敏度的测量数据如表 2-5 所示。

表 2-5　力敏传感器灵敏度的测量数据

外力$/(9.8 \times 10^{-3}\mathrm{N})$	0.0	0.5	1.0	1.5	2.0	2.5	3.0	3.5
输出电压/mV	0.0	15.0	30.0	45.0	59.0	74.7	89.6	104.6

试分别用作图法、逐差法以及最小二乘法(Origin7.5 处理数据)求解力敏传感器的灵敏度 K 值。

第3章
实验预备知识

3.1 力学实验预备知识和常用仪器

3.1.1 力学实验的基本内容

长度、质量和时间是基本力学量,其他的一些力学量如速度、动量、转动惯量等的测量都可转化为基本力学量进行测量,是基本力学量的间接测量量,所以基本力学量的测量方法在物理实验中有普遍意义。

通过一些力学量,特别是基本力学量不同量程、不同精度的测量,学习一些基本测量器具的性能、参数和使用方法;学习误差分析与仪器选择。

通过原始数据表格化记录的训练,同时重视有效数字;观察和记录实验中的异常现象;学习实验的基本过程。

通过不确定度计算,数据处理的基本方法的运用,学习对实验结果进行数据分析和误差分析及对实验结果进行讨论,学会写实验报告。

3.1.2 长度测量器具

长度是力学的一个基本物理量。历史上曾经用铂铱合金米原器作为 1m 的标准。1983 年国际计量大会上重新定义光在真空中 1/299 792 458s 时间间隔内所经路径的长度为 1m。大学物理实验中经常进行的长度测量范围在 $10^{-6} \sim 10$m。在准确度要求不高的情况下可以用米尺(钢卷尺、钢板尺等)测量长度,其分度值为 1mm。在准确度要求稍高时可采用游标卡尺和螺旋测微器(千分尺)测量长度。当长度在 10^{-3} cm 以下时,需用读数显微镜或利用光的干涉或衍射来测量;测长度的微小变化量还可采用光杠杆法。

1. 米尺

常用米尺的量程大多为 0～200cm,分度值为 1mm 或 1cm,可估计到 0.1mm 或 1mm,其仪器误差见第 1 章"表 1-4"。测量时起点一般不选用零刻度线,以避免由于米尺端边磨损引入误差。由于米尺有一定的厚度,紧贴、对准和正视是测量的要领,以避免视差。

2. 游标卡尺

游标卡尺,可用以测量物体的长度、内外径以及高度和深度,其测量量程一般为 100～300mm,准确度可达 0.1(10 分度)～0.02mm(50 分度),其仪器误差为其分度值。

(1)结构与功能。游标卡尺由主尺和游标构成。其外形如图 3-1 所示,主尺 D 是一根钢制的毫米分度尺,主尺头上有钳口 A 和刀口 A'。卡尺上套有一个滑框,其上装有钳口 B、刀口 B' 和尾尺 C。滑框上刻有游标 E,当钳口 A 与 B 靠拢时,游标的零线应与主尺上的零线对齐,这时的读数是"0"(若不对齐,要记下初读数,并对测量值进行修正)。测量物体的外部尺寸时,将物体放在 A、B 之间(也叫外卡),游标向右移动,A、B 钳口轻轻夹住物体,这时游标的零线与主尺零线的距离就是被测物体的长度。同理,测物体的内直径时,可以用 A'、B' 刀口(也叫内卡);测物体内部尺寸和小孔的深度时,可以利用尾尺 C。

(2)读数原理。利用游标可以把主尺上的估读数准确地测量出来,从而提高了测量的精确度,以 50 分度游标为例,主尺的最小分度为 1mm,游标分度 50 格对应主尺上 49mm(见图 3-2),即游标上每一分度为 49mm/50＝0.98mm,比主尺的最小分度相差 0.02mm。

当游标对在主尺上某一位置时(见图 3-2),先读主尺毫米以上的整数部分 x,即为游标零刻线左边主尺上的刻度读数;而毫米以下的小数部分 Δx,应细心寻找游标上哪一根线与主尺上的刻线对得最齐,例如图 3-2 是第 12 根线对得最齐,则:

$\Delta x=12-(12\times0.98)=12\times0.02=0.24$mm,

当第 k 根线对得最齐时,$\Delta x=k\times0.02$mm。

图 3-1　游标卡尺外形

对齐

图 3-2　游标卡尺的游标读数

对于一般情况,如果用 a 表示主尺上最小分度的长度,用 n 表示游标的分度数,那么取 n 个游标分度与主尺($n-1$)个最小分度的总长相等,则每一个游标分度的长度

$$b = \frac{(n-1)a}{n} \tag{3-1}$$

这样,主尺最小分度与游标分度的长度差值为

$$a - b = a - \frac{n-1}{n}a = \frac{a}{n} \tag{3-2}$$

这个差数刚好就是游标分度数除主尺的最小分度的长度。在测量时,如果游标第 k 条刻线与主尺上的刻线对齐,那么游标零线与主尺上左边的相邻刻线的距离就是

$$\Delta x = ka - kb = k(a-b) = k\frac{a}{n} \tag{3-3}$$

游标卡尺测量长度 L 的表达式为

$$L = x + k\frac{a}{n} \tag{3-4}$$

实际上 Δx 可直接从游标的刻度标值上读出,不必由测量者计算。仍以 50 分度数游标卡尺为例,游标上的数"1"、"2"、…代表"$5 \times 0.02 = 0.10\text{mm}$"、"$10 \times 0.02 = 0.20\text{mm}$"、…,而游标上每一小格代表 0.02mm。

(3)使用注意。游标卡尺是最常用的精密量具,使用时应注意维护。推动游标时不要用力过大;刀口要卡正物体,松紧适当;当需要将待测物体取下读数时,应先将紧固螺钉旋紧。应特别注意保护刀口使其不被磨损,不允许用游标尺测量粗糙的物体,更不允许被夹紧的物体在刀口内挪动。

3.螺旋测微器

螺旋测微器也称千分尺,它是比游标尺更精密的长度测量量具,常用于测量较小的长度,如小球和金属丝的直径、薄板的厚度等,常用的量程为 25mm,最小分度值为 0.01mm,可估读到 0.001mm,其仪器误差为 0.004mm(仪器的最大允差)。

(1)结构原理。螺旋测微器的外形如图 3-3 所示,主尺的固定套筒通过弓架与测量砧台连为一体。副尺的刻度刻在活动套筒的圆周上,副尺活动套筒内连有精密螺杆和测量杆,副尺活动套筒通过内部精密螺杆套在主尺圆筒之外。转动副尺活动套筒,套筒边沿主尺刻度移动,并带动测量杆移动。将主尺上仅有的一条直线作为准线,准线上方(或下方)有毫米分度,下方(或上方)刻出半毫米的分度线,因而主尺最小分度值是 0.5mm,副尺套筒周边刻有 50 个均匀分度,旋转副尺套筒一周,测量杆将推进一个螺距(0.5mm),故副尺套筒每转动周边上一个分度,测量杆将进或退 $0.5/50\text{mm}$,即螺旋测微器的最小分度值为 0.01mm。

图 3-3 螺旋测微器

（2）零读数。测量物体前，先要检查零点读数。旋进副尺套筒，使测量砧和测量杆的两测量面轻轻吻合，此时，副尺套筒的边缘应与主尺的"0"刻线重合，而圆周上的"0"刻线也应与准线重合。若不重合，必须记下零读数，以便测量结束后对测量结果进行零点修正，即从测量结果中减去零读数，得出最后结果。在确定零读数时必须注意它的正负，如图 3-4(a)所示的零读数为 +0.006mm，图 3-4(b)所示的零读数为 −0.006mm。

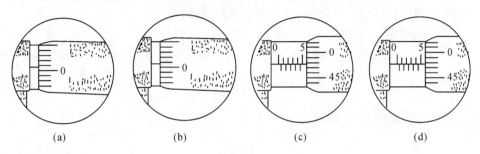

(a)　　　　　　　(b)　　　　　　　(c)　　　　　　　(d)

图 3-4　螺旋测微器读数

（3）测量与读数。正式测量时，左手握住弓架，用右手转副尺套筒，使待测物体能夹在测量杆和测量砧之间，当测量杆的测量面与待测物体之间还有很小距离时，再旋转棘轮带动副尺套筒一起旋转，当待测物体被夹住后，再旋转棘轮就不能带动副尺套筒一起旋转，而发出"嗒嗒"响声，当听到二、三下"嗒嗒"的响声时，表示夹紧待测物体了，可以进行读数。读数时，从主尺上读取 0.5mm 以上的部分，从副尺上读取与准线最接近的分度数，并估计到 0.001mm，然后两者相加。例如图 3-4(c)所示的读数为 5+0.476=5.476mm，图 3-4(d)所示的读数为 5+0.976=5.976mm。读数时应正确判断副尺套筒的边缘是否超过主尺上最近的某一刻线。

（4）使用注意点。螺旋测微器是精密仪器，使用时必须注意下列各点：

①因为螺旋是力的放大装置，不论是读取零读数或夹紧测量物测量，都不准只是直接旋转套筒使测量杆与测量砧或待测物接触，而应先旋转套筒至合适位置最后旋转棘轮，否则不仅会因用力不均匀而测量不准，还会夹坏待测物或损坏螺旋测微器的精密螺旋。

②螺旋测微器用毕，测量杆和测量砧之间要松开一段距离后放于盒中，以免气候变化受热膨胀使两测量面间过分压紧而损坏螺旋。

3.1.3　质量测量及常用器具

质量常用 m(或 M)表示，国际单位制中质量的单位是千克(kg)。现在 1 千克(kg)的国际标准依然是 1889 年国际计量大会所确定的由铂铱合金所做成的国际千克原器。

物理实验室常用的质量测量器具是电子天平，如图 3-5 所示，电子天平是使用各种压力传感器将压力变化转变为电信号输出，或放大后再通过 A/D 转换直接用数字显示出来。电子天平使用方便，操作简单。现在市售电子精密天平的分度值为 1mg，电子分析天平的分度值达到 0.1mg。

电子天平的心脏是压力传感器，其簧片一般有 6～8 片且细而薄极易受损，同时精度越高，簧片也越薄。所以，不允许电子天平超载使用；称量较重物时一般不要超过 30s；绝不能用手压秤盘或使电子天平跌落地下，以免损坏电子天平或压力传感器。

图 3-5　电子天平

电子天平是对环境高度敏感的精密电子测量仪器，使用时应小心操作，安装台面应无明显振动，不要放在空调口和窗口。同时使用时要调整底角螺丝使水平指示器的气泡居中，以避免水平未调好产生天平称量误差。

3.1.4　时间测量及器具

时间常用 t（或 T）表示，国际单位制中时间的单位是秒，符号 s。1967 年国际计量大会确定铯 Cs133 原子基态的两个超精细能级间跃迁所对应的辐射的 9 192 631 770 个周期的持续时间为 1s，这就是铯 Cs 原子钟标准，其相对不确定度达到 $10^{-12}\sim10^{-13}$。

时间测量可分为时段测量和时刻测量。秒表是典型的时段测量仪器，钟表是测量时刻的仪器。在物理实验中，常用的计时仪器为电子秒表；进行短的时段测量（如速度测量）要使用数字毫秒仪等。

1. 电子秒表

电子秒表是一种较精密的电子计时器，一般都利用石英振荡器的振荡频率作为时间基准，工作电流一般小于 $6\mu A$，用容量为 100mAh 的氧化银电池供电。电子秒表不仅能显示分、秒，还能显示时、日、月及星期。显示时间采用 6 位液晶数字，其连续累计时间为 59 分 59.99 秒，可读到 1/100 秒时。平均日差为 $\pm0.5s$，短时间测量的主要误差是按表误差，该误差因人而异，其值约在 0.2s 以内。为减小按表误差，在作周期测量时，可连续测多个周期求平均。

电子秒表的种类很多，本书只介绍 J9－2Ⅱ型电子秒表（见图 3-6）的使用方法。J9－2Ⅱ型电子秒表有 4 个功能键，分别为：S1—起动、停止、调整；S2—功能转换；S3—选择；S4—分段、设置、复零。

做秒表使用时，先按 S2 置于秒表功能状态；看到显示为零时，再按 S1 秒表开始计时，若要停止计时，则要再按 S1，计时结束，读取测量数据；按 S4 复零。

2. 数字毫秒仪

数字毫秒仪通常用高精度的石英晶体振荡器产生的方波作为时基信号，因而其计时准确度高，可测量的最大时间间隔为 99.99s，最小时间间隔为 0.1ms。

数字毫秒仪种类很多，配合气垫导轨使用的多是 MUJ－5B 计时、计数、测速仪，本书只介绍 MUJ－5B 计时、计数、测速仪。

图 3-6　电子秒表

（1）面板的各部分按键作用介绍。MUJ－5B 计时、计数、测速仪面板有 4 个按键，分别是功能键、取数键、转换键和电磁铁键，如图 3-7 所示。常用的是前三个键。

①功能键：如按下功能键前，光电门遮过光，则清零，功能复位；如光电门没遮过光，按功能键，仪器将顺序向下选择新的功能。

②取数键：在使用计时 1(S1)、计时 2(S2)、周期(T)功能时，仪器可自动存入前 20 个测量值。按下取数键，可显示存入值。当显示"EX"时，提示将显示存入的第 X 个值。在显示存入值过程中，按下功能键，会清除已存入的数值。

③转换键：在使用计时、加速度、碰撞功能时，按下转换键小于 1s，测量值在时间或速度之间转换；按下转换键大于 1s，可重新选择所用的挡光片宽度，为 1.0cm、3.0cm、5.0cm 或 10.0cm。

(2)计时功能的使用方法。MUJ - 5B 计时、计数、测速仪有两种计时方式，分别是计时 1 (S1)和计时 2(S2)。

图 3-7　计时计数测速仪面板

①计时 1(S1)：用于测量任一光电门的挡光时间，即挡光时开始计时，挡光结束计时停止。可连续测量，自动存入前 20 个数据，按下取数键可查看。

②计时 2(S2)：测量光电门两次挡光的间隔时间，即第一次挡光开始计时，第二次挡光计时结束。可连续测量，自动存入前 20 个数据，按下取数键可看。

3.2　热学实验的预备知识和常用仪器

3.2.1　热学实验的基本内容

通过对温度、比热容比、热导率、比汽化热等热学量的测量，学习根据实验要求恰当地选择最佳实验环境和条件；学习根据所测温度范围和精度要求，合理地选定测温仪器；学习传感器测量温度的特点和使用方法；加深对热学实验系统的热平衡态观念。

在做热学实验时，受外界因素的影响较大，对测量结果一般都要进行补偿和修正，通过实验加深系统误差的观念，分清它和随机误差之间的区别和联系。

3.2.2　保持孤立系统

在热学实验中，为使系统和外界的热交换尽量小，以减小实验误差，热学实验的基本实验条件是保持孤立系统。孤立系统是在热力学之中，与其他物体既没有物质交换也没有能量交换的系统，任何能量或质量都不能进入或者离开这个系统，只能在系统内移动。在热学实验中量热器常用作一个近似的孤立系统。

1. 量热器

量热器是热学实验常用的仪器之一。常用作测定物体间传递的热量来求出物质的比热、潜热及化学反应热的仪器。量热器的种类很多，随测量目的、要求、测量精度不同而异。最简单的一种结构如图 3-8 所示。基本上是一个和外界绝热的系统。将一个金属筒放入另一个有盖的大筒中，并插入带有绝缘柄的搅拌器和温度计，内筒放置在绝热架上，两筒互不接触，夹层中间充满不传热的物质(一般为空气)，这样就构成量热器。量热器外筒用绝缘盖盖住，使内筒上部的空气不与外界发生对流。

一般，常将内筒外壁和外筒内壁镀亮，以减小热辐射影响。这样内筒与外筒及环境之间不易进行热交换，因此这样的量热器已经使实验系统粗略地接近于一个孤立系统了。

图 3-8　量热器

2. 注意事项

使量热器保持为孤立系统时应注意：

(1) 不应直接用手把握量热器的任何部分；

(2) 不应在阳光直射或空气流动太快(如通风过道、风扇旁等)的地方进行实验，冬天要避免接近取暖器或暖气；

(3) 尽可能使系统与外界温差小(最好与外界温度时刻相同)；

(4) 尽量使实验过程进行迅速。

3. 热平衡

热平衡是温度定义的依据，是热学实验的基础。一个孤立系统的温度，只有在平衡态时才有意义，因此测温时必须使孤立系统温度达到稳定而且均匀，即要用温度计的指示值代表孤立系统温度，必须使孤立系统与温度计之间达到热平衡，为此需要一定的弛豫时间，并不断地搅拌。

3.2.3　温度测量仪器

温度测量是热力学基本测量之一。测温仪器有很多种，它们均利用物质的某种物理特性随本身热状态的改变而变化的性质制造而成。各种测温仪器都有相应的测量范围和误差，表3-1 列出了几种测温仪器的测温范围和特点。实验室常用的有水银温度计和热电偶等。

表 3-1　几种测温仪器的特性

测温仪器	测温参量	测温范围	仪器特点
水银温度计	液柱长度	$-30\sim+300℃$	价廉，使用简单，基本线性；但热惰性大，测量范围有限
热电偶温度计	热电动势	$-200\sim+1600℃$	测温范围广，一定范围内线性或接近线性，热惰性小，性能稳定；但要测 mV 级电动势(特别测低温)时测量范围有限

续表

测温仪器	测温参量	测温范围	仪器特点
金属电阻温度计	电阻	铂：$-183 \sim +630℃$ 铜：$-50 \sim +150℃$	测温精度高,基本线性,测量范围宽,能远距离测量;但测的是电阻
热敏电阻温度计	电阻	$-50 \sim +150℃$	灵敏度高,热惯性小,性能稳定;但非线性,测温范围有限
半导体温度计	电流	$-50 \sim +150℃$	线性好,热惰性小,性能稳定,使用方便;但要小电流放大,测温范围有限
辐射高温度	辐射强度	$+700 \sim +2000℃$ $+1200 \sim +3200℃$	测高温,远距离测量;但测量精度低

1. 玻璃水银温度计

(1)玻璃液体温度计测温原理。玻璃液体温度计利用液体的热胀冷缩性质来测温。由于水银具有不润湿玻璃,随温度上升均匀膨胀,热传导体性能良好,容易纯净,在1个大气压下,可在$-38.87 \sim +356.58℃$较广的温度范围内保持液态等优点,因此较精密的玻璃液体温度计多为水银温度计。

实验室用的水银温度计,分度值为$0.1℃$或$0.2℃$,仪器误差为$0.05℃$;标准温度计的最小分度值可做到$0.01℃$。

(2)使用水银温度计时一般应注意:

①被测物质的容量须超过温度计贮液泡液体容量的几百倍以上。

②温度计浸入被测介质的深度应等于温度计本身所标明的深度。在温度计上没有标志时,一般应把温度计浸至被测读数的分度线。

如果有一部分水银柱露在外面,须进行修正——加上修正值ΔT:

$$\Delta T = \gamma(T - T_1)n \tag{3-5}$$

其中水银$\gamma = 0.000161/℃$,T为主温度计读数,T_1为水银柱露出部分的平均温度,通常用辅助温度计读得,n为外露段度数。

③读数时手握温度计上部,视线垂直于刻度。

④贮液泡的壁很薄,使用时不要碰破,且不使温度计经受剧烈的温度变化。

⑤由于玻璃永久应力的存在会引起温度计的变形,需经常检查和校正温度计的零点。

⑥有时需要计算水银温度计的比热容,由于玻璃的比热容为$0.19\text{cal/g} \cdot ℃$,密度约为2.5g/cm^3,水银的比热容为$0.033\text{cal/g} \cdot ℃$,密度为$13.6\text{g/cm}^3$,因而$1\text{cm}^3$玻璃的水当量等于

$$0.19 \times 2.5 = 0.47\text{cal/}℃$$

1cm^3水银的水当量等于

$$0.033 \times 13.6 = 0.45\text{cal/}℃$$

故通常计算水银温度计的水当量只需求得浸入液体部分的体积V,然后乘以0.46,即

$$\delta m = 0.46V\text{cal/}℃ \tag{3-5}$$

2. 温度传感器

温度传感器是指能感受温度并转换成可用输出信号的传感器。温度传感器是温度测

量仪表的核心部分,品种繁多。按测量方式可分为接触式和非接触式两大类,按照传感器材料及电子元件特性分为热电偶和热电阻两类。

温度传感器有四种主要类型:热电偶、热敏电阻、电阻温度检测器(RTD)和IC温度传感器。IC温度传感器又包括模拟输出和数字输出两种类型。

下面介绍我们教材中使用的温度传感器:

(1)热电偶温度计。热电偶的测温原理是根据温差电现象。热电偶由两种不同成分的金属丝A、B构成,其端点彼此紧密接触(如用焊接方法),如图3-9所示。当两个接点处于不同的温度T和T_0时,在回路中产生直流电动势。它的大小只与组成热电偶的两根金属丝的材料、热端温度和冷端温度这三个因素有关。一般来说

图3-9 热电偶

$$\varepsilon = c(T - T_0) + d(T - T_0)^2 \tag{3-7}$$

它的一级近似(一般$d \ll c$)

$$\varepsilon = c(T - T_0) \tag{3-8}$$

式中,c称温差系数,或称热电偶常数,它代表温差1℃时的电动势,其大小决定于组成热电偶的材料。

测温时,使电偶的冷端温度保持恒定(通常保持在冰点),将热端置于待测温度处,即可测得相应的温差电动势,再根据事先校正好的曲线或数据表格来求出温度T。它的优点是热容量小,测温范围广,灵敏度高。若配以精密的直流电位差计,则测量精确度较高。

基准铂铑-铂热电偶,测温范围为600~1300℃,仪器误差为0.1℃;标准铂铑-铂热电偶,测温范围内仪器误差为0.4℃,工作铂铑-铂热电偶,测温范围内仪器误差为0.3%。对于铜-康铜、铜-考铜一类的热电偶来说,由于其中有一根金属丝和引线一样也是铜,实际上在整个电路中只有两个接点,如图3-10所示。对于铜-康铜热电偶,在0~300℃温度范围内,温差电动势ε与温差$T - T_0$基本上是线性关系。

图3-10 热电偶温度计

使用注意事项如下:热电偶的定标是在冷端保持0℃的条件下进行的,若冷端温度难以保持恒定不变,一般应采取冷端温度补偿措施来消除由于冷端实际温度与定标时冷端温度0℃有差异引起的误差。

热电偶丝不能拉伸和扭曲,否则热电偶容易断裂,并有可能产生寄生温差电动势,影响热电偶的测温正确性。

(2)AD590温度传感器。AD590是美国模拟器件公司的电流输出型温度传感器,供

电电压范围为 $3\sim30V$,输出电流为 $223\mu A(-50℃)\sim423\mu A(+150℃)$,灵敏度为 $1\mu A/℃$。当在电路中串接采样电阻 R 时,R 两端的电压可作为输出电压。注意 R 的阻值不能取得太大,以保证 AD590 两端电压不低于 3V。AD590 输出电流信号传输距离可达到 1km 以上。作为一种高阻电流源,其内部电阻最高可达 $20M\Omega$,所以它不必考虑选择开关或 CMOS 多路转换器所引入的附加电阻造成的误差。适用于多点温度测量和远距离温度测量的控制。

(3)LM135/235/335 系列温度传感器。LM135/235/335 系列是美国国家半导体公司(NS)生产的一种高精度易校正的集成温度传感器,工作特性类似于齐纳稳压管。该系列器件灵敏度为 10mV/K,具有小于 1Ω 的动态阻抗,工作电流范围从 $400\mu A$ 到 5mA,精度为 1℃,LM135 的温度范围为 $-55\sim+150℃$,LM235 的温度范围为 $-40\sim+125℃$,LM335 为 $-40\sim+100℃$。封装形式有 TO‐46、TO‐92、SO‐8。该系列器件广泛应用于温度测量、温差测量以及温度补偿系统中。

(4)DS18B20 型数字温度传感器。该传感器接线方便,封装后可应用于多种场合。主要根据应用场合的不同而改变其外观。DS18B20 独特的单线接口方式,使其在与微处理器连接时仅需一条口线即可实现微处理器与 DS18B20 的双向通信。测温范围为 $-55\sim+125℃$,固有测温误差为 1℃。工作电源为 $3.0\sim5.5V/DC$(可以数据线寄生电源)。支持多点组网功能,多个 DS18B20 可以并联在唯一的三线上,最多只能并联 8 个,实现多点测温,如果数量过多,会使供电电源电压过低,从而造成信号传输不稳定。

3.3　光学实验的预备知识和常用仪器

3.3.1　光学实验的基本内容

通过对波长、光强等基本光学量的测量,学习常用光学仪器的使用;通过常用光学仪器的使用,学习精密仪器的调节;通过精密仪器的调节,培养严谨、踏实的工作作风。

精密仪器的调节,都有一定规程,要遵守光学实验操作规程,根据操作规程进行实验,在实验中注意观察实验现象,加深对干涉、衍射、偏振等光学现象的理解,应用学到的光学知识,分析实验现象。

3.3.2　基本光学量和光学仪器的使用

1. 基本光学量

(1)反光强度。是物理学中七个基本物理量之一,也简称光强,常用英文字母 I 来表示。光强是描述点光源发光强弱的一个基本度量。以点光源在指定方向上的立体角元内所发出的光通量来度量。国际单位是 candela(坎德拉)简写为 cd。1cd 即 1000mcd 是指单色光源(频率 5.40×10^{14} Hz,波长 $0.550 \mu m$)的光,在给定方向上(该方向上的辐射强度为 1/683W/sr)的单位立体角内发出的发光强度。

(2)波长。是描述光的波动特性的主要参数之一,常用希腊字母 λ 来表示,单位为 nm。波长指光波在传播过程中两个相邻的波峰或者两个相邻的波谷之间的长度。波长反映了波在空间上的周期性。

2.光学仪器的使用和维护规则

光学仪器是根据光学原理做成的精密仪器,仪器调节一般都比较复杂,使用时除了需要熟悉仪器结构和调节方法,认真细心进行调节外,实验中的各种现象,操作中的许多步骤,都需要理论指导,如不经周密思考,只能事倍功半。

此外,光学仪器的核心部件——光学元件极易损坏(破损、磨损、污损、发霉、腐蚀),在使用和维护时必须遵守一定的规则:

(1)必须在了解仪器的使用方法和操作要求后才能调整和使用仪器;

(2)仪器应轻拿、轻放,勿受震动,不许私自拆卸;

(3)仪器的机械部分要按操作规程操作,动作要轻,精神要集中;

(4)不能用手触摸仪器的光学表面,只能接触非光学表面部分,如磨砂面、边缘等,如图 3-11 所示;

图 3-11 手持光学元件的方式

(5)不要对着光学元件说话、哈欠、咳嗽、打喷嚏;

(6)光学表面若有轻微的污痕或指印,可用镜头纸或清洁的麂皮轻轻地拂去(不能加压擦拭);若有严重污痕,要用乙醚、丙酮或酒精等清洗(镀膜面不宜清洗);

(7)除实验规定外,不允许任何溶液接触光学表面;

(8)仪器用毕,应放回箱内或加防尘罩,箱内应放置干燥剂,以防仪器受潮和玻璃表面发霉。

3.3.3 光学实验的基本方法

1.导轨(或光具座)上各元件的共轴调节

在光具座进行的光学实验,必须满足近轴光线条件,应调节各光学元件的主光轴重合,而且使该光轴与光具座导轨平行,这一调节称为共轴调节。调节方法如下:

(1)粗调:把光源、物屏、透镜和像屏等用光具夹夹好后,先将它们靠拢,调节高低、左右,使各光学元件的中心大致在一条与导轨平行的直线上,并使物屏、透镜、像屏等的平面互相平行,且与导轨垂直。这些都是靠目视来判断。

(2)细调:靠其他仪器或成像规律来判断。

①利用自准法调整:在物屏上看见像后,细心调节透镜的上下或左右位置,使物、像中心重合。

②利用共轭法调整:使物屏与像屏间距 $D>4f$,缓缓地将凸透镜从物屏移向像屏,在此移动过程中,像屏上将先后获得一次大的和一次小的清晰像。若两次成像的中心重合,则表明此光学系统已达到等高共轴的要求;若大像中心在小像中心的下方,说明透镜位置偏低,应将其调高;反之,则应将透镜调低。调节时应注意用"大像追小像"的方法。

③当有两个透镜或两个以上透镜(如测 $f_{凹}$)时,必须逐个进行上述调整。先将一个透镜(凸透镜)调节好,记下像中心在屏上的位置。然后加上另一个透镜(凹透镜),再次观察成像的情况,对后一个透镜的位置作上下、左右的调整,直至像的中心仍保持在第一次成像时记下的中心位置上。

2. 成像清晰位置的判断

能够正确判断成像的清晰位置是一些光学实验获得准确结果的关键。为了准确地找到像的最清晰位置,可采用左右逼近法读数。先使透镜自左向右移动,到成像清晰为止,记下透镜位置;再自右向左移动透镜,到像清晰再记录透镜的位置,取其平均作为最清晰的像位。

3. 消除视差

在光学仪器中,如果像和十字叉丝不在一个平面上,观测者的眼睛从不同角度看去,就会感觉它们的相对位置有变动,这就是视差。为了避免因观测角度的不同对测量产生的影响,必须把像与叉丝调到同一个平面上。如果把自己左右手的食指伸直一前一后平放在视平线上,上下移动眼睛就会看出,离眼近者与眼睛移动方向相反,离眼远者与眼睛移动方向相同。因此利用视差现象判断仪器中的像应该朝哪个方向移动才能消除视差。

4. 消除回程差

光学仪器大多是精密的机械装置,由于机械传动机构总存在一定的间隙,它们都存在回程差(也称空程差)。因此在读数过程中,传动机构的调节只能向一个方向移动,中途不得回调。例如使用读数显微镜和迈克尔逊干涉仪进行测量等。

3.3.4 常用光源

光源是光学实验中不可缺少的组成部分,对于不同的观测目的,常需选用不同的光源。如在干涉测量中一般应使用单色光源,而在白光干涉时又需用能谱连续的白炽灯。

1. 白炽灯

白炽灯是以热辐射形式发射光能的电光源。它以高熔点的钨丝为发光体,通电后温度约 2500℃,达到白炽发光。玻璃泡内抽成真空,充进惰性气体以减少钨的蒸发。这种灯的光谱是连续光谱。白炽灯可做白光光源和一般照明用。使用低压灯泡时要特别注意与电源电压相适应,避免误接电压较高的电插座造成损坏事故。

2. 氦氖激光器

氦氖激光器是一种单色光源,具有单色性强、发光强度大和方向性好等优点,它能输出波长为 6328Å 的橙红色偏振光,输出激光功率为几到几十毫瓦,其外形如图 3-12 所示。常用的腔长 250mm 的氦氖激光器的主要参数见表 3-2,以便于学习者对常用的氦氖激光器的主要参数有一个数量级的概念。

表 3-2　氦氖激光器的主要参数

名称	输出波长	输出功率	光束发射角	触发电压	工作电压	工作电流
数值	6328Å	1~2mW	<3mrad	≥3500V	1200V	3~8mA

(1)普通氦氖激光器　　　　　(2)电源和激光器封在一起

图 3-12　氦氖激光器

实验室常用的氦氖激光器由激光工作物质(氦、氖混合气体)、激励装置和光学谐振腔三部分组成。放电管内的氦、氖混合气体在直流高压激励作用下产生受激辐射形成激光,经谐振腔加强到一定程度后,从谐振腔的一块反射镜发射出去。谐振腔的两端各装有一块镀有多层介质膜,面对面地平行放置的反射镜,它是激光管的重要组成部分,必须保持清洁,防止灰尘和油污的污染。

在光学实验中,可以利用各种光学元件将激光管射出的激光束进行分束、扩束或改变激光束的方向,以满足实验的不同要求。

开启时,应先开低压电源,后开高压电源;关闭时应先关高压电源,后关低压电源。由于激光管两端加有高压,操作时应严防触及,以免造成电击事故。由于激光管射出的激光束光波能量集中,未扩束的激光将造成人眼视网膜的永久损伤,故切勿迎着激光束直接观看激光。

3.钠灯和汞灯

钠灯和汞灯都是以金属(Na 或 Hg)蒸气在强电场中发生游离放电现象为基础制成的弧光放电灯。在额定供电电压下,钠灯发出波长为 5889.97Å 和 5896.93Å 两种单色黄光。具体应用时,由于这两种单色黄光波长较接近,一般不易区分,故常以它们的平均值 5893Å 作为钠灯黄光的波长值。

汞灯有低压汞灯与高压汞灯之分。实验室中常用低压汞灯,其外形及使用与钠灯相同。低压汞灯正常开启时发出青紫色光。主要包括五种单色光,它们的波长分别是:5790.66Å(黄光)、5769.60Å(黄光)、5460.73Å(绿光)、4358.34Å(蓝光)及 4046.6Å(紫光)。若在光路中配以不同的滤色片,则可获得纯度较高的单色光。

钠灯、汞灯的外形结构和电路如图 3-13 所示。电路中的镇流器在触发开启后起限制电流的

图 3-13　钠灯、汞灯外形结构和电路

作用。保护灯管不被烧坏。为此,在使用此类气体放电灯时,必须在电路中串联符合灯管参数要求的镇流器。灯管开启后,一般要等10min甚至30min,发光才能稳定。灯管关闭后,必须等灯管冷却后才能再次开启。

3.3.5　常用仪器

1. 读数显微镜

(1)读数显微镜的结构。读数显微镜是综合利用光学放大和螺旋测微原理测量长度的一种仪器。图 3-14 就是一种实验室常用的读数显微镜,即 JXD-Bb 型读数显微镜,它主要由用于螺旋测微装置和用于观察的显微镜两部分组成。测微鼓轮的周边上刻有 100 个分格。鼓轮旋转一周,显微镜筒水平移动 1mm,每转一分格,显微镜筒将移动0.01mm。水平移动的距离的毫米整数部分由水平标尺上读出,毫米的小数部分由测微鼓轮读出,两者之和就是此时读数显微镜的位置坐标值。

1—锁紧螺钉;2—目镜;3—调焦手轮;4—测微鼓轮;5—标尺;
6—物镜;7—载物台;8—锁紧手轮;9—反光镜旋轮。

图 3-14　读数显微镜结构

(2)读数显微镜的操作步骤:

①将读数显微镜适当安装,对准待测物;

②调节显微镜的目镜,以清楚地看到叉丝(或标尺);

③调节显微镜的聚集情况或移动整个仪器,使待测物成像清楚,并消除视差;

④先让叉丝对准待测物上一点(或一条线)A,记下读数;转动丝杆,对准另一点 B,再记下读数,两次读数之差即 AB 之间的距离。注意两次读数时丝杆必须只向一个方向移动,若不小心超过了被测目标,就要退回,再重新测量。如图 3-15 所示。这样做是为了消除螺杆与螺母间空隙引起的"回程差"。

（a）正确读法　　　　　　　　（b）错误读法

图 3-15　读数显微镜的读数方法

2. 望远镜

（1）望远镜的构成。物理实验使用的望远镜和显微镜一般都具有测量的功能，所以它们除了目镜、物镜之外，还有叉丝这一部分。图 3-16 是望远镜的结构光路图。

图 3-16　望远镜结构光路

（2）望远镜的使用步骤：

①调节目镜：旋转目镜筒，改变目镜和叉丝之间的距离，使在视场中见到清晰的叉丝。（由于个人的视力不同，所以使用时首先要适应实验者的视力。另外叉丝是测量的准线，使用前必须调清晰。）

②调焦：旋转望远镜筒中部的调焦钮，改变叉丝所在平面与物镜之间的距离（像距），使由目镜观察到的标尺像清晰。并旋转目镜筒，使横叉丝与标尺刻线平行，作为读数时的准线。

③视差的消除：经调焦后，叉丝和标尺像都已看清晰。但在目镜前有一小段距离，只要叉丝和物象都在这一段距离内，人眼就能看清晰，然而叉丝与物像并不一定重合，如图 3-17(a)所示，如果二者有 Δ 距离的差别，就造成了视差。如图 3-17(b)所示，当眼睛在目镜前与准线垂直的方向来回移动时，就产生了叉丝和物像之间有相对位置的变化，这种现象就是视差。消除视差的办法就是继续细心地调焦，直至这一现象消失，如图 3-17(c)所示，叉丝 K 和物像 B 处于同一平面。

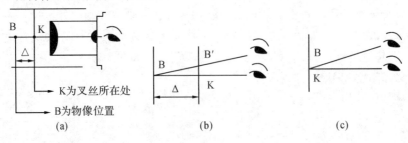

（a）　　　　　　　　（b）　　　　　　　　（c）

图 3-17　视差与消除方法

3.4　电磁学实验的预备知识和常用仪器

3.4.1　电磁学实验的基本内容

通过对电流、电压、电阻、频率和波形等物理量的测量,学习常用电学量测量仪器的使用;通过常用电学量测量仪器的使用,了解常用电学量测量仪器的性能和使用方法。

通过磁场强度、磁感应强度等基本磁学量的测量,学习常用磁学量的测量方法。

电磁学实验都有一定规程,需严格遵守安全操作规程。学习电磁学实验操作规程,建立安全工作意识,注意人身和仪器安全。在电磁学实验中常会因为电子元器件的损坏、导线接触不良等原因造成电路故障,因此同学们要应用学到的电磁学知识,分析实验现象,学习故障的判断和排除。

3.4.2　电学实验操作规程

1. 准备

实验前首先了解所用仪器的结构、规格和使用方法;然后,根据电路图顺序和考虑操作方便整齐地摆好仪器、元件和开关的位置。

2. 接线

通常由最近电源开关的一端开始(开关要断开),用导线按电路图顺序连接。当电路复杂,有几个回路时,先接主回路,再接支回路,顺序串接,最后才把电源接入。

接线要牢靠,接触良好;长度上要留有余地,并防止短路。不要在一个接线柱上过多地集中接线。通常电源正极(高电势)用红色或浅色导线连接;电源负极(低电势)用黑色或深色导线连接。

3. 检查

首先按电路图检查电路连接是否正确,接触是否良好。再检查其他的要求是否做妥,如开关是否断开,电表、电源的正负极是否接错,电表量程、变阻器滑动端的位置是否适当等。

4. 通电实验

通电实验前,应想好通电后各仪表的正常反应是怎样的。接通开关时,应密切注意各仪表的反应是否正常,并随时准备在不正常时迅速切断电源。

5. 安全

不管电路中有无高压,都要养成避免用手或身体直接去接触电路中裸露导体部分的习惯。若带电测量,应该用单手操作。

6.归整

实验结束,应将仪器拨到安全位置,断开开关,关断电源,经教师检查数据后再拆电路。拆电路时,先拆电源,再拆其他部分,拆完电路整理好仪器。

3.4.3 常用仪器

1.检流计

检流计可供电桥、电位差计等作为电流指零仪或测量小电流、小电压之用。检流计有灵敏电流计和直流指针式检流计等,本节只介绍 AC5-4 型直流检流计。

AC5-4 型直流检流计采用调制式直流放大器以推动微安表,使指针偏转,因而电流灵敏度高,直流漂移小。它有两种供电方式:一种是使用 3 节 $1^{\#}$ 干电池;另一种使用市电 220V。其主要技术参数见表 3-3。

表 3-3 检流计的主要参数

名称	量程	精度等级	电流分度值	内阻	阻尼时间
参数值	$\pm 10\mu A$	1.5 级	$1\times 10^{-7}A/div$	$\leqslant 100\Omega$	$\leqslant 4s$

使用注意事项如下:

①接入市电,需通电 15min,待稳定后,方可进入测量。

②调节"调零"旋钮,使表头指向"0"位。

③测量时,先检查"短路"按钮,应在弹出位置;然后按下"电计"按钮,检流计即被接入电路,可进行测量。如需长时间将检流计接入电路,可将该按钮转一角度,使其锁住即可。

④测量完毕,将开关拨至"关"位置,关掉电源。

2.电阻箱

电阻箱是一种数值可以调节的精密电阻组件,在实验室中常把它当作标准电阻使用。它由若干个数值准确的固定电阻元件(用高稳定的锰铜丝绕制)组合而成,借助转盘位置的变换来获得 $0.1\sim 99999.9\Omega$(ZX21 型)的各电阻值。

ZX21 型旋转式电阻箱的面板图和内部接线如图 3-18 所示,其主要技术参数见表 3-4。其最大阻值为 99999.9Ω,其额定功率为 0.25W。

(a)面板　　　　　(b)内部接线

图 3-18 ZX21 型旋转式电阻箱

表 3-4 **ZX21 型电阻箱的主要技术参数**

名称	参数值					
调节范围	9(0.1＋1＋10＋100＋1000＋10000)有 6 个转盘					
零值电阻	≤0.03Ω					
准确度等级	0.1 级					
倍率	×0.1	×1	×10	×100	×1000	×10000
最大允许电流/A	1.5	0.5	0.15	0.05	0.015	0.005
允许误差/%	5	2	1	0.5	0.1	0.1

电阻箱的基本误差是准确度等级引入的误差与接触电阻之和,计算公式为

$$E = \left(a + b\frac{m}{R} \times 100\right)\%　\qquad (3\text{-}8)$$

其中,E 为用百分数表示的基本误差,a 为准确度等级,b 为每个旋钮的接触电阻,m 为实际使用的(电流经过的)旋钮数,R 为电阻箱指示的电阻值。以 ZX21 型电阻箱为例,a 为 0.1 级,$b=0.02\Omega$,$m=6$(接"0"、"99999.9"两个接线柱时),其相对误差和绝对误差分别为

$$E = \left(0.1 + 0.02\frac{6}{R} \times 100\right)\% = \left(0.1 + \frac{12}{R}\right)\%$$

$$\Delta R = (0.1\%R + 0.12)\Omega$$

当 R 在几百欧姆以上时,第二项可忽略。

使用注意事项:

(1)使用电阻箱时,应先旋转一下各组旋钮,使触点接触稳定可靠;

(2)在使用中绝不应超过规定的最大允许电流值;

(3)在实验过程中改变电阻时,要注意不使电阻箱上的阻值出现零欧姆,以免损坏其他仪表;

(4)当只需要 0.1～0.9Ω 或 9.9Ω 以内的阻值变化时,应将接线接到 0 和 0.9Ω 或 9.9Ω两接线柱,可消除电阻箱其他档接触电阻带来的误差。

3.数字式万用表

数字万用表具有用途多、量程广、使用方便等优点,是电子测量中使用最多的工具之一。数字万用表配置了适当种类的转换电路(如电压电流转换器、交直流转换器等),可用来测量交流电压、直流电压、交流电流、直流电流、电阻、电容、频率、温度、占空比、二极管正向压降及电路通断测试等。

数字万用表主要参数按显示位数分类,可分为三位半、四位半、五位、六位、八位等;按测量速度分,可以分为高速和低速;按重量和体积分,又可分为袖珍式、便携式和台式;等等。

电流、电压和电阻的测量,一般被视为万用表的基本功能。在物理实验中也使用最多,故而这里仅介绍万用表测量电流、电压和电阻的使用方法和使用注意事项。

(1)使用方法如下：

① 交直流电压的测量：根据需要将量程开关拨至 DCV（直流）或 ACV（交流）的合适量程，红表笔插入 V/Ω 孔，黑表笔插入 COM 孔，并将表笔与被测线路并联，查看读数，并确认单位。

② 交直流电流的测量：将量程开关拨至 DCA（直流）或 ACA（交流）的合适量程，红表笔插入 mA 孔（<200mA 时）或 10A 孔（>200mA 时），黑表笔插入 COM 孔，并将万用表串联在被测电路中即可。测量直流量时，数字万用表能自动显示极性。

③电阻的测量：将量程开关拨至 Ω 的合适量程，红表笔插入 V/Ω 孔，黑表笔插入 COM 孔。如果被测电阻值超出所选择量程的最大值，万用表将显示"1"，这时应选择更高的量程。测量电阻时，红表笔为正极，黑表笔为负极，这与指针式万用表正好相反。因此，测量晶体管、电解电容器等有极性的元器件时，必须注意表笔的极性。

(2)注意事项如下：

①如果无法预先估计被测电压或电流的大小，则应先拨至最高量程挡测量一次，再视情况逐渐把量程减小到合适位置。测量完毕，应将量程开关拨到最高电压挡，并关闭电源。

②满量程时，仪表仅在最高位显示数字"1"，其他位均消失，表示溢出，这时应选择更高的量程。

③测量电压时，应将数字万用表与被测电路并联。测电流时应与被测电路串联，测直流量时不必考虑正、负极性。

④当误用交流电压挡去测量直流电压，或者误用直流电压挡去测量交流电压时，显示屏将显示"000"，或低位上的数字出现跳动。

⑤有效数字要读全，否则降低了万用表的精度等级。

⑥当测量电流时，连接仪表到电路之前，请关闭电路的电源。

⑦保持手指一直在表笔的绝缘体部位。

⑧在测量时，在连接红色表笔线前，应先连接黑色表笔线（公共端）；同样，当断开连接时，应先断开红色表笔线再断开黑色表笔线。

⑨测量较大电流时要迅速，测量时不能超过 15s，以免损坏测试电路。

⑩为避免电击及人员伤害，使用前，应认真阅读有关的使用说明书，熟悉电源开关、量程开关、插孔、特殊插口的作用。熟悉说明书中的"安全信息"和"警告及注意点"。请勿在爆炸性气体、水蒸气或多尘的环境中使用仪表。

4. 直流稳压电源

直流稳压电源实际上是一台电子设备，其作用是把交流电转变成大小可调节的稳定的直流电。其广泛应用于国防、科研、大专院校、工矿企业、充电设备等。使用时按操作顺序进行，"先调准，后接入"，即先调准所需的输出电压值（或调至零），然后关闭电源开关，再连接稳压电源与实验线路之间的连线，否则易因将过高电压接入电路，造成器件损坏；电压调整时"粗调""细调"要配合使用，先粗调，后细调。

实验进行中稳压电源的开关不能作为电路开关随意开关；改变电路接线前也应先关闭电源开关。做完实验关机时要先将全部的稳压、稳流旋钮旋转到最小位置，再关闭稳压电源开关，最后再拆连接电路所用的导线。

5. 信号发生器

信号发生器是能够产生各种(电)信号的仪器,专门用于为那些自身无法产生(振荡)波形(信号)的被测电路提供检测用的电信号,故又简称为"信号源"。

低频信号发生器均设有波形(正弦、三角、方波)选择;频率选择;输出幅度调节;占空比调节;TTL 输出端子;常规(非 TTL)输出端子;倒(反)相开关;交流(AC 220V)电源开关等。

下面介绍实验室使用的 DG1000 系列双通道函数/任意波形发生器功能和具体操作的要点。

(1)前面板总览。前面板简单而功能明晰,如图 3-19 所示,前面板上包括各种功能按键、旋钮及菜单软键,可以进入不同的功能菜单或直接获得特定的功能应用。

图 3-19　信号发生器前面板

(2)界面显示模式。DG1000 提供了 3 种界面显示模式,依次是单通道常规模式(见图 3-20)、单通道图形模式(见图 3-21)及双通道常规模式(见图 3-22)。这 3 种显示模式可通过前面板左侧的 View 按键切换。用户可通过该按键切换活动通道,来设定每通道的参数及观察、比较波形。

图 3-20　单通道常规模式

图 3-21 单通道图形模式

图 3-22 双通道常规模式

（3）输出设置。在前面板右侧有两个按键 Output，是 CH1 输出使能、CH2 输出使能控制键，如图 3-19 所示，用于通道输出、频率计输入的控制。使用 Output 按键，启用或禁用前面板的输出连接器输出信号。已按下 Output 键的通道显示"ON"且键灯被点亮，如图 3-23 所示。

在频率计模式下，CH2 对应的 Output 连接器作为频率计的信号输入端，CH2 自动关闭，禁用输出。

（4）方向键和旋钮的使用。方向键（见图 3-19）用于切换数值的数位、任意波文件/设置文件的存储位置、文件名输入字符。旋钮（见图 3-19）用于改变数值大小，在 0~9 范围内改变某一数值大小时，顺时针转一格加 1，逆时针转一格减 1。

图 3-23 通道输出控制

（5）数字键盘的使用。数字键盘（见图 3-19）用于直接输入需要的数值，改变参数大小。使用时配合菜单键，由菜单键选择物理量如频率、幅值等，数字键盘直接输入需要的数值。

若遇其他使用功能时，请参阅相关的使用说明书。

6. DS1000 数字存储示波器

（1）操作面板介绍。操作面板如图 3-24 所示，显示屏右侧的一列 5 个灰色按钮为菜单操作键，自上而下定义为 1 号至 5 号。通过它们，可以设置当前菜单的不同选项，与自动柜员机 ATM 的操作类似。

除了这 5 个菜单键，其他按键为功能键，通过它们，可以进入不同的功能菜单或者直接获得特定的功能。

图 3-24　DS1000 数字存储示波器操作面板

（2）垂直控制区（Vertical）。

①CH1 或 CH2 通道设置键。按该按键将打开对应通道的操作菜单，并在屏幕上显示对应通道的信号。

操作菜单第一项是耦合模式选择：交流、直流和接地。若选择交流耦合方式，表示被测信号含有的直流分量被阻隔；若选择直流，表示被测信号含有的直流分量和交流分量都可以通过；若选择接地，表示被测信号含有的直流分量和交流分量都被阻隔。耦合状态显示位置为屏幕左下角。（在液晶电光效应的观测实验中，由于被检测的信号频率很低，所以应该采用直流耦合模式。）

第二项是设置通道的带宽限制。若选择关闭状态，表示被测信号含有的高频分量可以通过；若选择打开，表示被测信号含有的大于 20MHz 的高频分量被阻隔。

第三项是探头比例调节。为了避免屏幕显示的挡位信息和测量的数据不一致，要求输入通道的探头比例等于探头的衰减系数。例如探头衰减系数为 10：1，那么对应的探头比例应该设置为 $10\times$。

②数学运算 Math 键。数学运算功能是显示 CH1 和 CH2 通道波形相加、相减、相乘以及 FFT（快速傅立叶变换）运算结果。按该功能键可以打开数学运算操作菜单。

③参考波形 Ref 键。在实际测试过程中，用示波器测量、观察有关组件的波形，可以把波形和参考波形样板进行比较，从而判断故障原因。按此功能键可以打开参考波形操作菜单，可以实现参考波形的设置、存储、读取等多种操作。

④垂直位置（Position）旋钮和挡位（Scale）旋钮。垂直位置旋钮调整波形的垂直位置。垂直挡位旋钮调整被选中波形的垂直挡位，转动 Scale 旋钮可以发现屏幕下方状态栏对应通道的挡位显示发生了相应的变化，状态栏显示的数字表示每一大格的电压值，显示的文字颜色与通道波形的颜色相同。粗调是以 1—2—5 方式步进，细调是在当前挡位

进一步调节波形的显示幅度。粗调、细调可以通过按 Scale 旋钮切换。

在液晶电光效应的观测实验中，由于被测信号的电压在几个伏特的范围，可以将垂直挡位调节为 1V。

（3）水平控制区（Horizontal）。

①水平位置（Position）旋钮和挡位（Scale）旋钮。水平 Position 旋钮调整信号波形在窗口中的水平位置。水平挡位旋钮调整被选中波形的水平挡位（主时基），转动 Scale 旋钮可以发现屏幕下方状态栏对应通道的挡位显示发生了相应的变化，状态栏显示的数字表示每一大格的扫描时间，以 1—2—5 方式步进。当延迟扫描被打开时，将通过改变水平 Scale 旋钮改变延迟扫描时基而改变波形的水平扩展倍数。用于放大一段波形，以便查看图像细节。延迟扫描的打开和关闭可以通过按下 Scale 旋钮来切换。

在液晶电光效应的观测实验中，由于被测信号的频率较低，将水平时基调节为 100ms 为宜。

②水平控制键 Menu。按该水平控制键可以打开水平菜单。水平菜单第一项是延迟扫描的打开和关闭选择。第二项是水平时基的选择，选择 Y-T 方式表示垂直的 Y 轴为信号电压，水平 X 轴为扫描时间，一般的信号波形显示均选择该项；选择 X-Y 表示 X 轴为通道 CH1 的电压量，Y 轴为通道 CH2 的电压量，表示两通道信号在垂直方向进行叠加，比如用李萨如图形测量未知信号频率的时候应采用 X-Y 方式。

（4）触发控制区（Trigger）。设定正确的触发条件，可以将不稳定的显示转化为有意义的稳定波形。

①触发电平（Level）旋钮：设定触发点对应的信号电压。按下此旋钮使触发电平立即回零。

②50%键：将触发电平设定在触发信号幅值的中点。

③Menu 键：触发设置菜单。

触发设置菜单里第一项是触发模式选择，有边沿触发、脉宽触发、视频触发、斜率触发、交替触发、码型触发、持续时间触发选项。第二项是触发信源选择，可以选择通道 CH1 和 CH2、外触发输入通道 EXT、市电 AC Line 等。下面还有触发方式选择、触发设置等选项。

（5）常用菜单区（Menu）。

①自动测量 Measure 键。本示波器具有 200 种自动测量功能，包括峰值、最大值、最小值、平均值等 10 种电压测量功能和上升时间、下降时间、频率、周期等 10 种时间测量功能。

菜单第一项是信源选择，即选择待测信号对应的通道，若选择错误将得到其他通道信号的测量结果，或者测量结果为一串星号。

菜单第二项为电压测量，分菜单里列有 10 种电压测量功能，可用菜单操作键上方的旋钮选择，并按下确认。

菜单第三项为时间测量选项，分菜单中的上升时间表示波形幅度从 10% 上升至 90% 所经历的时间，下降时间表示波形幅度从 90% 下降至 10% 所经历的时间，测量结果显示在下方状态栏附近，分别用 rise 和 fall 表示。若测量结果显示小于某个值，该数据作废，并且考虑减小水平时基。

②光标测量 Cursor 键。光标模式允许用户通过移动光标进行测量。光标测量分为 3 种模式：

手动模式：光标 X 或光标 Y 方式成对出现，并可手动调节光标的间距。状态栏中显示的读数即为测量的电压或时间值。使用光标时，首先需要把菜单下面的信源选择设定为待测信号通道。

追踪方式：水平和垂直光标交叉构成十字光标。十字光标自动定位在波形上，通过旋动 Cursor 键旁边的多功能旋钮调整十字光标的水平位置，示波器同时显示光标点的坐标。

自动测量方式：在自动测量 Measure 菜单下选中要测量的参数之后，选择光标的自动测量方式将显示对应的电压或时间光标，以揭示测量的物理意义。

③采样系统 Acquire 键。观察单次信号可以选用实时采样方式；观察高频周期性信号可以选用等效采样方式；期望减少所显示信号中的随机噪音，可以选用平均采样方式，平均值的次数可以选择。

④显示系统 Display 键。此功能键用于设定波形、屏幕网格、菜单、屏幕本身等的显示方式。Menu 区左边的多功能旋钮在未指定任何功能时，此旋钮均表示调节波形的亮度。

⑤存储调出 Storage 键。通过该键弹出的菜单，可以对示波器内部存储区和 USB 存储设备上的波形和设置文件进行保存和调出操作。也可以对 USB 存储设备上的文件进行新建和删除操作，不能删除仪器内部的存储文件，但可将其覆盖。

⑥系统功能设置 Utility 键。该功能键用于系统提示语言、按键声音、自校正、屏幕保护、打印、系统维护等功能设置。

（6）运行控制区（Run contronl）。

①自动设置 Auto 键：自动设置仪器各项控制值，以产生适宜观察的波形显示。相应菜单有多周期显示、单周期显示等选项。

②运行/停止 Run/Stop 键：运行和停止波形采样。

7. 通用数据采集分析控制仪

通用数据采集分析控制仪包括采集、分析、计算及显示过程，和计算机、传统仪器结合现代传感器技术搭建自组实验，实验现象直接由计算机显示，实验数据导出为 Excel 文档。因此，通用数据采集分析控制仪有硬件和软件两部分。

（1）硬件面板简介。通用数据采集分析控制仪外观面板如图 3-25 所示，有两路采集通道 1、2，采集量都是电压量，采集范围 $-5 \sim +5\mathrm{V}$；为使采集的信号在计算机屏显示清晰、适中，两路采集通道都设置了放大旋钮 CH1 和 CH2，放大倍数都分别为 1 倍、10 倍、100 倍、1000 倍。

（2）软件功能简介。

①X － Y 函数关系记录：允许用户任意设置 X、Y 通道，做出相应记录曲线。

②多通道分离显示：同时采集两通道输入信号，以两窗口显示，适合多个独立信号同时测量。

③多通道复合显示：同时采集两通道输入信号，以一个窗口显示，适合多个信号测量比较。

1、2—电压为+5伏的直流电源;3、4—开关量输入端口;5、6—开关量输出端口;7、8—采集通道1;9、12—采集通道1、2的放大旋钮;10、11—采集通道2;13—电源状态指示灯;14—开关量状态指示灯。

图 3-25　电子天平

④Output 控制:通过控制继电器开合开完成 OutPut 口接通、断开功能。

⑤Input 指示:显示采集仪 Input 端口接通、断开的状态。

⑥数据导出:使用配套软件可将采集数据以 Excel 文档(＊.xls)或文本文档(＊.txt)格式保存。其中,保存数据分三列,第一列为时间,第二列为通道1的数据,第三列为通道2的数据。

(3)操作说明。数据采集分析控制仪软件界面如图 3-26 所示,共分五个区域。从左往右依次为 A 区采集操作、B 区坐标轴显示设置、C 区游标图例设置、D 区曲线设置、E 区系统操作。下面分述各区的操作使用。

① A 区采集操作。该控制窗口用于设置曲线 X 轴及 Y 轴的数据来源,选择对象是 CH1(采集通道1)和 CH2(采集通道2),是 X-Y 函数关系记录特有的。

图 3-26　数据采集分析控制仪软件界面

"Time"为系统内部提供的时钟,单位为"秒";可直接通过拖动滑块来设置,也可单击选择框 Time ,从弹出窗口中选择。

②B 区坐标轴显示设置。该功能窗口用于设置坐标轴的名称、显示方式、数据格式等; X轴 、 Y轴 用于设定坐标轴的名称。

自动显示开关键 ,自动显示即系统自动判断将所有数据点都在作图区上以最佳的方式显示。 状态为开启, 状态为关闭。

■■■数轴数据格式控制键,单击此键会弹出设置窗口。

③C 区游标图例设置。利用游标图例工具可将游标锁定到某一条线上,可将游标锁定到某一条线上的某一个点上;可以选择游标是否可以被用户移动。用鼠标单击移动器的四个角,可以移动游标。

④D 区曲线设置。设置曲线显示相关属性。单击■■■■■键,在弹出窗口中可选择曲线的样式,设置曲线的显示形式;设置曲线的颜色、线条风格、线宽、曲线填充、填充基线、绘图方式、点式样。

单击■键鼠标换至正常状态。

单击■键,在弹出窗口中可以选择观察方式。依次为:将一个矩形区放大;将两条纵线区的区域放大;将两条横线区的区域放大;所有图形全部显示;以一个点为中心放大;以一个点为中心缩小。

单击■键鼠标换至拖动状态,此时可用鼠标在作图区拖动,显示任意范围内的曲线。

⑤E 区系统操作。该区域为软件运行控制区域。运行按键■■,依次为"运行","连续运行"。

功能选择键■,用于选择将要执行的功能。刻线选定数据导出或数据采集后,点击运行按钮,开始运行相应功能。

手动停止键■。单击"STOP"按钮,程序停止运行。拖动旋钮■,可根据实验需求选择采样率,即设定每秒采集的点数。

3.5　设计性实验的预备知识

设计性实验是一种带有综合应用性质或一定设计性任务的由学生自行完成的教学实验,其项目内容经过精心挑选,具有科学性、综合性、典型性、探索性和可行性。实验的要求是可以变通的,通常只提出最低的总体要求,学生可以根据实验室提供的设备器材自行推论有关理论,自行确定实验方法,自行选择组配仪器设备,自行拟订实验程序和注意事项,也可提出一些扩展性的测试内容和项目。所确定的实验方案、实验电路、测试内容等,经过指导教师审核、听取参考意见后实施。实验结束,实验者按实验课题或研究项目的精度等要求得出实验结果,做出分析评价,写出比较完整的科学实验报告,最后还应列出为完成本课题所查找的主要参考资料。

3.5.1　科学实验的基本程序

对于一个具体的研究课题,从选题开始到研究工作结束,整个过程必须按照一定的程序。一般来讲,科学实验的基本程序大体上包括下列基本环节:1. 准备工作;2. 实验过程;3. 综合分析讨论;4. 论文报告撰写。任何科学实验过程中的许多工作都要经过反复修改甚至推翻,并通过实践→反馈→修正→实践……这样多次的反复,不断地加以完善。图3-27说明了科学实验过程的路线。图中反向箭头表示反馈和修正。

图 3-27　科学实验的基本程序

1.选择课题

选题是进行科学活动迈出的第一步。它对后续工作能否完成,或者有没有价值有着举足轻重的作用。选题是确定主攻方向,必须根据生产实际、科学发展的实际以及研究单位与个人的实际,抓住时机,抓住问题的关键性矛盾所在,认真选好课题。

2.课题调研

课题选定以后,必须认真细致地进行实地调查或书面调查,并把搜集到的大量资料,经过分析研究,提出自己的假说或对材料的解释,以便根据这种假设或解释,设计、制订实验方案。在调查研究时,必须保持独立思考,不可因循守旧,或被调查到的资料束缚自己的思想。

3.制订方案

根据大量的调查研究,做出总体安排,选择突破口和切实可行的技术路线。这包括研究正确的理论依据,建立物理模型,选择适当类型的实验和实验方法,设计正确的测量方法和路线,合理配置实验器材,做好准备。

4.实验过程

在实验过程中,必须做到严格操作,仔细观察,认真记录每一个细节。开动脑筋,积极思考,搜寻意料之外的现象。严肃认真,实事求是,分析处理实验的数据。

5.综合分析讨论

对积累的大量实验结果进行认真整理和综合分析,并做出客观的、不带主观偏见或有意凑合的评价、判断和解释。

6.论文报告的撰写

科学论文或研究工作报告是科学研究的永久性记录和总结。写作结构可以由以下几部分组成:

(1)引言。论文报告的开头要非常扼要地叙述一下为什么要研究这个课题,想解决什么问题,其实际意义是什么,以及文章所论证的主题的发展经历和现状。这部分内容要写得简短,并要写出背景材料,以吸引读者。

(2)实验方法及理论依据。这部分内容是文章的主体,要求详细完整地阐明自己的研究工作。若是仿照别人的方法做的实验研究工作,则实验原理、所用设备和操作方法,只需简单地说明参考书,而对自己的改进部分加以详细叙述。如果是自己设计的实验,应充分地说明实验研究和方案设计的理论依据,实验装备的原理图或实物照片,以及所使用的设备型号、材料规格、工作条件和操作步骤等。

（3）实验结果。这部分是文章的中心。主要是写出得到的实验观察结果。实验数据可以列成表格，或者描绘出曲线图。

（4）结论。这是整个工作的结晶，要求用简洁明晰的语言，表达出所得到的结论。结论一定要恰如其分，令人信服。在做出结论时，一定要慎重，不应有不合逻辑的地方。应用归纳法从实验结果中导出的结论，必须考虑到推理的局限性。

（5）分析讨论。对结果的意义和可能存在的问题进行讨论。这里不仅要说明实验结果的准确程度和可靠性，还应该与已有的理论或假说作比较。如是验证性实验，就应该阐明实验结果与假说的预见或推论的符合程度，对假说提出肯定、否定或者修改与发展的意见。最后应提出本研究工作的遗留问题，或者尚需进一步讨论的问题，以及可能的解决途径。

（6）参考文献。在论文报告的正文之后，应该按顺序列出文中所参考或引证的主要图书资料。包括正式出版的杂志、书籍以及私人通信等。尚未发表的文章，一般最好不要列出，因别人不便考证。

常规的教学实验，主要进行 4 和 5 两个环节，基本上属于继承和接受前人的知识、技能，重复前人工作的范畴，做设计实验时，则要求学生自行完成科学实验的全过程。

3.5.2　实验方案的制订

设计性实验的核心是设计和选择实验方案，并在实验中检验主案的正确性和合理性。在制订实验方案时，应考虑到以下几个方面：选择合理的实验方法，选择或设计最佳测量方法和测量路线，合理配置实验仪器及选择有利的测量条件。它们都是相互关联和相互制约的。同时，总体方案还应兼顾数据处理的方法及误差的合理估计与制订方案的关系。

1. 实验方法的选择

根据课题研究对象的性质与特点，收集各种可能的实验方法，在分析和比较各种实验方法的适用条件，可能达到的实验精度以及它们实施的现实可行性和经济性后，选择刚好符合实验要求的最佳实验方法。

2. 选择最佳测量方法

实验方法确定之后，需要选择一种最佳测量方法，以便在现有条件下各物理量的测量结果误差最小，最充分地发挥仪器装置的效能。

对于随机误差，主要是采取等精度的多次测量的方法，来尽量减小其影响。对于一些等间隔、线性变化的连续序列数据的处理，则可以采用逐差法和最小二乘法等。

对于系统误差，应针对性地运用各种基本测量方法予以发现和消除（减小）。要发现系统误差，必须仔细地考察与研究对测量原理和方法的推演过程，检验或校准每一件仪器，分析每一个实验条件，考虑每一步调整和测量，注意每一种因素对实验的影响等。

常用的发现并消除系统误差的方法有：

（1）对比的方法。

①实验方法的对比。即用不同方法测同一物理量，看结果是否一致。若在随机误差

所允许的范围内不一致,就说明存在系统误差。

②仪器的对比。即利用精度不同或精度相同的同类仪器,在相同的实验条件下进行测量对比。

③测量条件的对比。将改变测量条件(如把电流反向),或把物理量逐次加大的递增过程,换成使物理量逐次递减的过程;或将电路、光路中某个元件的位置或方向变一下,看测量结果是否一致。

④改变测量点取值的大小、顺序。看一看测量结果有无单调的或规律性的变化,则可以确定有无某种和测量点取值有关的系统误差。

⑤不同观测者之间的对比观测。这种对比,可以发现个人误差。

(2)理论分析的方法。即从分析实验理论和测量公式所要求的条件入手,或从分析所用实验仪器所需要的条件是否达到、有无偏离去判断。

(3)数据分析的方法。在我们进行了大量的、等精度的反复实验之后,就可以分析测量结果是否遵从随机误差的统计分布规律,如测量结果的标准偏差是否随测量次数的增多而变化,测量值的误差分布曲线的形状是否对称、单值等。若不遵从,则说明存在系统误差。

3.恰到好处地选用仪器

在明确实验目的和精度要求以后,就要设法选用最简单、最便宜的符合要求的仪器去达到它,切不可不适宜地使用高档仪器。

衡量仪器的主要技术指标是分辨率和精确度,也就是仪器能够测量的最小值和仪器误差 $\Delta_{仪}$,可以利用误差分析来实现仪器的最佳选择。若实验中需要选用多种仪器,还应注意仪器的合理配套。

4.测量条件的选择

选择最有利的测量条件,可以最大限度地减小测量误差。通常可以利用对误差函数求极值的方法,估计出最佳测量条件。有些则要通过补充实验在实验中确定。

第4章

基本实验

4.1 照相底片密度的测量

物质的密度在工农业生产技术上有许多应用,如工业上,在铸造金属物之前,需要的熔化金属量,就是根据密度算出的;在农业上,密度可用来判断土壤的肥力;在科学研究上,密度用来鉴别组成物体的材料等。

密度的测量涉及物体的质量和体积的测量。物体的质量一般可用天平直接测量。对于外形规则的物体,可通过测量其外观尺寸得到体积;对于外形不规则的物体,可用流体静力称衡法得到体积。本实验是对规则形状固体密度的测量。

实验简介

【预习思考题】

(1)使用螺旋测微器测量时,当接近被测物时用棘轮行进还是用套筒行进?

(2)本实验中照相底片上小孔的长和宽选用什么仪器测量?

(3)读数显微镜在测量行进中要避免产生什么误差?

【实验目的】

(1)测量规则形状固体的密度,学习误差分析与选择仪器。

(2)学习读数显微镜的使用。

(3)熟练游标卡尺和螺旋测微器的使用。

【实验原理】

1. 密度定义及测量方法

密度是物质的基本特性之一,它与物质的种类和状态有关。单位体积的某种物质的质量,叫作这种物质的密度。若一物体的质量为 m,体积为 V,密度为 ρ,则按密度定义有:

$$\rho = \frac{m}{V} \tag{4-1}$$

对于规则物体,一般情况下质量用天平测量,体积用测长仪器测量外观尺寸。从密度定义可以看出,密度在国际单位制中为 kg/m^3,亦常用 g/cm^3 表示。

2.照相底片密度的测量

照相底片属规则物体,对于其密度的测量只需测出其质量和体积即可,如图 4-1 所示。其体积测量中需去除小孔部分,小孔是非规则矩形,测量中须进行修正,修正公式为

$$S_{小孔} = l_1 l_2 - \Delta \tag{4-2}$$
$$\Delta = 4r^2 - \pi r^2$$

经验值 $\Delta = 0.137\text{mm}^2$(也可通过测量得到)。

图 4-1 照相底片密度的测量

【仪器设备】

仪器设备

1.实验仪器

主要有:游标卡尺,螺旋测微器,电子天平,读数显微镜。

2.主要仪器介绍

(1)游标卡尺:最小分度值为 0.02mm,测量范围为 0~150mm。

(2)螺旋测微器:最小分度值为 0.01mm,测量范围为 0~25mm。

(3)电子天平:最小分度值为 1mg,最大称重量为 220g。

(4)JXD-Bb 型读数显微镜:仪器放大倍数 20,测量范围为 0~6mm,最小分度值为 0.01mm。

【实验内容及数据记录】

实验内容
及数据记录

(1)测量照相底片密度,根据实验原理得出照相底片密度的测量式。

(2)正确选择仪器测量相关物理量,每个物理量测量 6 次,同时做好记录。

①用游标卡尺和螺旋测微器测量照相底片的长、宽和高。注意记录螺旋测微器零点值 δ。

②用电子天平称量照相底片的质量。

③用读数显微镜测量照相底片小孔的长和宽。

(3)计算该照相底片的密度。

(4)将实验数据填入表 4-1。

表 4-1 照相底片密度测量数据记录及相关计算

底片上小孔个数：

螺旋测微器零值 δ/mm：

物理量 ＼ 测量次数	1	2	3	4	5	6	平均值	标准偏差 S	仪器误差 $\Delta_仪$	不确定度 u
m/g										
L_1/mm										
L_2/mm										
h/mm										
$l_{1左}$/mm										
$l_{1右}$/mm										
l_1/mm										
$l_{2左}$/mm										
$l_{2右}$/mm										
l_2/mm										

【注意事项】

(1)在操作过程中,对仪器要轻拿轻放。

(2)在接近被测目标附近,读数显微镜要同一方向行进,避免"回程"差。

【数据处理】

(1)计算该照相底片修正厚度的测量值。

(2)计算该照相底片密度的测量值。

(3)计算该照相底片密度测量值的不确定度并用不确定度表示测量结果。

【课后思考】

(1)本实验仪器配置是否合理,若想结果得到 4 位有效数字,仪器该怎样配置?

(2)推导照相底片面积测量的修正公式 $\Delta = 4r^2 - \pi r^2$ 。

数据处理

思考与讨论

4.2 动量守恒定律的实验研究

摩擦阻力的存在使得一些力学实验难以实现。气垫导轨是一种阻力极小的力学实验装置。它是利用气源将压缩空气打入导轨型腔,再由导轨表面上的小孔喷出气流,在导轨与滑行器之间形成很薄的气膜,将滑行器浮起,使滑行器能在导轨上作近似无阻力的直线运动,极大地减少了以往

实验简介

在力学中由于摩擦力而出现的较大误差。本实验采用气垫导轨进行动量守恒定律的实验研究。

【预习思考题】

(1)应采取哪些措施来减小摩擦力,以保证实验的条件,减小系统误差?

(2)如何保证滑块 m_2 在碰撞前静止?

(3)如何保证在碰撞时是正碰?如何使碰撞时的振动减至最小?

(4)为什么要使挡光片的挡光边与运动方向垂直?如果不垂直会带来什么后果?

【实验目的】

(1)在弹性碰撞和完全非弹性碰撞条件下验证动量守恒定律。

(2)学习在气垫导轨上测物体的速度,进一步学习使用计时、计数、测速仪。

(3)学习如何保证实验条件以减小系统误差的方法。

【实验原理】

动量守恒定律指出:若一个系统不受外力或所受外力的矢量和为零,则组成该系统的各物体动量的矢量和保持不变,即总动量

$$\sum_{i=1}^{n} m_i v_i = 恒量 \tag{4-3}$$

式中,m_i 和 v_i 分别是系统中第 i 个物体的质量和速度;n 是系统中物体的数目。

若系统所受合外力在某个方向的分量为零,则此系统在此方向的总动量守恒。本实验是检验两个物体 1 和 2 沿一直线碰撞时,如果保证在碰撞的方向上合外力为零,则碰撞前后的动量维持不变,即

$$m_1 V_{10} + m_2 V_{20} = m_1 V_1 + m_2 V_2 \tag{4-4}$$

式中,m_1、m_2 分别为物体 1 和 2 的质量,V_{10}、V_{20} 和 V_1、V_2 分别为碰撞前后物体 1 和 2 的速度(注意:速度有方向性,前进方向为正,反弹时为负)。

1. 弹性碰撞

如果物体碰撞后,形变能够恢复,不发热、发声,没有动能损失,称为弹性碰撞。弹性碰撞的特点是系统动量守恒,能量也守恒,即除了满足式(4-4)外,还满足下式:

$$\frac{1}{2}m_1 v_{10}^2 + \frac{1}{2}m_2 v_{20}^2 = \frac{1}{2}m_1 v_1^2 + \frac{1}{2}m_2 v_2^2 \tag{4-5}$$

若两个物体质量相等,即 $m_1 = m_2 = m$,则当 $v_{20} = 0$ 时,将得到

$$v_1 = 0, v_2 = v_{10} \tag{4-6}$$

若两个物体质量不相等,仍令 $v_{20} = 0$,则有:

$$m_1 v_{10} = m_1 v_1 + m_2 v_2 \tag{4-7}$$

2. 完全非弹性碰撞

如果两个物体碰撞后,以同一速度运动而不分开,就称为完全非弹性碰撞,其特点是碰撞前后的动量守恒,但机械能不守恒。仍令 $v_{20} = 0$,则此时

$$m_1 v_{10} = (m_1 + m_2)v \tag{4-8}$$

【仪器设备】

1. 实验仪器

气垫导轨 L-QG-T-1500/5.8(见图 4-2);气源;MUJ-5B 计时、计数、测速仪;游标卡尺;电子天平。

1—光电门;2—滑块;3—光电门;4—滑块。

图 4-2　气垫导轨

2. 主要仪器介绍

(1)气垫导轨 L-QG-T-1500/5.8,全长 1.5 米。

(2)MUJ-5B 计时、计数、测速仪主要性能为:计时范围为 $0\sim999.99$ s;计时误差为 $2.5\times10^{-5}\pm1$ 字;测速范围为 $0.1\sim1000.0$ cm/s。

本实验选择计时 2(ms),其计时方式为第一次遮光开始计时,第二次遮光结束计时。(详细介绍见本书"3.1.4 时间测量及器具"部分)

(3)游标卡尺测量范围为 $0\sim150$ mm,最小分度值为 0.02mm。

(4)电子天平测量范围为 $0\sim600$ g,最小分度值为 0.1g。

【实验内容及数据记录】

1. 气垫导轨调水平

(1)粗调:以目测的方法调整导轨单脚螺钉,使导轨初步水平。

(2)细调:考虑重力的分力与摩擦力相互抵消,以满足碰撞时合外力为零的条件。具体调节如下:

将挡光片装在滑块上,接通计时器,把功能键放在"计时 2(ms)"的位置。使滑块运动通过导轨上两个固定的光电门,一去一回作为一次调平的参考数据,当滑块通过两个光电门的时间基本一致时(相差 0.5ms 左右,考虑到摩擦力的影响,后经过的光电门所用时间偏大),可认为导轨水平。若时间相差较大,可调节单脚螺钉,使导轨水平。

2. 等质量弹性碰撞时验证动量守恒定律

(1)测量系统中各物体的质量。在质量近似相等的两个滑块上,分别装上缓冲弹簧和挡光片后,称出两滑块的质量并记录,若不相等,想办法配置两者相差 0.5g 以内。

(2)测量碰撞前后的滑块速度。

①放置两个光电门在导轨中部相距一定的距离处。

②将一个滑块 m_2 置于两个光电门中间,并令它静止(即 $v_{20}=0$)。

③将另一滑块 m_1 放在导轨的任一端,轻轻地将它推向滑块 m_2(为减小振动的影响,可通过气垫导轨一端反弹),记录滑块 m_1 通过光电门的时间 t_{10}。

④两滑块相碰后,m_1 静止($v_1=0$),而滑块 m_2 以速度 v_2 向前运动,记录 m_2 经过另

一光电门的时间 Δt_2。

⑤重复步骤①～④6次,记录两个光电门在导轨中部相距30cm距离处,各次的时间 Δt_{10} 和 Δt_2。

(3)测量滑块对应光电门时间上的位移。用游标尺测量两个挡光片的相应宽度 d(每个为两个数 d_1、d_2 相减,即宽度 $d=d_1-d_2$,如图4-3所示)各一次并记录。

3.不等质量弹性碰撞时验证动量守恒定律

(1)取一大一小质量不等的两个滑块,以大碰小(6次),重复上述步骤①～④,记录滑块 m_1 碰撞前经过光电门的时间 Δt_2 以及碰撞后 m_2、m_1 先后经过另一光电门的时间 Δt_2 和 Δt_1。

图4-3 挡光片宽度测量

(2)取一大一小质量不等的两个滑块,以小碰大(6次),重复上述步骤重复步骤①～④,记录滑块 m_1 碰撞前经过光电门的时间 Δt_{10} 以及碰撞后 m_2、m_1 先后经过各自光电门的时间 Δt_2 和 Δt_1。

注意:①滑块 m_2 经过光电门运动到导轨一端时,应使其静止,以免影响 Δt_1 的测量。

②区分好是 m_1 的数据还是 m_2 的数据;在小碰大实验中 Δt_1 为负值。

4.完全非弹性碰撞时验证动量守恒定律(选做)

取一大一小质量不等的两个滑块,在碰撞端装上尼龙搭扣,重复上述步骤①～④,记录滑块 m_1 碰撞前经过光电门的时间 Δt_{10} 以及碰撞后 m_1、m_2 经过另一光电门所用的时间 Δt_1、Δt_2 ($\Delta t_1 = \Delta t_2$)。

5.实验数据表格

将实验数据填入表4-2。

表4-2 碰撞数据记录

i	两光电门相距/cm		t_{10} /ms	t_{20} /ms	t_2 /ms	t_1 /ms	
1	等质量	30					M_1/g
2							M_2/g
3							d_{11}/mm
4							d_{12}/mm
5							d_{21}/mm
6							d_{22}/mm
1	大碰小	30					M_1/g
2							M_2/g
3							d_{11}/mm
4							d_{12}/mm
5							d_{21}/mm
6							d_{22}/mm

i	两光电门相距/cm		t_{10} /ms	t_{20} /ms	t_2 /ms	t_1 /ms		
1	小碰大	30					M_1 /g	
2							M_2 /g	
3							d_{11} /mm	
4							d_{12} /mm	
5							d_{21} /mm	
6							d_{22} /mm	

【注意事项】

(1)两滑块碰撞时,要尽量使碰撞点在两滑块质心的连线上。

(2)滑块速度要适中,过大会引起滑块振动,过小摩擦力的影响加剧。

(3)保证滑块 m_2 在碰撞前静止。

【数据处理】

(1)计算等质量弹性碰撞前后总动量损失的百分差,并通过数据分析,评判验证效果。

(2)计算不等质量弹性碰撞前后总动量损失的百分差,并通过数据分析,评判验证效果。

(3)比较等质量与不等质量弹性碰撞的实验结果,哪一种更接近于动量守恒? 为什么?

数据处理

【课后思考】

(1)分析影响碰撞前后动量守恒的主要因素。

(2)为什么调节滑块在导轨上做匀速运动而不强调调节导轨完全水平? 在本实验条件下能否调整得比较理想? 为什么?

思考与讨论

(3)比较以下实验结果:

①把光电门放在靠近及远离碰撞位置。

②碰撞速度的大小。

③正碰与斜碰。

④导轨中气压的大小。

4.3 弹簧振子周期公式的研究

弹簧振子是理想化的物理模型。由于其运动是一种周期运动,一般在物理学中被用来研究简谐振动的规律。

本实验通过研究弹簧振子振动周期、劲度系数和振子质量之间的关系,找出其关系式;学习如何对一个运动规律进行观察、分析、假设、测量,

实验简介

再经过数据处理找出实验公式的研究方法。

【预习思考题】

(1)测定弹簧劲度系数时,先要在弹簧下端加 20g 砝码的荷重,为什么?

(2)在测量弹簧的振动周期时,建议先倒着数 5、4、3、2、1、0,当数到"0"时开始计时,然后再正着数到时间截止,这是为什么? 对此你有什么好办法,请分享。

【实验目的】

(1)学习建立实验公式的实验方法,找出弹簧振子的周期公式。

(2)通过公式简化、曲线直化和数据处理,学习作图和图解。

【实验原理】

1. 弹簧振子

弹簧振子是一个不考虑摩擦阻力,不考虑空气阻力,不考虑弹簧的质量,不考虑振子的大小和形状的理想化的物理模型。如图 4-4 所示。

2. 弹簧振子的振动周期

已知弹簧振子的振动周期 T 与劲度系数 K、振子质量 m 相关,为了找出 T、K、m 三者之间的关系,从量纲分析,可以假设满足下式

$$T = AK^\alpha m^\beta \qquad (4\text{-}9)$$

图 4-4　弹簧振子

式中,α、β 和 A 均为待定常数。如果能通过实验测量和数据处理找到 α、β 和 A 的具体数值,那么(4-9)式就被具体地确定了。如果找不出 α、β 和 A 的数值,则说明(4-9)式的假设是错误的,还需要对 T、K、m 三者的函数关系做新的假设。

3. 弹簧振子振动周期的简化

为了简化,先使劲度系数 K 或振子质量 m 保持不变进行实验。例如先使振子质量 m 保持不变,则(4-9)式可写成

$$T = C_1 K^\alpha \qquad C_1 = Am^\beta = 常数 \qquad (4\text{-}10)$$

这样,对应于不同的劲度系数 K 的弹簧,就有不同的振动周期 T,可以测定一组 $T \sim K$ 的对应值。

再使劲度系数 K 保持不变(用同一个弹簧),则(4-9)式又可写成

$$T = C_2 m^\beta \qquad C_2 = AK^\alpha = 常数 \qquad (4\text{-}11)$$

这样,对于不同的振子质量 m,又有不同的振动周期 T,可以测定一组 $T \sim m$ 的对应值。

从(4-10)式和(4-11)式可见,只要 α、β 不等于 1,则 $T \sim K$ 和 $T \sim m$ 间的关系就不是直线关系。为了便于图解,可将(4-10)式和(4-11)式取对数,将曲线直化,得到

$$\lg T = \lg C_1 + \alpha \lg K \qquad (4\text{-}12)$$

$$\lg T = \lg C_2 + \beta \lg m \qquad (4\text{-}13)$$

式中,常数 α、β 可以从图线的斜率求出,C_1、C_2 可从图线的截距求得。然后将得到的 C_1、C_2 值和 α、β 值,分别代入(4-10)式或(4-11)式而确定 A 值。当 α、β 和 A 值确定之后,则

所求的周期公式就被具体地确定了。

【仪器设备】

1. 实验仪器

SP-2 型弹簧振子实验仪(见图 4-5),弹簧,砝码,计时器等。

仪器设备

图 4-5　SP-2 型弹簧振子实验仪

2. 主要仪器介绍

(1)SP-2 型弹簧振子实验仪一套:SP-2 型弹簧振子实验仪振动架的一侧为一支游标卡尺,用于测量弹簧的伸长量 Δx。振动架的顶部横梁上有一只供悬挂弹簧的螺丝,螺丝上有一小孔,以便直接挂弹簧。略微放松螺丝,可以移动弹簧的悬挂位置,以免振动时和卡尺的卡爪相碰。

(2)劲度系数 K 不同的五个弹簧:弹簧从短到长依次编号为 1～5 号。弹簧最大载荷为 100g。

(3)砝码一盒:共六个,以质量大小依次编号为 0、1、2、3、4、5。其名义质量为 20g、50g、55g、60g、65g、70g。仪器误差为 ±0.5g。

(4)计时器:计时范围为 999.9s。鼠标点击时,鼠标的左键为"启动/停止"键,右键为"复零"键。

【实验内容及数据记录】

1. 弹簧劲度系数 K 的测定

用一次增荷法测定弹簧劲度系数 K 值。计算公式为

$$K = \frac{\Delta F}{\Delta x} \qquad (4-14)$$

实验内容
及数据记录

先在弹簧下端加 20g 振子荷重,使弹簧拉开,记录此时的弹簧长度,将其作为弹簧初长;再在弹簧下端加 70g 振子荷重,记录此时弹簧长度;五个弹簧各测一次。

2. 振动周期测定

(1)振子质量 m 一定(选定一个振子,如用 3 号砝码),测定一组弹簧振子振动周期 T-弹簧劲度系数 K 的对应值。振动周期 T 用累计法测 30 次求得,每个振子测三次,记录数据。

(2)劲度系数 K 一定(选定一个弹簧,如用 3 号),测定一组弹簧振子振动周期 T-振子荷重 m 的对应值。振动周期 T 的测法同上,记录数据。

3.实验数据表格

将实验数据填入表 4-3 至表 4-5。

表 4-3　弹簧劲度系数测量数据记录及相关计算

弹簧增荷：$\Delta m = (70-20)\text{g}$

物理量　　弹簧序号	1	2	3	4	5
游标卡尺初读数 $x_0/10^{-2}\text{m}$					
游标卡尺终读数 $x/10^{-2}\text{m}$					
弹簧伸长 $\Delta x/10^{-2}\text{m}$					
劲度系数 $K/(\text{N}\cdot\text{m}^{-1})$					

表 4-4　振子振动周期与弹簧劲度系数关系的测量数据记录及相关计算

振子质量：$m=60\text{g}$

弹簧序号		1	2	3	4	5
劲度系数 $K/(\text{N}\cdot\text{m}^{-1})$						
振动 30 次所需时间 $30T/\text{s}$	1					
	2					
	3					
	平均值					
周期 T/s						
$\lg T$						
$\lg K$						

表 4-5　振子振动周期与振子质量关系的测量数据记录及相关计算

弹簧序号：＿＿＿＿＿＿

弹簧劲度系数 $K/(\text{N}\cdot\text{m}^{-1})$						
振子质量 m/g		50	55	60	65	70
振动 30 次所需时间 $30T/\text{s}$	1					
	2					
	3					
	平均值					
周期 T/s						
$\lg T$						
$\lg m$						

【注意事项】

(1)测定弹簧劲度系数 K 时,先要在弹簧下端加 20g 砝码的荷重,使弹簧"拉开",将这时弹簧的长度作为初长。这样处理,可以减小实验误差。

（2）在测量弹簧的振动周期 T 时,建议先倒着数 5、4、3、2、1、0,当数到"0"时开始计时,然后再正着数到 30 为止。

（3）测量弹簧的振动周期时,振幅不宜过大,避免弹簧横向摆动,要始终保持竖直,便于测准振动周期。

（4）因实验用的弹簧很"软",其最大负荷量约为 100g,实验时加到 70g 砝码已接近最大负荷量,禁止在这些弹簧下挂更重的东西,以免损坏。

（5）为防止砝码和弹簧丢失,实验结束后将砝码和弹簧整理放回盒子。

【数据处理】

（1）作出 $\lg T - \lg K$ 图,通过直线斜率求出 α,通过直线截距求出 $\lg C_1$,进而求出 C_1,求出 A_α;

（2）作出 $\lg T - \lg m$ 图,通过直线斜率求出 β,通过直线截距求出 $\lg C_2$,进而求出 C_2,求出 A_β;

数据处理

（3）由公式及相应数据(振子质量 m 和劲度系数 K)解出两个 A 值,分别为 A_α、A_β 及平均值 A ;

（4）得出弹簧振子的周期公式(要求得到三位有效数字),并和公式 $T = 2\pi\sqrt{\dfrac{m}{K}}$ 相比较,求出 A、α 和 β 的百分误差。

【课后思考】

讨论弹簧自身质量对实验结果的影响,试分析并通过实验修正之。

思考与讨论

4.4　用三线摆测量物体的转动惯量

转动惯量是刚体转动惯性大小的量度,是表征刚体特性的一个物理量。转动惯量的大小除与物体质量有关外,还与转轴的位置和质量分布(即形状、大小和密度)有关。如果刚体形状简单,且质量分布均匀,可直接计算出它绕特定轴的转动惯量。但在工程实践中,我们常碰到大量形状复杂,且质量分布不均匀的刚体,理论计算将极为复杂,通常采用实验方法来测定。

实验简介

转动惯量的测量,一般都是使刚体以一定的形式运动。通过表征这种运动特征的物理量与转动惯量之间的关系,进行转换测量。测量刚体转动惯量的方法有多种,三线摆法是具有较好物理思想的实验方法,它具有设备简单、直观、测试方便等优点。

【预习思考题】

（1）用三线摆测刚体转动惯量时,为什么必须保持下盘水平?

（2）在测量过程中,如下盘出现晃动,对周期有测量有影响吗? 如有影响,应如何避免?

(3)在三线摆放上待测物后,其摆动周期是否一定比空盘的转动周期大? 为什么?

(4)测量圆环的转动惯量时,若圆环的转轴与下盘转轴不重合,对实验结果有何影响?

【实验目的】

(1)学会用三线摆测定物体的转动惯量。

(2)学会用累积放大法测量周期运动的周期。

(3)验证转动惯量的平行轴定理。

【实验原理】

1. 转动惯量

转动惯量 I 是量度刚体转动惯性的物理量。刚体对某一轴的转动惯量 I 等于此刚体所有各质元的质量与它们各自到该轴距离平方的乘积之总和。即

$$I = \sum_i m_i r_i^2 = m_1 r_1^2 + m_2 r_2^2 + \cdots + m_i r_i^2 \tag{4-15}$$

一般刚体的质量可以认为是连续分布的,因此

$$I = \int_m r^2 \mathrm{d}m \tag{4-16}$$

转动惯量恒为正值;它的单位是 $\mathrm{kg \cdot m^2}$。

2. 三线摆下盘绕固定轴转动惯量的测量

三线摆的上、下圆盘密度均匀,均处于水平,悬挂在横梁上;三个对称分布的等长悬线将两圆盘相连;上圆盘固定,下圆盘可绕上、下两圆盘的中心轴 OO' 作扭摆运动。如图 4-6 所示。

当下盘扭摆不晃动,角度很小(5°以内),且略去空气阻力时,扭摆的运动可近似看作简谐运动。根据能量守恒定律和刚体转动定律均可以导出物体绕中心轴 OO' 的转动惯量(推导过程见本实验附录)。

$$I_0 = \frac{m_0 g R r}{4\pi^2 H_0} T_0^2 \tag{4-17}$$

式中各物理量的意义如下:

m_0 为下盘的质量;r、R 分别为上下悬点离各自圆盘中心的距离;H_0 为平衡时上下盘间的垂直距离;T_0 为下盘作简谐运动的周期,g 为重力加速度(在宁波地区 $g = 9.793\mathrm{m/s^2}$)。

图 4-6 三线摆实验装置
1—横梁;2—转动杆;3—上圆盘;4—悬线;5—下圆盘;6—挡光杆。

3. 用三线摆测量刚体绕某定轴的转动惯量

将质量为 m 的待测刚体放在下盘上,并使待测刚体的转轴与 OO' 轴重合。测出此时摆运动周期 T_1 和上下圆盘间的垂直距离 H。由(4-17)式可求得待测刚体和下圆盘对中心转轴 OO' 轴的总转动惯量为:

$$I_1 = \frac{(m_0 + m) g R r}{4\pi^2 H} T_1^2 \tag{4-18}$$

如不计因重量变化而引起的悬线伸长，则有 $H \approx H_0$。那么，待测物体绕中心轴的转动惯量为：

$$I = I_1 - I_0 = \frac{gRr}{4\pi^2 H}\left[(m + m_0)T_1^2 - m_0 T_0^2\right] \tag{4-19}$$

因此，通过长度、质量和时间的测量，便可求出待测刚体绕某定轴的转动惯量。

4. 用三线摆验证平行轴定理

若质量为 m 的物体绕通过其质心轴的转动惯量为 I_c，当转轴平行移动距离 x 时（如图 4-7 所示），此物体对新轴 OO' 的转动惯量为 $I_{oo'} = I_c + mx^2$。这一结论称为转动惯量的平行轴定理。

实验时将质量均为 m'，形状和质量分布完全相同的两个圆柱体对称地放置在下圆盘上（下盘有对称的两个小孔）。按同样的方法，测出两小圆柱体和下盘绕中心轴 OO' 的转动周期 T_x，则可求出两个柱体对中心转轴 OO' 的转动惯量：

$$I_x = \frac{(m_0 + 2m')gRr}{4\pi^2 H}T_x^2 - I_0 \tag{4-20}$$

图 4-7　平行轴定理

已知小圆柱绕自身中心轴的转动惯量为 $I_{理} = \frac{m'}{2}R_x'^2$。如果测出小圆柱中心与下圆盘中心之间的距离 x 以及小圆柱体的半径 R_x，则由平行轴定理可求得

$$I_x' = m'x^2 + \frac{1}{2}m'R_x^2 \tag{4-21}$$

一个柱体对中心转轴 OO' 的转动惯量 I_x'，比较 I_x' 与 $\frac{1}{2}I_x$ 的大小，可验证平行轴定理。

【仪器设备】

1. 实验仪器

三线摆实验仪、圆环、圆柱体、水准仪、米尺、游标卡尺、电子天平以及待测物体等。

实验设备

2. 主要仪器介绍——转动惯量仪使用简介

（1）打开电源，程序设置周期为 $T = 30$（数显），即小球来回经过光电门的次数为 $n = 2T$。

（2）据具体要求，若要设置 35 次，先按"置数"开锁，再按上调（或下调）改变周期 T，再按"置数"锁定，此时，可按执行键开始计时。信号灯不停闪烁，即为计时状态。当物体经过光电门的周期次数达到设定值，数显将显示具体时间，单位"秒"。当再执行"35"周期时，无须重新设置，只要按"返回"即可回到上一次刚执行的周期数"35"，再按"执行"键，便可进行第二次计时。

【实验内容及数据记录】

（1）用三线摆法测定圆环对通过其质心且垂直于环面轴转动的转动惯量。

（2）用三线摆法验证平行轴定理。

（3）实验过程。

①调整下盘水平：将水准仪置于下盘任意两悬线之间，调整小圆盘上

实验内容
及数据记录

的三个旋钮,改变三悬线的长度,直至下盘水平。

②测量三线摆下圆盘绕中心轴 OO' 转动的运动周期 T_0:轻轻转动上盘,带动下盘转动,这样可以避免三线摆在作扭摆运动时发生晃动。注意扭摆的转角控制在 5° 以内。用累积放大法测出扭摆运动的周期(用秒表测量累积 30 或 50 次的时间,然后求出其运动周期,为什么不直接测量一个周期?)。

③测量待测圆环与下盘共同转动的周期 T_1:将待测圆环置于下盘上,注意使两者中心重合,按同样的方法测出它们一起运动的周期 T_1。

④测出两小圆柱体与下盘共同转动的周期 T_x。将两小圆柱对称放置下圆盘上,按同样的方法测出它们一起运动的周期 T_x。

⑤测出上下圆盘三悬点之间的距离 a 和 b,然后算出悬点到中心的距离 r 和 R(等边三角形外接圆半径)。

⑥其他物理量的测量:用米尺测出两圆盘之间的垂直距离 H_0 和放置两小圆柱体小孔间距 $2x$;用游标卡尺测出待测圆环的内、外直径($2R_1$、$2R_2$)和小圆柱体的直径 $2R_x$。

⑦测量各刚体的质量。

(4)实验数据表格。

将实验数据填入表 4-6 至表 4-8。

表 4-6   相关质量数据记录

下盘质量 m_0/g	圆环质量 m/g	圆柱 m'/g

表 4-7   相关长度测量数据记录

上、下盘悬点间距,上、下盘间距			圆环内、外径		圆柱直径,两圆柱圆心间距	
a/cm	b/cm	H/cm	$2R_1$/cm	$2R_2$/cm	$2R_x$/cm	$2x$/cm

表 4-8   累积法测周期数据记录及相关计算

样品 \ 次数	三线摆摆动 30 次的时间 t/s				周期 T/s
	1	2	3	平均值	
下盘					
下盘加圆环					
下盘加两圆柱					

【注意事项】

(1)仪器要调水平。

(2)调节好光电门的位置,以便准确计时。

(3)周期测量过程中,上盘固定不动。

(4)周期测量过程中,要实时观察计时是否正常,如不正常需重做。

（5）（4-15）式应用条件如下：

①三线等长。

②上、下两圆盘水平，转轴垂直，且是上、下两圆盘的中心的连线。

③下圆盘扭摆时不晃动。

④摆角控制在 5°以内。

（见本实验附录推导过程）。

【数据处理】

数据处理

（1）求出本实验装置的上摆悬线孔的半径 r，下摆悬线孔的半径 R。$r = \frac{\sqrt{3}}{3}a$；$R = \frac{\sqrt{3}}{3}b$。

（2）求出本实验待测圆环绕中心轴的转动惯量，并与理论计算值比较，求相对误差并进行讨论。已知圆环绕中心轴转动惯量的理论计算公式为 $I_{理论} = \frac{m}{2}(R_1^2 + R_2^2)$。

（3）求出本实验测量的一个柱体对中心转轴 OO' 的转动惯量 $\frac{1}{2}I_x$，并与理论值 $I'_x = m'x^2 + \frac{1}{2}m'R_x^2$ 比较，求相对误差并进行讨论，验证平行轴定理。

【课后思考】

思考与讨论

（1）如何利用三线摆测定任意形状的物体绕某轴的转动惯量？

（2）三线摆在摆动中受空气阻尼，振幅越来越小，它的周期是否会变化？对测量结果影响大吗？为什么？

【附录】转动惯量测量式的推导

1. 简谐运动

当物体运动时所受的力跟位移成正比，并且力总是指向平衡位置，则物体做简谐运动。其形式是物体做往复的运动，其偏离平衡位置的位移 x（或角位移 θ）随时间 t 按正弦（或余弦）规律变化，即 $x = A\sin(\omega t + \Phi_0)$。

2. 推导

当下盘扭转振动，转角 θ 很小时，其扭动是一个简谐振动，其运动方程为：

$$\theta = \theta_0 \sin\frac{2\pi}{T_0}t \tag{4-22}$$

当摆离开平衡位置最远时，其重心升高 h，根据机械能守恒定律有：

$$\frac{1}{2}I\omega_0^2 = mgh \tag{4-23}$$

而

$$\omega = \frac{\mathrm{d}\theta}{\mathrm{d}t} = \frac{2\pi\theta_0}{T}\cos\frac{2\pi}{T}t \tag{4-24}$$

令 $\omega_0 = \frac{2\pi\theta_0}{T_0}$，将其代入（4-23）式得

$$I = \frac{mghT^2}{2\pi^2\theta_0^2} \qquad (4\text{-}25)$$

从图 4-8 中的几何关系中可得

$$(H-h)^2 + R^2 - 2Rr\cos\theta_0 = l^2 = H^2 + (R-r)^2$$

简化得

$$Hh - \frac{h^2}{2} = Rr(1-\cos\theta_0)$$

略去 $\frac{h^2}{2}$,

且取 $1-\cos\theta_0 \approx \theta_0^2/2$,则有 $h = \dfrac{Rr\theta_0^2}{2H}$

代入(4-25)式得

$$I = \frac{mgRr}{4\pi^2 H}T^2$$

即得公式(4-17)。

图 4-8　公式(4-15)推导

4.5　用拉伸法测金属丝的杨氏模量

材料受力后发生形变。在弹性限度内,材料的内部应力(单位面积上受力大小)与应变(即相对形变)之比称为弹性模量。条形物体(如钢丝)沿纵向的弹性模量叫杨氏模量。弹性模量是衡量材料受力后形变能力大小的参数之一,亦即描述材料抵抗弹性形变能力的一个重要物理量。它是设计各种工程结构时选择合适材料的重要依据之一,是工程技术设计中常用的参数。

实验简介

测量杨氏模量有拉伸法、梁的弯曲法、振动法、内耗法等,本实验采用拉伸法测量杨氏模量。

【预习思考题】

(1)实验中对 L、D、X、d 和 ΔL 的测量使用了不同仪器和方法,为什么要这样处理?分析它们测量不确定度对总不确定度的贡献大小。

(2)为什么 L、D、X 都只需测量一次,而 d 的测量却较为复杂?

【实验目的】

(1)掌握用光杠杆法测量微小长度变化的原理和方法。

(2)学会用逐差法处理数据。

(3)学习合理选择仪器,减小测量误差。

【实验原理】

任何固体在外力作用下都要产生形变,当形变不超过某一限度时,撤销外力则形变随之消失,为一可逆过程,这种形变称为弹性形变,这一极限称为弹性限度。超过弹性极限,就会产生永久形变,以致在外力作用停止时,形变仍然存在,物体不能恢复原状,为不可逆过程。在本实验中,只研究弹性形变,为此应当控制外力的大小,以保证撤销外力后物体能恢复原状。

1. 固体材料的杨氏模量

一根粗细均匀的金属丝,长度为 L,截面积为 S,在受到沿长度方向的外力 F 的作用时发生形变,伸长 ΔL。比值 F/S 是钢丝单位截面积上的力,称为应力;比值 $\Delta L/L$ 是相对伸长量,称为应变,根据胡克定律,在弹性限度内,其应力 F/S 与应变 $\Delta L/L$ 成正比,即

$$\frac{F}{S} = E\frac{\Delta L}{L} \tag{4-26}$$

式中,E 称为该金属丝的杨氏模量(或称弹性模量),它只取决于材料的性质,而与长度 L、截面积 S 无关。单位为 $N \cdot m^{-2}$。

2. 杨氏模量的测定

本实验就是测定金属丝的杨氏模量 E,由(4-26)式可知,对 E 的测量就是对 F、S、ΔL、L 的测量。其中:

F 为金属丝下端所加砝码的重量,$F = mg$;

S 为金属丝的截面积,可通过测量金属丝直径为 d,得其截面积 $S = \frac{1}{4}\pi d^2$;

L 为金属丝的长度,可用米尺测出。

式中,F、L、d 都可用一般测量方法得到,但 ΔL 由于变化很小,约 $1mm$,用千分尺测量,在技术上难以实现。为此,本实验采用光杠杆镜尺法——光学放大法,进行间接测量(参看本节 3. 光杠杆镜尺法测微原理),测得 ΔL 值为

$$\Delta L = \frac{x}{2D}(A_1 - A_0) \tag{4-27}$$

代入(4-26)式得
$$E = \frac{8FLD}{\pi d^2 x(A_1 - A_0)} \tag{4-28}$$

式中,L 为金属丝被拉伸部分的长度,d 为金属丝的直径,D 为平面镜到直尺间的距离,x 为光杠杆常数为光杠杆后足至前两足直线的垂直距离,F 为增加一个砝码的重量($F = mg$),$A_1 - A_0$ 是增加一个砝码后由于金属丝伸长在望远镜中刻度的变化量。

3. 光杠杆镜尺法测微原理

(1)光杠杆。光杠杆是一块安装在三个支点上的平面镜 M,f_2 和 f_3 为前足支点,f_1 是后足支点,如图 4-9 所示。镜 M 的偏转面所在的平面平行于 f_2 和 f_3 的连线,f_1 安装在待测量的位置变化的物体上,f_2 和 f_3 固定于基座,f_1O 为光杠杆常数 x。

图 4-9　光杠杆

(2)光杠杆镜尺法。光杠杆和直尺 R、望远镜 T 一起组成光杠杆镜尺组装置,当光线经 M 反射后,标尺 R 上的刻度可通过望远镜 T 观测。其作用是将微小的长度变化利用杠杆原理进行放大,如图 4-10 所示。

(3)光杠杆镜尺放大法。设初始平面镜 M 的法线 OB 在水平位置,B 点对应的标尺上刻度为 A_0,从 A_0 发出的光通过平面镜 M 反射,在望远镜中形成 A_0 的像。当金属丝下

移 ΔL 时,带动 M 镜转 α 角至 M',法线 OB 也转过同一角度 OB'。根据反射定律,从 B 点发出的光将反射至 B'',也就是 $\angle BOB' = \angle B'OB'' = \alpha$。由光线的可逆性,从 B''(对应标尺刻度为 A_1)发出的光经镜 M 反射后进入望远镜,由此将测得 A_1 值。

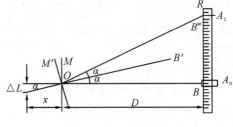

图 4-10 光杠杆原理

从图 4-7 中可得

$$\tan \alpha = \frac{\Delta L}{x}, \tan 2\alpha = \frac{\overline{BB''}}{\overline{OB}} = \frac{A_1 - A_0}{D}$$

由于 α 很小,所以

$$\alpha = \frac{\Delta L}{x}, 2\alpha = \frac{A_1 - A_0}{D}$$

消去 α 角,就可得(4-27)式:

$$\Delta L = \frac{x}{2D}(A_1 - A_0)$$

光杠杆系统的放大倍数 N 为:

$$N = \frac{A_1 - A_0}{\Delta L} = \frac{2D}{x} \tag{4-29}$$

【仪器设备】

1. 实验仪器

YMC-1 型杨氏模量测定仪(包括测量架、望远镜、光杠杆、直尺、砝码),钢卷尺,游标尺,螺旋测微器。

仪器设备

2. 主要仪器介绍

(1)杨氏模量测定仪的结构如图 4-11 所示。

1—金属丝,2—直尺,3—望远镜,4—光杠杆,5—载物台,6—金属丝的下端卡头,
7—金属丝的中端卡头,8—砝码,9—水平仪。

图 4-11 杨氏模量测定仪的结构

（2）杨氏模量测定仪的调整步骤如下：

①调节水平仪水平使支架铅直（用底脚螺丝调节），使夹头在平台圆孔中能自由升降。

②将光杠杆安放在平台上，使两前足在平台前面的横槽内，后足放在活动的圆柱夹子上，但不可与金属丝相碰。

③在离开支架约 1.5 米处，放置望远镜及标尺，并使望远镜的光轴、光杠杆镜心同轴等高。

④从望远镜的上方沿镜筒的准星方向观察，看镜筒是否对准光杠杆的镜面，以及镜内方向是否有标尺的像。若无，应左右移动望远镜支架和调节光杠杆镜面的俯仰角，直到沿镜筒方向能观察到标尺的像。

⑤调节望远镜的目镜使观察到的十字叉丝清晰。对望远镜调焦使在望远镜中能清楚地看到直尺的像，并且当眼睛上下移动时，十字叉丝与直尺的刻度之间没有相对移动（即无视差）。

⑥调节俯视手轮和镜面角度，使落在叉丝上的竖尺刻度像恰是与望远镜在同一高度的刻度（0 刻度附近）。

【实验内容及数据记录】

1. 杨氏模量测定仪的调整

熟读杨氏模量测定仪的使用说明，见本实验【附录】，调整好杨氏模量测定仪。

实验内容
及数据记录

2. 金属丝杨氏模量的测定

（1）仪器调好后，记下只挂有砝码托时望远镜中与十字叉丝重合的标尺初读数 A_0（为了避免开始测量时钢丝未拉直，可加初载砝码 2kg）。

（2）为了消除弹性滞后效应引起的系统误差，本实验先测递增负荷，再测递减负荷，求出各加载量下的平均偏转量，即逐次增加 1kg 的砝码，共 7 次，依次记下每次标尺的读数 $A_1, A_2, \cdots, A_7$；再逐次减去 1kg 砝码，测得相应的读数 $A'_6, A'_5, \cdots, A'_1, A'_0$。

（3）用米尺一次测量平面镜 M 到直尺间的距离 D，测出金属丝的原长 L。

（4）用游标卡尺一次测量光杠杆常数 x 值。测量方法是在纸上压出光杠杆三个足尖的痕迹，量出后足至前两足连线的垂直距离即为 x 值。

（5）用螺旋测微器在金属丝受力与不受力两种情况下，分别从 3 个不同位置测出金属丝的直径 d，各测 2 次，计算平均值和不确定度。

3. 实验数据表格

将实验数据填入表 4-9 至表 4-11。

表 4-9　望远镜中直尺读数记录及相关计算

m_i/kg		0.000	1.000	2.000	3.000	4.000	5.000	6.000	7.000
直尺读数 A/cm	加砝码								
	减砝码								
m_i/kg		0.000	1.000	2.000	3.000	4.000	5.000	6.000	7.000
$\overline{A_i}$/cm									
$(\overline{A_{4+i}} - \overline{A_i})$/cm									

表 4-10　金属丝直径测量数据记录及相关计算

螺旋测微器零点读数 δ/mm：

金属丝直径	/mm	/mm	/mm
未加载时			
加满载时			
平均值/mm			
修正后值/mm			

表 4-11　其他相关长度测量数据记录

D/cm	L/cm	X/cm

【注意事项】

(1)光杠杆、望远镜和标尺所构成的光学系统一经调节好后,在实验过程中就不可再动,否则所测的数据无效,实验应重新开始。

(2)加、减砝码要轻放轻取,并等稳定后再读数。

(3)所加的总砝码质量不得超过 10kg。

(4)如加、减砝码的对应读数相差较大,可多加减一、两次,直到二者读数接近为止。

(5)使用望远镜读数时要注意避免视差。

(6)注意维护金属丝的平直状态,在用螺旋测微器测其直径时勿将它扭折。

【数据处理】

(1)望远镜中直尺读数处理,求得加、减载过程中直尺读数的平均值;用逐差法处理数据,求 $\overline{A}_{4+i}-\overline{A}_i$ 的平均值 $\overline{\Delta A}$。

(2)求金属丝直径的平均值 $\overline{d}$,并用不确定度表示结果。

数据处理

(3)按下式算出杨氏模量:

$$\overline{E}=\frac{8FLD}{\pi \overline{d}^2 x \overline{\Delta A}} \tag{4-28}$$

其中:$F=mg$,$m=4$kg(注意:在式(4-28)中的 F 是 $m=1$kg 的拉力),而 $\overline{\Delta A}$ 是加 4kg 的平均变化量。

(4)按传递公式计算不确定度并用不确定度表示测量结果。这里可忽略 F、L、D 的不确定度,因为它们的相对不确定度在 0.1% 以下。

(5)与已知碳钢的杨氏模量值($2.000\sim 2.100\times 10^{11}$ N·m^{-2})作比较,计算百分误差并进行误差分析。

【课后思考】

(1)如果反射镜面或标尺放置位置不垂直,望远镜放置位置不水平,对结果会有什么影响?如何保证它们的放置恰当?

(2)如果实验中操作无误,得到的 $\overline{A}_{i+4}-\overline{A}_i$ 数据前一两个数据偏大,这

思考与讨论

可能是什么原因？如何避免？

（3）光杠杆镜尺法有什么优点？怎样提高光杠杆镜尺法测量微小长度变化的灵敏度？

【附录】不确定度分析与仪器选择

杨氏模量测量式 $\overline{E} = \dfrac{8FLD}{\pi \, \overline{d}^2 \, x \, \overline{A}}$（N/m²）是积商函数，其相对不确定度的传播公式为：

$$\frac{u_E}{E} = \sqrt{\left(\frac{u_m}{m}\right)^2 + \left(\frac{u_L}{L}\right)^2 + \left(\frac{u_D}{D}\right)^2 + \left(2\,\frac{u_d}{d}\right)^2 + \left(\frac{u_X}{X}\right)^2 + \left(\frac{u_{\Delta A}}{\Delta A}\right)^2}$$

由上式可知，除 m 给定不需测量外，其余皆是长度的测量，而常用测量长度的工具有卷尺、米尺、游标卡尺和千分尺。下面通过分析各直接测量各部分的不确定度对测量结果的总不确定度贡献的大小（影响的大小），来确定哪些量需要精细测量以减小其不确定度的影响，而哪些量测量不必苛求也不致影响最后的结果，从而合理地选择仪器。

在考虑选择仪器时，没有必要对各有关量进行正式的多次测量，由统计方法估算 A 类不确定度，而是对各有关量只要估计或粗测出其大小，就能估算各量由选用的仪器引入的相对不确定度。下面把本实验选择仪器的具体考虑列入表中，其中直接引用了仪器不确定度 $\Delta_{仪}$，而未变换为标准偏差。这样的简化处理并不影响所要得出的结论。

附表　测 m、L、D、d、X、A 由仪器引入的不确定度

待测范围	选用仪器	分度值	$\Delta_{仪}$	$(\Delta_{仪}/X) \times 100\%$
$M = 7 \times 1\text{kg}$	砝码		0.4g	$\Delta_{仪}/m = 0.4\text{g}/1\text{kg} = 0.04\%$
$L = 80.00\text{cm}$	卷尺	0.1cm	0.2cm	$\Delta_{仪}/L = 0.2/80.00 = 0.25\%$
$D = 150.00\text{cm}$	卷尺	0.1cm	0.2cm	$\Delta_{仪}/D = 0.2/150.0 = 0.13\%$
$d = 0.0600\text{cm}$	千分尺	0.001cm	0.0004cm	$\Delta_{仪}/d = 0.0004/0.0600 = 1.7\%$
$X = 8.000\text{cm}$	游标卡尺	0.002cm	0.002cm	$\Delta_{仪}/X = 0.002/8.000 = 0.025\%$
$A = 4.00\text{cm}$	米尺	0.1cm	0.05cm	$\Delta_{仪}/A = 0.05/4.00 = 1.3\%$

通过对上表中各部分不确定度的比较，各直接测量对总结果影响的大小，可得出如下结论：

（1）d 和 A 的不确定度对结果影响突出，所以对于 d 选用常用最精密的千分尺测量是恰当合适的。A 是经光杠杆法放大后的值，也只能用米尺。一般原则：对于量值小，不确定度传播系数大的待测量，应选用精密仪器并进行多次测量来测准。

（2）而对于测量 L、D 的仪器不确定度为 2mm，这是依据测长原则和具体的测量现场来决定的，如卷尺拉不直，两头读数的不确定性，定大仪器的不确定度是合理的。由前述可知，这样放大仪器的不确定度对测量的结果的不确定度影响较小。所以选择仪器，不仅要考虑仪器的不确定度，还要从测量范围及对测量结果的影响大小综合考量。

4.6 声速的测定

声波是一种在弹性媒质中传播的机械波,其振动方向与传播方向一致,声波是纵波。振动频率在 20Hz～20kHz 的声波可以被人们听到,称为可闻声波;频率超过 20kHz 的声波称为超声波,低于 20Hz 的声波称为次声波。

实验简介

声速是描述声波在媒质中传播特性的一个基本物理量。在超声波测距、定位,液体流速的测量,材料的弹性模量测量,气体温度瞬间变化的测量中,都会牵涉到声速物理量。超声波的发射与接收也是防盗与监控及医学诊断的重要手段之一。

由于超声波具有波长短,易于定向发射及抗干扰等优点,所以在超声波段进行声速测量。

【预习思考题】

(1)声波与光波、微波有何区别?

(2)示波器使用时基模式 $X-Y$ 方式如何操作?

【实验目的】

(1)学习使用共振干涉法和相位比较法测量声音在空气中传播的速度。

(2)了解压电陶瓷换能器的功能。

(3)进一步熟悉示波器的使用。

(4)进一步学习用逐差法处理数据。

【实验原理】

机械波产生条件有机械振动的物体作为波源和传播机械振动的介质。发生器是波源,空气是传播声波的介质。所以声波是一种在弹性媒质中传播的机械波,而且振动方向与传播方向相同,因此声波属于纵波。

由波动理论得知,声波的传播速度 v 与频率 f 和波长 λ 之间的关系为

$$v=f\lambda \tag{4-30}$$

所以只要测出声波的频率和波长,就可以求出声速。其中声波频率 f 可由产生声波的信号发生器的频率显示中读出,波长 λ 则可用共振法和相位比较法进行测量。

本实验使用交流电信号控制发生器,故声波频率即为电信号频率,而波长的测量采用共振干涉法(驻波法)和相位比较法。

1. 共振干涉法(驻波法)测量波长

如图 4-12 所示,S_1 作为声波发射器,把电信号转化为声波信号向空间发射;S_2 是信号接收器,它把接收到的声波信号转化为电信号供观察。其中 S_1 是固定的,而 S_2 可以左右移动。由声源 S_1 发出的声波(频率为 f),经介质传播到 S_2,S_2 在接收声波信号的同时反射部分声波信号。如果接收面(S_2)与发射面(S_1)严格平行,声波就在两个平面之间往

返垂直反射,在入射波与反射波之间产生干涉,形成驻波。

设发射面 S_1 发出的发射波为

$$y_1 = y_0 \cos\left(\omega t - \frac{2\pi}{\lambda}x\right) \quad (4\text{-}31)$$

声波经接收面 S_2 反射,在理想的刚性平面条件下,声波全部反射,反射波为

$$y_2 = y_0 \cos\left(\omega t + \frac{2\pi}{\lambda}x\right) \quad (4\text{-}32)$$

于是合成的声波为

$$y = y_1 + y_2 = \left[2y_0 \cos\frac{2\pi}{\lambda}x\right]\cos\omega t$$
$$(4\text{-}33)$$

图 4-12　声速测试系统连接图

上式表明形成了驻波场,即各点都在作同频率的振动,而各点的振幅对应于 $\left|\cos\dfrac{2\pi}{\lambda}x\right| = 1$

的各点振幅最大,称为波腹;对应于 $\left|\cos\dfrac{2\pi}{\lambda}x\right| = 0$ 的点静止不动,称为波节。

改变接收器与发射源之间的距离 x,当

$$x = n\frac{\lambda}{2} \ (n=0,1,2,\cdots) \quad\quad\quad (4\text{-}34)$$

时,S_1 和 S_2 之间传播的声波,波腹处声压极大,波节处声压极小;相邻波腹间的距离为半波长 $\lambda/2$,相邻波节间的距离也是半波长。当 S_2 处声波有极大(或极小)值时,经接收器转换成的电信号也是极大(或极小)值,此时示波器显示波形的幅值最大(或最小)。

一个振动系统,当激励频率接近系统固有频率时,系统的振幅达到最大,称为共振。发生驻波共振时,我们只要测出与各极大(或极小)值对应的一系列 S_2 的位置,就可算出波长 λ,再由 $v=f\lambda$ 可求出声速。

2. 相位比较法测量波长

声源 S_1 发出声波后,在其周围形成声场,声场在介质中任一点的振动相位是随时间而变化的,但它和声源振动的位相差 $\Delta\varphi$ 不随时间变化。因此可通过测量 $\Delta\varphi$ 来求得声速。$\Delta\varphi$ 的测定可以用示波器观察相互垂直振动合成的李萨如图形的方法进行。

声源方程可写成

$$y_1 = y_0 \cos\omega t \quad\quad\quad\quad\quad\quad (4\text{-}35)$$

距声源 x 处 S_2 接收到的振动为

$$y_2 = y'_0 \cos\omega\left(t - \frac{x}{v}\right) \quad\quad\quad\quad\quad (4\text{-}36)$$

则合成振动方程

$$\frac{x^2}{A_1^2} + \frac{y^2}{A_2^2} - \frac{2xy}{A_1 A_2}\cos(\varphi_2 - \varphi_1) = \sin^2(\varphi_2 - \varphi_1) \quad\quad (4\text{-}37)$$

此方程轨迹为椭圆,椭圆长短轴和方位由相位差 $\Delta\varphi$ 决定。两处振动的位相差

$$\Delta\varphi = \omega\frac{x}{v} = 2\pi f\frac{x}{v} = 2\pi\frac{x}{\lambda} \quad\quad\quad (4\text{-}38)$$

那么当 $x=n\lambda$，即 $\Delta\varphi=2n\pi$ 时，合振动为一斜率为正的直线；当 $x=(2n+1)\dfrac{\lambda}{2}$，即 $\Delta\varphi=(2n+1)\pi$ 时，合振动为一斜率为负的直线；当 x 为其他值时，合振动为椭圆。如图 4-13 所示。

把两处振动分别输入到示波器的 x 轴和 y 轴（如图 4-12 所示），随着 S_2 的移动，李萨如图形也随之发生如图 $\varphi=0\to\varphi=\pi$ 的变化，当其合振动为直线的图形斜率正、负更替变化一次，S_2 移动的距离为

$$\Delta x=(n+1)\frac{\lambda}{2}-n\lambda=\frac{\lambda}{2}$$

则

$$\lambda=2\Delta x \tag{4-39}$$

所以由图形变化 S_2 移动的距离，而得到波长 λ，再由 $v=f\lambda$ 可求出声速。

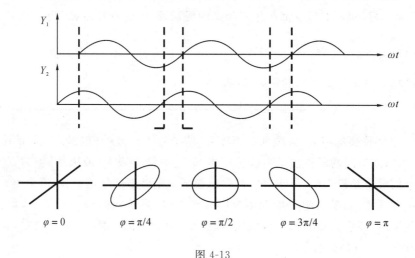

图 4-13

3. 声波在空气中传播速度的理论公式

声波在空气中传播速度（$t℃$时）的理论公式为：

$$v_S=v_0\sqrt{\frac{T}{T_0}}=v_0\sqrt{\frac{t+273.15}{273.15}} \tag{4-40}$$

式中，$v_0=331.45\text{m/s}$，为 $T_0=273.15\text{K}$ 时的声速，$T=(t+273.15)\text{K}$。

【仪器设备】

1. 实验仪器

仪器主要由三部分组成：声速测定装置、正弦信号发生器和示波器。

2. 主要仪器介绍

声速测定装置示意图如图 4-14 所示。

仪器设备

声速测定装置主要由两只相同的压电陶瓷换能器 5 和 6 所组成，压电陶瓷换能器是将声波和电信号相互转换的装置。将 5 作为超声源，它与低频信号发生器相连接，将电能转化为声能，即从发射头的平面端产生的声波在空气中形成平面纵波；6 作为反射面，同

时也是接收端,把声能转化为电能,接收端与示波器相连,就可对接收端的声压信号进行观测。5 和 6 间的距离可调,通过仪器上的游标卡尺测定。

压电陶瓷换能器的构成和工作原理:它主要由压电陶瓷环片、轻金属铝(做成喇叭形状,以增加辐射面积)和重金属(如铁)组成,如图 4-15 所示。压电陶瓷片由多晶体结构的压电材料锆钛酸铅制成。在压电陶瓷片的两个底面加上正弦交变电压,它就会按正弦规律发生纵向伸缩,从而发出超声波(声波发射器);同样,压电陶瓷可以在声压的作用下把声波信号转化为电信号(声波接收器)。压电陶瓷换能器在声-电转化过程中信号频率保持不变。

1—米尺,2—带刻度手轮(精度 0.01mm),3—丝杠,
4—可移动底座,5—发射换能器,6—接收换能器

图 4-14　声速测量装置结构

正负电极片

后盖反射板　压电陶瓷片　辐射头

图 4-15　压电换能器结构

【实验内容及数据记录】

实验内容
及数据记录

1. 调整测试系统的谐振频率

按图 4-12 将实验装置接好。正弦波的频率初始值调节至 40kHz,调节接收换能器尽可能近距离,且使示波器上的电源信号为最大。然后,将两个换能器分开稍大些距离(约 6~7cm),使接收换能器输入示波器上的电压信号为最大(近似波腹位置)。再调节频率,使该信号确实为该位置极大值。最后,细调频率,使接收器输出信号与信号发生器信号同相位。此时信号源输出频率才最终等于两个换能器的固有频率。在该频率上,换能器输出较强的超声波。

2. 在谐振频率处用共振法和相位法测声速。

(1)当测得一声速极大值后,连续地移动接收端的位置,测量相继出现 12 个极大值所对应的各接收面位置 L_i,数显尺的单位要转换到 mm 档。

(2)在用相位比较法时,将接收器与示波器的 Y 轴相连,发射器与示波器 X 轴相连,示波器时基设置在 $X-Y$ 工作方式,适当调节 Y 轴和 X 轴灵敏度,获得比较满意的李萨如图形(椭圆)。

(3)利用得到的李萨如图形来观察发射波与接收波的相位差,随着两者之间相位差从 0~π 变化,其李萨如图形由斜率为正的直线变为椭圆,再由椭圆变到斜率为负的直线。

(4)依次记下示波器上出现 12 个斜率负、正变化的直线时各接收面位置 θ_i。

(5)记下实验室温度 t。

(6)将上述两种方法的测量结果比较。

3. 实验数据表格(相位法实验数据表格自拟)

将实验数据填入表 4-12。

表 4-12　共振法测声速数据记录及相关计算

室温度 $t/℃$：　　　　　　　　　 f/Hz：

极大值位置/mm	L_1	L_2	L_3	L_4	L_5	L_6
极大值位置/mm	L_7	L_8	L_9	L_{10}	L_{11}	L_{12}
逐差 $L_{i+6}-L_i$/mm	L_7-L_1	L_8-L_2	L_9-L_3	$L_{10}-L_4$	$L_{11}-L_5$	$L_{12}-L_6$

【注意事项】

(1)在操作过程中,换能器 S_1 和 S_2 不能相碰,以免损坏压电陶瓷片。

(2)测量 L 时必须沿同一方向轻而缓慢地转动位置调节手轮,要避免回程差。

(3)信号源不要短路,以防烧坏仪器。

【数据处理】

(1)用逐差法处理数据,分别计算共振干涉法和相位比较法测得的波长平均值 $\bar{\lambda}$ 和 $\bar{\lambda}'$,及其标准偏差 $S_{\bar{\lambda}}$ 和 $S_{\bar{\lambda}'}$。同时考虑仪器的误差,算出不确定度。

(2)计算按两种方法测量的 v 和 v',用不确定度表示测量结果。

(3)由公式 $v_S = v_0\sqrt{\dfrac{T}{T_0}} = v_0\sqrt{\dfrac{t+273.15}{273.15}}$ 计算相应的理论值。

(4)计算声速 v 的百分误差。

数据处理

【课后思考】

(1)为何在声波形成驻波时,在波节位置声压最大,因而接收器输出信号最大?

(2)为何换能器的面要互相平行? 不平行会产生什么问题?

思考与讨论

4.7　液体的表面张力系数测量

液体的表面张力系数是表征液体性质的一个重要参数。测量液体的表面张力系数有多种方法,拉脱法是测量液体表面张力系数常用的方法之一。该方法的特点是,用称量仪器直接测量液体的表面张力,测量方法直观,概念清楚。由于用拉脱法测量液体表面的张力在 1×10^{-3} 到 1×10^{-2} N 之间,因此对测量力的仪器要求高。硅压阻力敏传感器张力测定仪正能满足测量液体表面张力的需要,该传感器灵敏度高,线性和稳定性好,有利于学生学习和掌握硅压阻力敏传感器的原理和方法。

实验简介

为了能对各类液体的表面张力系数的不同有深刻的理解,在对水进行测量以后,对不同浓度的酒精溶液进行测量,这样可以明显观察到表面张力系数随溶液浓度的变化而变化的现象,从而对这个概念加深理解。

【预习思考题】

(1)液体的表面张力系数和液体的温度是否有关?

(2)液体的表面张力系数和液体的浓度是否有关?

(3)力敏传感器的输入端与输出端分别是什么?

(4)力敏传感器的定标,在挂上砝码盘前,要调节电子组合仪上的补偿电压旋钮,使数字电压表显示为零。问数字电压表一定要为零吗?

【实验目的】

(1)用砝码对硅压阻力敏传感器进行定标,计算该传感器的灵敏度,学习传感器的定标方法。

(2)观察拉脱法测液体表面张力的物理过程和物理现象,并用物理学基本概念和定律进行分析和研究,加深对物理规律的认识。

(3)测量纯水的表面张力系数。

【实验原理】

1.液体表面张力

表面张力 f 是存在于液体表面上任何一条分界线两侧间的液体的相互作用拉力,其方向沿液体表面,且恒与分界线垂直,如图 4-16 所示。大小与分界线的长度成正比,即

$$f = \alpha L \tag{4-41}$$

式中,α 称为液体的表面张力系数,单位为 N/m。实验证明,表面张力系数的大小与液体的温度、纯度、种类和它上方的气体成分有关。温度越高,液体中所含杂质越多,则表面张力系数越小。

图 4-16　液体表面张力

2.液膜拉破前瞬间受力分析

将一洁净的内径为 D_1,外径为 D_2 的金属环悬挂在测力计上,然后把它浸入盛水的玻璃器皿中。当缓慢地向上移动金属环时,金属环就会拉起一层液膜,如图 4-17 所示。使液面收缩的表面张力 f 沿液面的切线方向,角 φ 称为湿润角(或接触角)。当继续提起金属环时,φ 角逐渐变小而接近为零,拉起的液膜也很薄,质量很小也可以忽略,这时所拉出的液膜的里、外两个表面的张力 f_1、f_2 均垂直向下。设拉起液膜破裂时的拉力为 F,金属环重力为 mg,如图 4-17 所示。则有

图 4-17　液膜拉破前受力分析

$$F = mg + f \tag{4-42}$$

式(4-42)中 $f = f_1 + f_2$。由于水柱有两个液面,且两液面的直径与金属环的内外径相同,则有

$$f = \alpha \pi (D_1 + D_2) \qquad (4\text{-}43)$$

表面张力的值一般很小,测量微小力必须用特殊的仪器。本实验用到的测力计是硅压阻力敏传感器,该传感器由弹性梁和贴在梁上传感器芯片组成,其中芯片由四个硅扩散电阻集成一个非平衡电桥,如图 4-18 所示。当外界压力作用于金属梁时,在压力作用下,受力金属梁的阻值发生变化,电桥失去平衡,此时将有电压信号输出,输出电压 U 大小与所加外力 F 成正比,即

$$U = KF \qquad (4\text{-}44)$$

式中,K 表示力敏传感器的灵敏度,是传感器输出量增量与相应输入量增量之比,单位为 V/N。它表示每增加 1N 的力,力敏传感器的电压改变量为 K,单位为 V。

3.液体表面张力系数的测量

本实验的核心部分是准确测定 $F - mg$。吊环拉断液柱的前一瞬间,吊环受到的拉力为 $F_1 = mg + f$;拉断时瞬间,吊环受到的拉力为 $F_2 = mg$。若吊环拉断液柱的前一瞬间数字电压表的读数值为 U_1,拉断时瞬间数字电压表的读数值为 U_2,则有

图 4-18　四个硅扩散电阻集成
的非平衡电桥

$$f = F_1 - F_2 \qquad (4\text{-}45)$$

故表面张力系数为

$$\alpha = \frac{U_1 - U_2}{\pi (D_1 + D_2) K} \qquad (4\text{-}46)$$

【仪器设备】

1.实验仪器

FD-NST 型液体表面张力系数测定仪含力敏传感器,吊环,液体皿,数字电压表。

仪器设备

2.仪器介绍

(1)FD-NST 型液体表面张力系数测定仪如图 4-19 所示。

(2)技术指标

①硅压阻力敏传感器:受力量程 0～0.098N;灵敏度约 3.00V/N(用砝码质量作单位定标)。

②供电电压:直流 5～12V。

图 4-19　FD-NST 型液体表面张力系数测定仪

【实验内容及数据记录】

实验内容
及数据记录

1. 力敏传感器的定标

每个力敏传感器的灵敏度都有所不同,在实验前,应先将其定标,步骤如下:

(1)打开仪器的电源开关,将仪器预热。

(2)在传感器梁端头小钩中,挂上砝码盘,调节电子组合仪上的补偿电压旋钮,使数字电压表显示为零。

(3)在砝码盘上分别加 0.5g、1.0g、1.5g、2.0g、2.5g、3.0g、3.5g 等质量的砝码,记录相应砝码力 F 作用下,数字电压表的读数值 U。

2. 环的测量与清洁

(1)用游标卡尺单次测量金属圆环的外径 D_1 和内径 D_2。

(2)环的表面状况与测量结果有很大的关系。实验前应将金属环状吊片在 NaOH 溶液中浸泡 20～30s,然后用净水洗净。

3. 测量液体的表面张力系数

(1)将金属环状吊片挂在传感器的小钩上,调节升降台,将液体升至靠近环片的下沿,观察环状吊片下沿与待测液面是否平行。如果不平行,将金属环状吊片取下后,调节吊片上的细丝,使吊片与待测液面平行。

(2)调节容器下的升降台,使其渐渐上升,将环片的下沿部分全部浸没于待测液面,然后反向调节升降台,使液面逐渐下降。这时,金属环片和液面间形成一环形液膜,继续下降液面,测出环形液膜即将拉断前一瞬间的数字电压表读数值 U_1 和液膜拉断后一瞬间的数字电压表读数值 U_2。重复测量 6 次。

(3)将实验数字代入公式(4-47)和(4-46),求出液体表面张力系数,并与标准值进行比较。

4. 实验数据表格

将实验数据填入表 4-13 和表 4-14。

表 4-13　硅压阻力敏传感器的灵敏度测量数据

物理量＼次数	0	1	2	3	4	5	6	7
物体质量 m/g								
输出电压 U/mV								

表 4-14　水的表面张力系数的测量数据及相关计算

环外径 D_1/m:　　　　环内径 D_2/cm:　　　　温度 T/℃:

次数＼物理量	U_1/mV	U_2/mV	ΔU/mV	$\overline{\Delta U}$/mV
1				
2				

续表

次数 \ 物理量	U_1/mV	U_2/mV	$\Delta U/\mathrm{mV}$	$\Delta \overline{U}/\mathrm{mV}$
3				
4				
5				
6				

【注意事项】

(1)吊环须严格处理干净。可用 NaOH 溶液洗净油污或杂质后,用清洁水冲洗干净,并用热吹风烘干。

(2)吊环水平须调节好,注意偏差,测量结果引入误差为 0.5%;偏差,则误差 1.6%。

(3)仪器开机需预热 15min。

(4)在旋转升降台时,尽量使液体的波动小。

(5)工作室风力不宜较大,以免吊环摆动致使零点波动,所测系数不正确。

(6)若液体为纯净水。在使用过程中防止灰尘和油污及其他杂质污染。特别注意手指不要接触被测液体。

(7)力敏传感器使用时用力不宜大于 0.098N。过大的拉力容易使传感器损坏。

(8)实验结束须将吊环用清洁纸擦干,用清洁纸包好,放入干燥缸内。

【数据处理】

(1)用作图法或逐差法求力敏传感器灵敏度 K 值。

(2)计算液体的表面张力系数,并用不确定度表示测量结果。已知宁波地区重力加速度 $g=9.794\mathrm{m/s^2}$。

数据处理

【课后思考】

(1)力敏传感器的定标,在挂上砝码盘前,如数字电压表显示不为零,可否对力敏传感器进行定标? 如能,应注意什么事项?

(2)哪些因素会影响吊环即将拉断液柱前一瞬间数字电压表的读数值?

思考与讨论

4.8 落球法测量液体的黏滞系数

液体的黏滞系数又称内摩擦系数,在工程技术、生产技术和医学等方面,测定液体的黏滞系数具有重大的意义。例如研究水、石油等流体在长距离输送时的能量损耗,造船工业中研究减小运动物体在液体中的阻力,医学上通过测定血液的黏滞力可以得到有价值的诊断等,这些均与测定液体的黏滞系数有关,测量液体黏滞系数的方法有多种,落体法(又称斯托克

实验简介

斯法)是最基本的一种。本实验采用可见激光束作为计时落球的参考线,克服了由于视差以及难以判断小球是否沿着玻璃管中心线下落等缺点,又可以让学生学会用秒表测量时间的基本方法,保留了经典的实验内容和技能,有利于提高实验教学水平。

【预习思考题】

(1)小钢珠在量筒内下落过程中的受力分析。

(2)用公式(4-39)推导液体黏滞系数的不确定度。

(3)小球经过什么位置,观察什么作为计时起点和计时结束点?

【实验目的】

(1)观察液体的内摩擦现象。

(2)学会用落体法测量液体的黏滞系数。

(3)学会用秒表测量小球在液体中下落的时间。

【实验原理】

1.液体的黏滞力

在稳定流动的液体中,由于各层的液体流速不同,互相接触的两层液体之间存在相互作用,快的一层给慢的一层以阻力,这一对力称为流体的内摩擦力或黏滞力。

实验证明:若将液层垂直的方向作为轴方向,则相邻两个流层之间的内摩擦力 f 与所取流层的面积 S 及流层间速度的空间变化率 $\dfrac{\mathrm{d}v}{\mathrm{d}x}$ 的乘积成正比:

$$f=\eta\frac{\mathrm{d}v}{\mathrm{d}x}S \tag{4-47}$$

式中,η 称为液体的黏滞系数,它决定液体的性质和温度。黏滞性随着温度升高而减小。如果液体是无限广延的,液体的黏滞性较大,小球的半径很小,且在运动中不产生旋涡。根据斯托克斯定律,小球受到的黏滞力 f 为:

$$f=6\pi\eta r v \tag{4-48}$$

式中,η 称为液体的黏滞系数,r 为小球半径,v 为小球运动的速度。若小球在无限广延的液体中下落,受到的黏滞力为 f,重力为 $\rho V g$,这里 V 为小球的体积,ρ 与 ρ_0 分别为小球和液体的密度,g 为重力加速度。小球开始下降时速度较小,相应的黏滞力也较小,小球做加速运动。随着速度的增加,黏滞力也增加,最后球的重力、浮力及黏滞力三力达到平衡,小球做匀速运动,此时的速度称为收尾速度。即为:

$$\rho V g-\rho_0 V g-6\pi\eta r v=0 \tag{4-49}$$

小球的体积为

$$V=\frac{4}{3}\pi r^3=\frac{1}{6}\pi d^3 \tag{4-50}$$

把(4-50)式代入(4-49),得

$$\eta=\frac{(\rho-\rho_0)g d^2}{18v} \tag{4-51}$$

式中,v 为小球的收尾速度,d 为小球的直径。

2.本实验黏滞系数的测量

由于式(4-48)只适合无限广延的液体,在本实验中,小球是在直径为 D 的装有液体的圆柱形量筒内运动,不是无限广延的液体,考虑管壁对小球的影响,式(4-51)应修正为:

$$\eta=\frac{(\rho-\rho_0)gd^2}{18v_0(1+K\dfrac{d}{D})} \tag{4-52}$$

式中,v_0 为实验条件下的收尾速度,D 为量筒的内直径,K 为修正系数,一般取2.4。收尾速度 v_0 可以通过测量玻璃量筒外两个标号线 A 和 B 的距离 s 和小球经过 s 距离的时间得到,即 $v_0=\dfrac{s}{t}$。

【仪器设备】

1.实验仪器

VM-1 型落球法黏滞系数测试仪、秒表、游标卡尺、螺旋测微器。

仪器设备

2.仪器介绍

VM-1 型落球法黏滞系数测试仪如图 4-20 所示。

1—盛液量桶;2—激光发射盒 A;3—激光发射盒 B;4—导向管;5—挡板 A;
6—挡板 B;7—实验架水平(盛液量桶垂直)调节螺丝。

图 4-20 VM-1 型落球法黏滞系数测试仪

【实验内容及数据记录】

实验内容
及数据记录

1.调节实验仪器

(1)先放重锤于实验架的横梁上,如图 4-21 所示,调节实验架水平,使重锤顶点对准实验平台中心圆孔。把两个激光发射器水平放置,调节两激光器 A、B 距离尽量远,使激光束射向重锤系线。

(2)取下重锤,放上玻璃量筒,调节玻璃量筒,使其中心轴处于铅直位置,如图 4-22 所示。

图 4-21 重锤调节

图 4-22 玻璃量筒调节

2.测量相应物理量

(1)用螺旋测微器测量小钢球的直径 d,共测 6 个钢球,并记下螺旋测微器的初读数 d_0。

(2)调节圆筒位置,使激光束为直径方向射入圆桶时,这样在水平面内光线几乎不发生偏转。让激光斑点仍为挡板 A' 和 B' 的交叉十字刻线中心,光斑可少许上、下变化,但不得左右偏差。使一小球(用没量直径的小球试)沿量筒轴线下落。观察小球能否阻断 AA' 和 BB' 处的激光束,若没有阻断激光束,则调发射器的水平位置和垂直位置,使小球能阻断激光束。

(3)用游标卡尺测量量筒的内直径 D,用钢皮尺测量量筒上两激光器 A,B 之间的距离 S。

(4)镊子夹起小钢球,为了使其表面完全被所测的油浸润,先将小球在油中浸一下,然后从导向管放入,当小球经过标号线 A‑A' 处,明显可见小球遮挡激光束后发亮,作为开始计时点,小球在经过激光束 B‑B' 时,小球发亮作为结束计时点,小球挡光开始记录时间,当小球经过标号线 B 上,小球再次挡光记录结束时间。

(5)重复步骤(4),连续测量 6 次小球下落时间。

(6)记下油温 T。

3.实验数据表格

将实验数据填入表 4‑15。

表 4‑15　小球直径及下落时间等测量数据

温度 $T/℃$:

螺旋测微器零点读数 δ/mm :

次数 物理量	1	2	3	4	5	6	平均值
时间 t/s							
直径 d/mm							
下落距离 S/cm							
量筒的内径 D/cm							

【注意事项】

(1)导向管应插入液体中 $2\sim5mm$。

(2)实验过程中不要用磁铁取量筒内的小钢珠,避免在蓖麻油中产生气泡。

(3)实验中若小球未能遮挡激光束,须仔细进行上述 4 的调整。或说明小球下落时路径偏离中心。

(4)调节激光器 A 的上下位置,保证其与测量液面留有适当的高度,约 $5\sim6cm$,使落球经过该位置后匀速下落;调节激光盒 B 的上下位置,保证其与测量液体底部留有适当的高度,约 $5\sim6cm$,以保证小球的收尾速度为匀速运动。

(5)在测量当中不要移动容器和激光发射、接收装置的位置。

【数据处理】

(1)计算黏滞系数,并用不确定度表示测量结果。

(2)已知液体密度 $\rho_0 = 0.9550\text{g/cm}^3$,钢珠的密度 $\rho = 7.800\text{g/cm}^3$。

数据处理

【课后思考】

(1)试分析选用不同的密度和不同半径的小球做此实验时,对实验结果有何影响?

(2)在特定的液体中,当小球的半径减小时,它的收尾速度如何变化?当小球的速度增加时,又将如何变化?

思考与讨论

4.9 稳态法测量不良导体的导热系数

导热系数是表征物质热传导性质的物理量。材料结构的变化与所含杂质的不同对材料导热系数数值都有明显的影响,因此材料的导热系数常常需要由实验去具体测定。

实验简介

测量导热系数的实验方法一般分为稳态法和动态法两类。在稳态法中,先利用热源对样品加热,样品内部的温差使热量从高温处向低温处传导,样品内部各点的温度将随加热快慢和传热快慢的影响而变动;当适当控制实验条件和实验参数使加热和传热的过程达到平衡状态时,待测样品内部可能形成稳定的温度分布,根据这一温度分布就可以计算出导热系数。而在动态法中,最终在样品内部所形成的温度分布是随时间变化的,如呈周期性的变化,变化的周期和幅度亦受实验条件和加热快慢的影响,与导热系数的大小有关。

本实验应用稳态法测量不良导体(橡皮样品)的导热系数。

【预习思考题】

(1)什么是导热系数,与材料的哪些因素有关?

(2)怎样用稳态法测量不良导体的导热系数?

【实验目的】

(1)用稳态法测量不良导体的导热系数。

(2)学习用物体散热速率求热传导速率的实验方法。

(3)学习用温度传感器进行测温的方法。

【实验原理】

热传导是热量从温度高的物体向到温度低的物体转移的过程。热传导的强弱可用热流强度"单位时间(Δt)内通过单位面积的热量(ΔQ)"表示。

1828 年法国著名科学家傅立叶给出了热传导定律 $\dfrac{\Delta Q}{\Delta t} = -\lambda \dfrac{\mathrm{d}\theta}{\mathrm{d}h} \Delta S$。该定律指在导

热过程中,单位时间内通过给定截面的导热量($\frac{\Delta Q}{\Delta t}$),正比于垂直于该截面方向上的温度

变化率($\frac{\mathrm{d}\theta}{\mathrm{d}h}$)和截面面积乘积,而热量传递的方向则与温度升高的方向相反。式中系数 λ

为导热系数。

1898 年 C. H. Lees 首先使用平板法测量不良导体的
导热系数,这是一种稳态法。实验中,样品 B 制成平板状,
其上端面与一个稳定的均匀发热体 C 充分接触,下端面与
一均匀散热体 P 相接触,如图 4-23 所示。由于平板样品
的侧面积比平板平面小很多,可以认为热量只沿着上下方
向垂直传递,横向由侧面散去的热量可以忽略不计,即可

图 4-23 实验样品

以认为,样品内只有在垂直样品平面的方向上有温度梯度,在同一平面内,各处的温度
相同。

设稳态时,样品的上下平面温度分别为 θ_1、θ_2,根据傅立叶传导方程,在 Δt 时间内通
过样品的热量 ΔQ 满足下式:

$$\frac{\Delta Q}{\Delta t} = \lambda \frac{\theta_1 - \theta_2}{h_B} S \tag{4-53}$$

式中,λ 为样品的导热系数,h_B 为样品的厚度,S 为样品的平面面积,实验中样品为圆盘
状,设圆盘样品的直径为 d_B,则由(4-53)式得:

$$\frac{\Delta Q}{\Delta t} = \lambda \frac{\theta_1 - \theta_2}{4h_B} \pi d_B^2 \tag{4-54}$$

当传热达到稳定状态时,样品上下表面的温度 θ_1 和 θ_2 不变,这时可以认为加热盘 C
通过样品传递的热流量与散热盘 P 向周围环境散热量相等。因此可以通过散热盘 P 在

稳定温度 θ_2 时的散热速率来求出热流量 $\frac{\Delta Q}{\Delta t}$。

实验时,当测得稳态时的样品上下表面温度 θ_1 和 θ_2 后,将样品 B 抽去,让加热盘 C 与
散热盘 P 接触,当散热盘的温度上升到高于稳态时的 θ_2 值 20℃ 或者 20℃ 以上后,移开
加热盘,让散热盘在电扇作用下冷却,记录散热盘温度 θ 随时间 t 的下降情况,求出散热

盘在 θ_2 时的冷却速率 $\left.\frac{\Delta\theta}{\Delta t}\right|_{\theta=\theta_2}$,则散热盘 P 在 θ_2 时的散热速率为:

$$\frac{\Delta Q}{\Delta t} = mc \left.\frac{\Delta\theta}{\Delta t}\right|_{\theta=\theta_2} \tag{4-55}$$

式中,m 为散热盘 P 的质量,c 为其比热容。

在达到稳态的过程中,P 盘的上表面并未暴露在空气中,而物体的冷却速率与它的散
热表面积成正比,为此,稳态时铜盘 P 的散热速率的表达式应作面积修正:

$$\frac{\Delta Q}{\Delta t} = mc \left.\frac{\Delta\theta}{\Delta t}\right|_{\theta=\theta_2} \frac{(\pi R_P^2 + 2\pi R_P h_P)}{(2\pi R_P^2 + 2\pi R_P h_P)} \tag{4-56}$$

式中,R_P 为散热盘 P 的半径,h_P 为其厚度。

由(4-54)式和(4-56)式可得:

$$\lambda \frac{\theta_1 - \theta_2}{4h_B} \pi d_B^2 = mc\frac{\Delta\theta}{\Delta t}\Big|_{\theta=\theta_2} \frac{(\pi R_p^2 + 2\pi R_p h_P)}{(2\pi R_P^2 + 2\pi R_P h_P)} \tag{4-57}$$

所以样品的导热系数 λ 为：

$$\lambda = mc\frac{\Delta\theta}{\Delta t}\Big|_{\theta=\theta_2} \frac{(R_p + 2h_P)}{(2R_P + 2h_P)} \frac{4h_B}{(\theta_1 - \theta_2)} \frac{1}{\pi d_B^2} \tag{4-58}$$

【仪器设备】

仪器设备

1. 实验仪器

FD‐TC‐B 型导热系数测定仪装置如图 4-24 所示，主要由电加热器、铜加热盘 C、橡皮样品圆盘 B、铜散热盘 P、支架及调节螺丝、温度传感器以及控温与测温器组成。

2. 仪器介绍

（1）仪器结构

前视图　　　　后视图

1—铜加热盘 C；2—橡皮样品盘 B；3—铜散热盘 P；4—调节螺丝；5—设定温度；6—当前温度；7—电加热器连线；8—测温（温度传感器）连线；9—风扇开关；10—控温连线；11—总开关；12—支架。

图 4-24　FD‐TC‐B 型导热系数测定仪

（2）温控仪与测温仪技术参数

①温度计显示工作温度：0～100℃；

②恒温控制温度：室温－80℃；

③控制恒温显示分辨率：0.1℃。

（3）温度传感器 DS18B20 的结构与技术特性（控温及测量用）：

①温度测量范围：－55℃～＋125℃；

②测温分辨率：0.0625℃；

③引脚排列（如图 4-25 所示）。

图 4-25　温度传感器 DS18B20 的结构

【实验内容及数据记录】

实验内容
及数据记录

1. 样品放置及设备调整

(1)取下支架上的固定螺丝,将橡皮样品放在加热盘与散热盘中间,橡皮样品要求与加热盘、散热盘完全对准;要求上下绝热薄板对准加热和散热盘,然后放在支架上。调节底部的三个微调螺丝,使样品与加热盘、散热盘接触良好,但注意不宜过紧或过松。

(2)按照图 4-24 所示,插好加热盘的电源插头;再将 2 根温度传感器连接线的一端与机壳相连,另一有传感器端插在加热盘和散热盘小孔中,要求传感器完全插入小孔中,并在传感器上抹一些硅油或者导热硅脂,以确保传感器与加热盘和散热盘接触良好。在安放加热盘和散热盘时,还应注意使放置传感器的小孔上下对齐。(注意:加热盘和散热盘两个传感器要一一对应,不可互换。)

2. 加热及测量

(1)接上导热系数测定仪的电源,开启电源后,左边表头首先显示 FDHC,然后显示当时温度,当转换至"b＝＝•＝"时,用户可以设定控制温度。设置完成按"确定"键,加热盘即开始加热。右边显示散热盘的当时温度。

(2)加热盘的温度上升到设定温度值时,开始记录散热盘的温度,可每隔一分钟记录一次,待在 10 分钟或更长的时间内加热盘和散热盘的温度值基本不变,可以认为已经达到稳定状态了。

(3)按复位键停止加热,取走样品,调节三个螺栓使加热盘和散热盘接触良好,再设定温度到 80℃,加快散热盘的温度上升,使散热盘温度上升到高于稳态时的 θ_2 值 20℃左右即可。

(4)移去加热盘,让散热圆盘在风扇作用下冷却,每隔 10 秒记录一次散热盘的温度示值,由临近 θ_2 值的温度数据中计算冷却速率 $\dfrac{\Delta\theta}{\Delta t}\Big|_{\theta=\theta_2}$。也可以根据记录数据做冷却曲线,用镜尺法做曲线在 θ_2 点的切线,根据切线斜率计算冷却速率。

(5)根据测量得到的稳态时的温度值 θ_1 和 θ_2,以及在温度 θ_2 时的冷却速率,由公式 $\lambda = mc\dfrac{\Delta\theta}{\Delta t}\Big|_{\theta=\theta_2} \dfrac{(R_p+2h_P)}{(2R_p+2h_P)} \dfrac{4h_B}{(\theta_1-\theta_2)} \dfrac{1}{\pi d_B^2}$ 计算不良导体样品的导热系数。

(6)单次测量散热盘质量、散热盘厚度、半径并记录、橡皮样品厚度、直径并记录;记录室温。

3. 实验数据表格

将实验数据填入表 4-15。加热及散热过程数据表格自拟。

表 4-15　样品质量及长度等测量数据记录

散热盘质量 m_P/g	散热盘厚度 h_P/cm	散热盘半径 R_P/cm	橡皮样品厚度 h_B/cm	橡皮样品直径 d_B/cm	室温 T/℃

【注意事项】

(1)为了准确测定加热盘和散热盘的温度,实验中应该在两个传感器上涂些导热硅脂或者硅油,以使传感器和加热盘、散热盘充分接触;另外,加热橡皮样品的时候,为达到稳定的传热,调节底部的三个微调螺丝,使样品与加热盘、散热盘紧密接触,注意中间不要有空气隙;也不要将螺丝旋太紧,以免影响样品的厚度。

(2)导热系数测定仪铜盘下方的风扇做强迫对流换热用,减小样品侧面与底面的放热比,增加样品内部的温度梯度,从而减小实验误差,所以实验过程中,风扇一定要打开。

【数据处理】

(1)做出散热盘冷却曲线,求出冷却速率 $\dfrac{\Delta\theta}{\Delta t}\Big|_{\theta=\theta_2}$。

数据处理

(2)自查得实验温度时的散热盘比热容(紫铜)C 值;求出橡皮样品在该温度时的导热系数。

(3)查阅相关资料,给出你对实验结果的评价。

【课后思考】

(1)应用稳态法是否可以测量良导体的导热系数?如可以,对实验样品有什么要求?实验方法与测不良导体有什么区别?

(2)什么是镜尺法?镜尺法画切线利用了什么原理?

思考与讨论

4.10　冷却法测量金属的比热容

实验简介

根据牛顿冷却定律,用冷却法测定金属的比热容是量热学常用方法之一。若已知标准样品在不同温度的比热容,通过做冷却曲线可测量各种金属在不同温度时的比热容。

【预习思考题】

(1)热电偶的冷端应该保持在什么温度?

(2)热电偶温度计是直接读出温度(摄氏度)的吗?

(3)热电偶温度计是先测得相应的温差电动势,再根据数据表格来求出温度 T 的吗?

(4)由附表6铜-康铜温差电偶的温差电动势查出样品温度102℃、98℃对应的温差电动势。

(5)用公式(4-65)推导金属比热容的不确定度。

【实验目的】

(1)以铜为标准样品,测定铁、铝样品在100℃或200℃时的比热容。

(2)了解金属的冷却速率和它与环境之间的温差关系以及进行测量的实验条件。

【实验原理】

单位质量的物质,其温度升高1K(1℃)所需的热量叫作该物质的比热容,其值随温度而变化。将质量为 M_1 的金属样品加热后,放到较低温度的介质(例如:室温的空气)中,样品将会逐渐冷却。其单位时间的热量损失 $(\Delta Q/\Delta t)$ 与温度下降的速率成正比,于是得到下述关系式:

$$\frac{\Delta Q}{\Delta t} = C_1 M_1 \frac{\Delta \theta_1}{\Delta t} \tag{4-59}$$

式中,C_1 为该金属样品在温度 θ_1 时的比热容,$\frac{\Delta \theta_1}{\Delta t}$ 为金属样品在 θ_1 的温度下降速率,根据冷却定律有:

$$\frac{\Delta Q}{\Delta t} = a_1 S_1 (\theta_1 - \theta_0)^m \tag{4-60}$$

式中,a_1 为热交换系数,S_1 为该样品外表面的面积,m 为常数,θ_1 为金属样品的温度,θ_0 为周围介质的温度。由式(4-59)和(4-60),可得

$$C_1 M_1 \frac{\Delta \theta_1}{\Delta t} = a_1 S_1 (\theta_1 - \theta_0)^m \tag{4-61}$$

同理,对质量为 M_2,比热容为 C_2 的另一种金属样品,可有同样的表达式:

$$C_2 M_2 \frac{\Delta \theta_2}{\Delta t} = a_2 S_2 (\theta_2 - \theta_0)^m \tag{4-62}$$

由式(4-61)和(4-62),可得:

$$C_2 = C_1 \frac{M_1 \frac{\Delta \theta_1}{\Delta t}}{M_2 \frac{\Delta \theta_2}{\Delta t}} \frac{a_2 S_2 (\theta_2 - \theta_0)^m}{a_1 S_1 (\theta_1 - \theta_0)^m} \tag{4-63}$$

如果两样品的形状尺寸都相同,即 $S_1 = S_2$;两样品的表面状况也相同(如涂层、色泽等),而周围介质(空气)的性质当然也不变,则有 $\alpha_1 = \alpha_2$。于是当周围介质温度不变(即室温 θ_0 恒定)两样品又处于相同温度 $\theta_1 = \theta_2 = \theta$ 时,上式可以简化为:

$$C_2 = C_1 \frac{M_1 \frac{\Delta \theta_1}{\Delta t}}{M_2 \frac{\Delta \theta_2}{\Delta t}} \tag{4-64}$$

如果已知标准金属样品的比热容 C_1、质量 M_1;待测样品的质量 M_2 及两样品在温度 θ 时的冷却速率之比,就可以求出待测的金属材料的比热容 C_2。

【仪器设备】

1. 实验仪器

FB312 型冷却法金属比热容测定仪,秒表,保温瓶(内装冰水混合物)。

2. 仪器介绍

仪器设备

(1)FB312 型冷却法金属比热容测定仪如图 4-26 所示。

(2)技术指标

①数字电压表:三位半,量程 0~20mV,分辨率 0.01mV,准确度 ±0.3% 读数+1 字。

②传感器采用铜-康铜热电偶。

③测量金属在 100℃ 时的比热容与公认值百分误差小于 5%。

1—加热插座;2—防热罩;3—放置实验样品,是直径 6mm,长 30mm 的小圆柱,其底部钻一深孔便于安放热电偶;4—隔热板;5—铜-康铜热电偶插座;6—防风容器;7—手轮,可上下移动热源;8—计时秒表;9—三位半数字电压表;10—信号输入端;11—加热选择;12—计时/暂停;13—计时复位;14—加热电源端;15—超温保护端。

图 4-26 FB 型冷却法金属比热容测定仪

【实验内容及数据记录】

测量铁和铝 100℃时的比热容。

(1)用铜-康铜热电偶测量温度,而热电偶的热电势采用温漂极小的放大器和三位半数字电压表,经信号放大后输入数字电压表显示的满量程 20mV,读出的毫伏数查表即可换算成温度。

实验内容
及数据记录

(2)选取长度、直径、表面光洁度尽可能相同的三种金属样品(铜、铁、铝),用物理天平或电子天平称出它们的质量 M_0。再根据 $M_{Cu} > M_{Fe} > M_{Al}$ 这一特点,把它们区别开来。

(3)将热电偶端的铜导线与数字表的正端相连,冷端铜导线与数字表的负端相连。当数字电压表读数为某一定值即 200℃时,切断电源移去加热源,样品继续安放在与外界基本隔绝的有机玻璃圆筒内(样品室)自然冷却(筒口须盖上盖子)。

(4)记录样品的冷却速率 $\left(\dfrac{\Delta\theta}{\Delta t}\right)_\theta = 100℃$。具体做法是当温度降到 4.157mV(102℃)时开始记录,当温度降到 3.988mV(98℃)时计时结束。测量样品 102℃下降到 98℃所需要的时间 Δt_0。按铁、铜、铝的次序,分别测量其温度下降速度,每一样品重复测量 6 次。

(5)由于各样品的温度下降范围相同($\Delta\theta = 102℃ - 98℃ = 4℃$),所以公式(4-64)可以简化为:

$$C_2 = C_1 \frac{M_1 (\Delta t)_2}{M_2 (\Delta t)_1} \tag{4-65}$$

用此式计算测量结果。

(6)实验数据表格。

将实验数据填入表 4-16。

表 4-16　样品的质量及由 102℃ 下降到 98℃ 所需时间测量数据

样品 \ 物理量	质量 M/g	时间 t/s								$\overline{(\Delta t)}$/s
Cu										
Fe										

【注意事项】

(1)注意加热样品时的环境条件一致。

(2)换样品时,用镊子将被加热的样品放入盒子中,避免烫伤手和桌面。

(3)杜瓦瓶里要装满碎冰,保证实验完毕后,瓶内还有很多剩冰。

(4)在测量冷却速率时,操作者不要对着样品室说话、呼吸和大力翻书,不要在样品室周围走动。

【数据处理】

(1)已知铜在 100℃ 时的比热容为 $C_{Cu}=393J/(kg\cdot℃)$,热电偶冷端温度 $\theta_0=0℃$。

(2)计算所测样品的比热容,并用不确定度表示测量结果。

(3)与参考值比较,计算所测量的百分误差。

数据处理

【课后思考】

(1)为什么实验要在样品室里进行?

(2)可否利用本实验中的方法测量金属在任意温度时的比热容?

思考与讨论

4.11　液体比汽化热的测量

液体的比汽化热是液体的一个重要热学参数,在制冷效率、节能研究及工业生产中有着重要的作用。

本实验用量热器和集成温度传感器测量液体的比汽化热,学习液体比汽化热的一种电测量方法。

实验简介

【预习思考题】

(1)什么是液体的比汽化热?

(2)集成电路温度传感器 AD590 有哪些特性?其特征方程如何?

(3)实验中液体的温度是直接测量量吗?如果不是,温度应该如何得到呢?

(4)本实验采用的方法中,哪些量是在放热,哪些量是在吸收热?

(5)为什么烧瓶中的水未达到沸腾时,水蒸气不能通入量热器中?

【实验目的】

(1)学习用量热器和集成温度传感器测量液体的比汽化热。

(2)测量水的比汽化热。

【实验原理】

1.汽化过程

物质由液态向气态转化的过程称为汽化,液体的汽化有蒸发和沸腾两种不同的形式。不管是哪种汽化过程,它的物理过程都是液体中一些热运动动能较大的分子飞离表面成为气体分子,而随着这些热运动较大分子的逸出,液体的温度将要下降,若要保持温度不变,在汽化过程中就要供给热量。通常定义单位质量的液体在温度保持不变的情况下转化为气体时所吸收的热量称为该液体的比汽化热。液体的比汽化热不但和液体的种类有关,而且和汽化时的温度有关,因为温度升高,液相中分子和气相中分子的能量差别将逐渐减小,因而温度升高液体的比汽化热减小。

物质由气态转化为液态的过程称为凝结,凝结时将释放出在同一条件下汽化所吸收的相同的热量,因而,可以通过测量凝结时放出的热量来测量液体汽化时的比汽化热。

2.混合法测定水的比汽化热

方法是将烧瓶中接近$100℃$的水蒸气,通过短的玻璃管加接一段很短的橡皮管(或乳胶管)插入到量热器内杯中。如果水和量热器内杯的初始温度为$t_1℃$,而质量为M的水蒸气进入量热器的水中凝结成水,当水和量热器内杯温度均匀时,其温度值为$t_2℃$,那么水的比汽化热可由下式得到:

$$ML + MC_w(t_3 - t_2) = (mC_w + m_1C_{A1} + m_2C_{A1}) \cdot (t_2 - t_1) \tag{4-66}$$

式中,C_w为水的比热容;m为原先在量热器中水的质量;C_{A1}为铝的比热容;m_1和m_2分别为铝量热器和铝搅拌器的质量;t_3为水蒸气的温度;L为水的比汽化热。

修正方法:

$$ML' + MC_w(t_3 - t_2) = (mC_w + m_1C_{A1} + m_2C_{A1} + m_3C_3)(t_2 - t_1) \tag{4-67}$$

L表示水的比汽化热,L'表示经过传感器吸收热量修正的水的比汽化热。修正方法是测量集成电路传感器 AD590 的热容量。即将已知温度t_3的传感器入水部分,放入温度为t_1的量热器内杯中利用热平衡原理测量集成电路的热容量。考虑到传感器的热容量,公式(4-66)可以写成:

$$ML' + MC_w(t_3 - t_2) = (mC_w + m_1C_{A1} + m_2C_{A1} + m_3C_3)(t_2 - t_1) \tag{4-68}$$

式中,m_3C_3是集成电路温度传感器 AD590 的热容量。(通过测量可以得到本实验装置的$m_3C_3 = 1.796J/k$)

【仪器设备】

1.实验仪器

FD - YBQR 型液体比汽化热实验仪,万用表一块。

2.仪器介绍

FD - YBQR 型液体比汽化热实验仪如图 4-27 所示。

仪器设备

1—烧瓶盖；2—烧瓶；3—通气玻璃管；4—托盘；5—电炉；6—绝热板；7—橡皮管；
8—量热器外壳；9—绝热材料；10—量热器内杯；11—铝搅拌器；12—AD590；
13—温控和测量仪表。

图 4-27　FD－YBQR 型液体比汽化热实验仪

【实验内容及数据记录】

1.集成电路温度传感器 AD590 的定标

本实验采用 AD590 型集成电路温度传感器测量温度，其线性工作电压可在 4.5V 至 20V 范围内。它的输出电流与温度满足如下关系：

$$I = Bt + A \qquad (4-69)$$

式中，I 为其输出电流，单位 μA；t 为摄氏温度；B 称为传感器的温度系数（或称灵敏度），一般 AD590 的 $B = 1\mu\text{A}/℃$，即如果该温度传感器的温度升高或降低 $1℃$，传感器的输出电流增加或减少 1μA；A 为 $0℃$ 温度时的输出电流值，该值恰好与冰点的热力学温度 273K 相对应。利用上述特点可制成各种用途的温度计，对市售一般 AD590，其 A 值从 273μA 到 278μA 略有差异。因此要对其进行定标。定标一般采用固定点法，测量 AD590 集成电路温度传感器的电流 I 与温度 t 的关系，取样电阻 R 为 1000Ω（本实验主机已接有），定标电路如图 4-28 所示。把实验数据用最小二乘法进行直线拟合，求斜率 B 和截距 A。

图 4-28　AD590 定标

测量要求不高时，也可采用粗略的定标方法，即取 $B = 1\mu\text{A}/℃$，将传感器置于冰水混合物中，读出电压，确定 A 值，本实验采用此法定标。

2.水的比汽化热的测定

(1)用天平称量热器内杯和搅拌器的质量 m_1、m_2，然后在量热器内杯中加一定量的水，再秤出盛有水的量热器和搅拌器的质量 m_3，减去 $m_1 + m_2$ 得到水的质量 m。

(2)将盛有水的量热器内杯放在冰块上，预冷却到室温以下较低的温度。但被冷却水的温度须高于环境的露点，如果低于露点，则实验过程中量热器内杯外表有可能凝结上薄水层，从而释放出热量，影响测量结果。将预冷过的内杯放还量热器内。

(3)将盛有水的烧瓶加热，开始加热时可以通过温控电位器顺时针调到底，此时将瓶盖移去，使低于 $100℃$ 的水蒸气从瓶口逸出。当烧瓶内水沸腾时可以由温控器调节，保证水蒸气输入量热器的速率符合实验要求。先将 AD590 置于空气中，记录下室温时的电压值 U 后将 AD590 置于内杯水中，记录水的初温对应的电压值 U_1，计算出初温数值 t_1。接着把瓶盖盖好继续让水沸腾，向量热器的水中通蒸气并搅拌量热器内的水，通过时间长短，以尽可能使量热器中水的末温度 t_2 与室温的温差同室温与初温 t_1 差值相近，这样可使实验过程中量热器内杯与外界热交换相抵消。

（4）停止电炉通电，并打开瓶盖不再向量热器通汽，继续搅拌量热器内杯的水，读出水和内杯的末温度 t_2（即记录通蒸气后的水的末温对应的电压值 U_2，计算出水末温数值 t_2）。再一次称量出量热器内杯水的总质量 $M_总$。经过计算，求得量热器中水蒸气的质量 $M＝M_总－m_3$。（m_3 为未通汽前，量热器内杯、搅拌器和水的质量和）

（5）将所得到的测量结果代入公式（4-66），即求得水在 100℃ 时的比汽化热。

3.实验数据表格

将实验数据填入表 4-17。

表 4-17　AD590 定标及水的比汽化热测量数据

物理量	测量值	物理量	测量值
室温对应的电压 $U_室$/mV		内杯质量 m_1/g	
0℃对应的电压 U_0/mV		搅拌器质量 m_2/g	
初温对应的电压 U_1/mV		（杯＋搅＋水）质量 m_3/g	
水的初温 t_1/℃		水质量 m/g	
通蒸气后对应的电压 U_2/mV		通蒸气后的质量 $M_总$/g	
水的终温 t_2/℃		蒸气质量 M/g	

【注意事项】

（1）内杯装的水取内杯体积的 3/4 即可，不宜过多亦不宜过少。

（2）内杯和搅拌器因为是同一材质，可以合在一起称衡质量，亦可分开称，但搅拌器上的塑性手柄要取下。

（3）当烧瓶内水沸腾时可以由温控器调节，保证水蒸气输入量热器的速率符合实验要求。

（4）蒸气导管让其通一会儿蒸气后将导管中已冷凝的水抖落后插入内杯水中。

（5）通蒸气时即要开始搅拌，不要等到通完蒸气后再来搅拌。搅拌时要匀速。

（6）导管应插入内杯水面下 1cm。千万不要将导管插在内杯水面之上。

（7）保持导管从锥形瓶到量热器中的畅通。如导管弯折则阻塞蒸气，瓶内蒸气太足压力过大会造成瓶塞冲起。

（8）AD590 在内杯中不要靠近蒸气导管，在内杯水的下部即可。

【数据处理】

（1）已知 $C_w＝4.187×10^3 J/(kg·℃)$；$C_{Al}＝0.9002×10^3 J/(kg·℃)$。计算水在 100℃ 时的比汽化热。

（2）与公认值（$2.25×10^6 J/kg$）比较，求百分误差。

数据处理

【课后思考】

(1)本实验测温度为什么要用集成温度传感器?它与水银温度计相比有什么优点?

(2)用本实验装置测量水的比汽化热可能产生哪些误差?如何改进?

思考与讨论

4.12　薄透镜焦距的测定

透镜是光学仪器中最基本的元件之一,它由透明材料(玻璃、塑料、水晶等)制作而成。它的基本作用就是光线通过透镜折射后可以成像。常用的薄透镜按其对光的会聚或发散,可分为凸透镜和凹透镜两大类。焦距是衡量透镜的一个重要物理量。要测定透镜的焦距,常用的方法有平面镜法(即自准直法)和物距-像距法。对于凸透镜其焦距还可用移动透镜二次而求得(二次成像法或又称共轭法)。应用这种方法,只需测定透镜本身的位移,因而测法简便,测量的准确度较高。同时,为了能正确地使用光学仪器,必须掌握透镜成像的规律,学会光路的调节技术和焦距的测量方法。

实验简介

【预习思考题】

(1)为什么实验中要用白屏作像屏?可否用黑屏、透明平玻璃、毛玻璃?为什么?

(2)元件共轴调节的目的是什么?是要满足哪些要求?不满足这些要求对测量会有什么影响?

(3)在光源出射口上为什么要加毛玻璃?如果光源出射口面积甚小,在不加毛玻璃的情况下,物体能否经凸透镜成像?

【实验目的】

(1)学习测量薄透镜焦距的几种方法。

(2)掌握简单光路的分析和调整方法,学会光学平台上各元件的共轴调节方法。

【实验原理】

1.用物距-像距法求凸透镜的焦距

在近轴光线的条件下,透镜置于空气中,透镜成像的高斯公式为

$$\frac{1}{s'} - \frac{1}{s} = \frac{1}{f'} \tag{4-70}$$

式中,s'、s、f'分别为像距、物距、像方焦距。公式中的各物理量的符号,我们规定:光线自左向右传播,以薄透镜中心为原点量起,方向与光的传播方向一致者为正,反之为负。运算时,已知量须添加符号,未知量则根据求得结果中的符号判断其物理意义。

凸透镜成像光路如图 4-29 所示,其中 $S<0$。

2.用贝塞尔法(二次成像法)测定凸透镜焦距

如图 4-30 所示,保持物与像屏的间距 D 不变,且使 $D>4f$,在物屏与像屏间移动凸透镜,可得一大一小两次成像。透镜在两次成像间的位移为 d,则透镜的焦距 f 为

$$f=\frac{D^2-d^2}{4D} \tag{4-71}$$

图 4-29 用物距-像距法求凸透镜的焦距

图 4-30 用贝塞尔法(二次成像法)测定凸透镜焦距

3.用物距-像距法测凹透镜的焦距

凹透镜成像光路如图 4-31 所示,由于凹透镜(或称负透镜)对光线起发散作用,用物距-像距法求其焦距时,必须在其前面加上一焦距适中的凸透镜,才能在像屏上观察到凹透镜成的实像。实验中必须保持光路中的凸透镜和物屏的位置固定。只要测得 s、s',代入公式(4-70)即可求出凹透镜为焦距 f'。

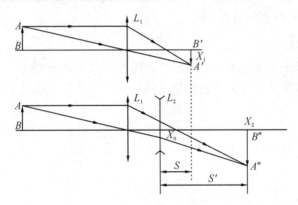
图 4-31 用物距-像距法测凹透镜的焦距

【仪器设备】

1.实验仪器

光学平台及底座,带有毛玻璃的白炽灯光源,品字形的物像屏,凸透镜(f=190mm 和 150mm 各一块),平面反射镜,二维调整架 2 个,像屏,滑块 5 个。

仪器设备

2.主要仪器介绍

光学平台是常用光学实验装置,其上有标尺,用来确定光学元件的位置。平台上面配有一套磁性底座,根据其可调动的方向,有一维、二维、三维和通用底座之分,可按实验要求选用相应的磁性底座并进行上下、左右、前后的调节。

【实验内容及数据记录】

(1)调节各元件使之共轴。

(2)用物距-像距法求凸透镜的焦距。要求重复测量 6 组数据,思考:如何保证等精度测量,物距取何值使得测量结果的误差最小?

实验内容及数据记录

(3)用贝塞尔法(二次成像法)测定凸透镜焦距。要求 D 保持不变,重复测量 6 组数据,思考 D 的取值范围对测量结果误差的影响。

(4)用物距-像距法测凹透镜的焦距。要求重复测量 6 组数据,思考:重复测量时哪些量不变? 为了减小测量误差,凸透镜是成大像好还是成小像好?

(5)实验数据表格。

将实验数据填入表 4-18 和表 4-19。

表 4-18　用物距-像距法测透镜焦距的数据记录

物理量 ＼ 次数	1	2	3	4	5	6	平均值
物距 s'/cm							$(\overline{s'})$/cm=
像距 s/cm							$(\overline{s})$/cm=

表 4-19　用贝塞尔法测凸透镜焦距的数据记录

物理量 ＼ 次数		1	2	3	4	5	6
凸透镜位置/cm	大像 x_0						
	小像 x_0'						
透镜位移 d/cm							
$(\overline{d})$/cm							
物、像屏间距 D/cm							

【注意事项】

(1)白炽灯光源由于功率较大,应防止过热。

(2)其他注意事项见本书 3.3 光学实验的预备知识和常用仪器部分。

【数据处理】

(1)记录凸透镜的焦距测量数据。

(2)求出所测焦距值并分别用不确定度表示。注意:调整架转 $180°$ 后的平均值作为直接测量量,用于计算不确定度。

数据处理

【课后思考】

(1)在移动凸透镜在像屏上成倒立、放大的实像和倒立、缩小的实像时,如果放大实像的中心在上,缩小的实像的中心在下,说明物体的位置相对于光轴是偏上还是偏下? 请画出光路图分析说明。

(2)试说明用共轭法测凸透镜焦距 f 时,为什么要确保物和像屏的距离 L 大于 $4f$?

思考与讨论

4.13 偏振光分析

实验简介

　　光的干涉和衍射实验证明了光的波动性质。而偏振(polarization)现象表明光是横波而不是纵波,即其 E 和 H 的振动方向垂直于光的传播方向。对于光偏振现象的解释在光学发展史中有很重要的地位。偏振光是指光矢量的振动方向不变,或具有某种规则地变化的光。太阳光本身并不是偏振光,但当它穿过大气层,受到大气分子或尘埃等颗粒的散射后,就变成了偏振光。偏光天文罗盘是科学家从蜜蜂等动物利用偏振光定向的本领中得到启发而制成的用于航空和航海的一种定向仪器。光的偏振性使人们对光的传播(反射、折射、吸收和散射)的规律有了新的认识,偏振光在国防、科研和生产中有着广泛的应用。海防前线用于观望的偏光望远镜、立体电影中的偏光眼镜、光纤通信系统、分析化学和工业中用的偏振计和量糖计都与偏振光有关。激光电源是最强的偏振光源,高能物理中同步加速器是最好的 X 射线偏振源,液晶(Liquid crystal)光开关是根据其偏振特性来完成光调制的技术,偏振镜是数码影像的一种重要技术手段。随着新概念的飞速发展,偏振光成为研究光学晶体、表面物理的重要手段。

【预习思考题】

(1)本实验为什么要用单色光源照明?

(2)根据什么选择单色光源的波长?

【实验目的】

(1)通过观察光的偏振现象,加深对光波传播规律的认识。

(2)掌握产生和检验偏振光的原理和方法,验证马吕斯定律。

(3)观测线偏振光通过 $\lambda/2$、$\lambda/4$ 波片实验,并得出实验结论。

【实验原理】

　1.偏振光的基本概念

　　光是一种电磁波,它的电矢量 E 和磁矢量 H 相互垂直,且均垂直于光的传播方向 C,通常用电矢量 E 代表光的振动方向,并将电矢量 E 和光的传播方向 C 所构成的平面称为光振动面。在传播过程中,电矢量的振动方向始终在某一确定方向的光称为线偏振光或平面偏振光(如图 4-32 所示)。普通光源发射的光是由大量原子或分子辐射构成的,由于大量原子或分子的热运动和辐射的随机性,它们所发的光的振动面,出现在各个方向的概率是相同的,故这种光源发射的光对外不显现偏振的性质,称为自然光。在发光过程中,有些光的振动面在某个特定方向上出现的概率大于其他方向,即在较长时间内电矢量在某一方向上较强,这种光称为部分偏振光;还有一些光,其振动面的取向和电矢量的大小随时间做有规律地变化,而电矢量末端在垂直于传播方向的平面上的轨迹呈椭圆或圆,称为椭圆偏振光或圆偏振光。

图 4-32　偏振光的种类

2.偏振光的获得方法

(1)起偏。当自然光在两种媒质的界面上反射和折射时,反射光和折射光都将成为部分偏振光。当入射角 α 满足关系:

$$\tan \alpha = \frac{n_2}{n_1} \tag{4-72}$$

反射光成为线偏振光,其振动面垂直于入射面(见图 4-33),而角就是布儒斯特角,也称为起偏角,(4-72)式称为布儒斯特定律。n_1、n_2 为物质的折射率。

将自然光变成偏振光的过程称为起偏,起偏的光学元件称为起偏器,也称为偏振片。

(2)偏振片。人造偏振片有多种,其中一种常用的分子型号的偏振片是利用聚乙烯醇塑胶膜制成的,聚乙烯醇胶膜内部含有刷状结构的链状分子。在胶膜被拉伸时,这些链状分子被拉直并平行排列在拉伸方向上,拉伸过的胶膜只允许振动取向平行于分子排列方向(此方向称为偏振片的偏振轴)的光通过,利用它可获得线偏振光,其示意图参看图 4-34。(它就是本实验使用的元件)。

图 4-33　　　　　　　　　　图 4-34　偏振片起偏原理

3.偏振光的检测

鉴别光的偏振光状态的过程称为检偏,它所用的装置称为检偏器。实际上,起偏器和检偏器是通用的,用于起偏的偏振片称为起偏振器,用于检偏的偏振片称为检偏器。

马吕斯定律指出,强度为 I_0 的线偏振光通过检偏器后,透射光的强度为

$$I = I_0 \cos^2 \theta \tag{4-73}$$

式中,θ 为入射光偏振方向与检偏器偏振轴 $\rho\rho'$ 之间的夹角,如图 4-35 所示。显然,当以光线传播方向为轴转动检偏器时,透射光强度 I 将发生周期性变化。当 $\theta=0$ 时,透射光强度最大;当 $\theta=90°$ 时,透射光强度最小(消光状态);当 $0<\theta<90°$ 时,透射光强度介于最大

值和最小之间。因此,根据透射光强度变化的情况,可以区别光的不同偏振状态。

图 4-35　马吕斯定律　　　　图 4-36　偏振光通过波片时的情形

4.偏振光通过波片后的偏振态

(1)波片。波片(见图 4-36)是从单轴晶体中切割下来的平行平面板,其表面平行于光轴(在晶体内存在一个特殊方向,光线沿该方向入射时不发生双折射现象,该方向称为晶体的光轴)。

当一束单色平行自然光正入射到波片上时,光在晶体内部便分解为 o 光与 e 光。o 光电矢量垂直于光轴;e 光电矢量平行于光轴。而 o 光和 e 光的传播方向不变,仍都与表面垂直。但 o 光在晶体内的速度为 v_o,e 光的速度为 v_e,即相应的折射率 n_o、n_e 不同。

设晶片的厚度为 l,则两束光通过晶体后就有位相差 $\sigma = \frac{\pi}{\lambda}(n_0 - n_e)l$。式中 λ 为光波在真空中的波长。$\sigma = 2k\pi$ 的晶片称为全波片,$\sigma = 2k\pi + \pi$ 为半波片($\lambda/2$ 波片);$\sigma = 2k\pi \pm \frac{\pi}{2}$ 为 $\lambda/4$ 片,上面的 k 都是任意整数。不论全波片、$\lambda/2$ 波片或 $\lambda/4$ 片都是对一定波长而言。

以下直角坐标系的选择,以 e 光振动方向为横轴,o 光振动方向为纵轴。沿任意方向振动的光,正入射到波片的表面,其振动便按此坐标系分解为 e 分量和 o 分量。

(2)光束通过波片后偏振态的改变。平行光垂直入射到波片后,分解为 e 分量和 o 分量,透过晶片,二者间产生一附加位相差 σ。离开晶片时合成光波的偏振性质,决定于 σ 及入射光的性质。

(3)偏振态不变的情形如下:

①自然光通过波片,仍为自然光。因为自然光的两个正交分量之间的位相差是无规的,通过波片,引入一恒定的位相差 σ,其结果还是无规的。

②若入射光为线偏振光,其电矢量 E 平行 e 轴(或 o 轴),则任何波片对它都不起作用,出射光仍为原来的线偏振光。因为这时只有一个分量,不存在电矢量的合成与分解。

除上述两种情形外,偏振光通过波片,一般其偏振状态是要改变的。如表 4-20 所示。

第 4 章　基本实验

表 4-20　偏振态改变情形

波片	入射光振动面与光轴夹角 θ	出射光偏振状态	检偏器转 360° 出射光强变化	规律
$\lambda/2$ 波片	0~360°	线偏振	两次消光,两次最大	出射光与光轴成 θ 角,线偏振光经 $\lambda/2$ 片振动面转过了 2θ 角
$\lambda/4$ 波片	0、90°	线偏振	两次消光,两次最大	θ 越靠近 0 和 90°,椭圆离心率越小;越靠近 45°,离心率越大
	45°	圆偏振	光强无变化	
	其他角度	椭圆偏振	两次最大,两次最小,无消光	

【仪器设备】

1.实验仪器

光学平台及底座,532nm 固体激光器,偏振片(起偏器、检偏器),X 轴旋转二维架(三个),1/4、1/2 波片各一片,激光功率计。

仪器设备

2.仪器介绍

实验装置如图 4-37 所示。光学平台是常用光学实验装置。上有标尺,用来读出光学元件的位置。还配有一套磁性底座,有一维、二维、三维和通用底座之分,可按要求选用并进行上下、左右、前后的调节。

1—激光器;2—偏振片;3—偏振片;4—激光功率计

图 4-37　实验装置

【实验内容及数据记录】

实验内容及数据记录

1.验证马吕斯定律

(1)把所有器件摆放在平台上,调至共轴。旋转第一个偏振片,当激光功率计读数比较大时停止;旋转第二个偏振片,用激光功率计接收并记录旋转 0,30°,60°,90°、120°、150°、180°,210°、240°、270°、300°、330°的指示值,得出什么规律?

(2)将第二个偏振片即检偏器旋转至消光位置。

2.线偏振光通过 $\lambda/2$ 波片实验观测

(1)使起偏器和检偏器处于正交,在两块偏振片之间插入 $\lambda/2$ 波片,消光,再将 $\lambda/2$ 波片转 10°,破坏消光。转动检偏器至再次消光位置,并记录检偏器转动的角度。

(2)重复上述步骤,依次使 $\lambda/2$ 波片转角为 20°、30°、45°、60°,记录检偏器消光时旋转的角度。

从上面的实验结果得出什么规律?

113

3.线偏振光通过 λ/4 波片实验观测

(1)使起偏器和检偏器正交,用 λ/4 波片代替 λ/2 波片,转动 λ/4 波片使消光。

(2)再将 λ/4 波片转动 15°,转动检偏器,找到激光功率计的一个最大或最小读数,然后将检偏器转动 360°,用激光功率计接收并记录旋转 0、30°、60°、90°、120°、150°、180°、210°、240°、270°、300°、330°的指示值,判断这时从 λ/4 波片出来光的偏振状态是怎样?

(3)依次将 λ/4 波片转动总角度为 30°、45°、90°,重复步骤 3(2),判断不同情况下从 λ/4 波片出来光的偏振状态是怎样?

4.实验数据表格

将实验数据填入表 4-21 至表 4-23。

表 4-21　验证马吕斯定律数据记录

次数 物理量	1	2	3	4	5	6	7	8	9	10	11	12
检偏器 N_2 位置/度												
出射光功率 P/mw												
N_1N_2 偏振化方向夹角 θ												
$\cos^2\theta$												

表 4-22　线偏振光通过 λ/2 波片数据记录

出射光功率P/mw　　N_2位置/度 $\frac{1}{2}\lambda$位置/度	0	10	20	30	40	50	60	70	80	90

表 4-23　线偏振光通过 λ/4 波片数据记录
（起偏器 N_1、检偏器 N_2 正交）

出射光功率P/mw　　N_2位置/度 $\frac{1}{2}\lambda$位置/度	0	30	60	90	120	150	180	210	240	270	300	330

续表

出射光功率P/mw ＼ N_2位置/度 ＼ $\frac{1}{2}\lambda$位置/度	0	30	60	90	120	150	180	210	240	270	300	330

【注意事项】

(1)激光束光能量高度集中,普通激光器输出亮度是太阳光的千万倍,实验时不可用眼睛直视激光束,否则会对眼睛产生永久性损伤。

(2)偏振片、波片等要轻拿轻放,防止打碎。

(3)所有的镜片、光学表面等应保持清洁、干燥,严禁用手或他物触碰,以免污损。

【数据处理】

(1)验证马吕斯定律部分,用坐标纸作 $I\sim\cos^2\theta$ 图,并总结规律得出结论。

(2)线偏振光通过 $\lambda/2$ 波片实验部分,从实验结果总结规律得出结论。

(3)线偏振光通过 $\lambda/4$ 波片实验部分,用坐标纸作 $I\sim\theta$ 图,并总结规律得出结论。

(4)注意曲线的拟合。

数据处理

【课后思考】

(1)在确定起偏角时,若找不到全消光的位置,试根据实验条件分析原因。

(2)试说明椭圆偏振光通过 $\lambda/4$ 波片后变成线偏振光的条件。

(3)自然光垂直照射在一个 $\lambda/4$ 波片上,再用一个偏振片观察该波片的透射光,转动偏振片 $360°$,能看到什么现象? 固定偏振片转动 $\lambda/4$ 波片 $360°$,又能看到什么现象? 为什么?

思考与讨论

4.14　分光计的调整和使用

分光计是精确测定光线偏转角的仪器,也称测角仪。光学中的许多基本量如波长、折射率等物理量都可以直接或间接地利用光线的偏转角来测量,此外它还能精确地测量光学平面间的夹角。它是许多光学仪器(棱镜光谱仪、光栅光谱仪、分光光度仪、单色仪等)的基本结构,可以说分光计是整个光学实验中的基本仪器之一。需要注意的是使用分光计前必须经过一系列精细的调整。由于分光计的调整方法对一般光学仪器的调整也具有一定的借鉴性,因此学习分光计的调整方法也是使用光学仪器的一种基本训练。

实验简介

【预习思考题】

分光计的调整要求是什么? 如何达到?

【实验目的】

(1)了解分光计的基本构造和原理。

(2)掌握调整技术,学习分光计调节的方法和步骤。

(3)学会用自准直法和反射法测三棱镜的顶角。

【结构和调整原理】

1.分光计的调节原理

要想测准入射光和出射光传播方向之间的角度,根据反射定律和折射定律,分光计必须满足下述两个要求。

(1)入射光和出射光应当是平行光。

(2)入射光线、出射光线与反射面(或折射面)的法线所构成的平面应当与分光计的刻度圆盘平行。

因此,任何一台分光计必须备有以下 4 个主要部件:平行光管、望远镜、载物台、读数装置。分光计有多种型号,但结构大同小异。图 4-38 所示是 JJY-2 型分光计的外形和结构图。分光计的下部是一个三脚底座,其中心有竖轴,称为分光计的中心轴,轴上装有可绕轴转动的望远镜和载物台,在一个底脚的立柱上装有平行光管。

1—狭缝宽度调节手轮;2—狭缝体;3—狭缝体锁紧螺钉;4—平行光管俯仰螺钉;5—平行光管;6—载物台调平螺钉;7—载物台;8—望远镜;9—调焦手轮;10—灯源;11—目镜视度调节手轮;12—望远镜俯仰螺钉;13—直流稳压源;14—望远镜支臂;15—望远镜微调螺钉;16—转座;17—止动螺钉;18—制动架;19—底座;20—底盘止动螺钉;21—度盘;22—游标盘微调手轮;23—游标盘止动螺钉。

图 4-38 分光计结构

2.分光计的结构

(1)平行光管。平行光管是提供平行入射光的部件。它是装在柱形圆管一端的一个可伸缩的套筒,套筒末端有一狭缝,筒的另一端装有消色差的会聚透镜。当狭缝恰位于透镜的焦平面上时,平行光管就射出平行光束,如图 4-39 所示。狭缝的宽度由狭缝宽度调节螺丝调节。平行光管的水平度可用平行光管倾斜度调节螺丝调节,以使平行光管的光轴和分光计的中心轴垂直。

(2)阿贝式自准直望远镜。望远镜是用来观察和确定光束的行进方向的,它是由物镜、目镜及分划板组成的一个圆管。常用的目镜有高斯目镜和阿贝目镜两种,都属于自准目镜,JJY‑2 型分光计使用的是阿贝式自准目镜,所以其望远镜称为阿贝式自准直望远镜,结构如图 4-40 所示。

图 4-39　平行光管示意图

图 4-40　望远镜示意图

从图 4-40 中可见,目镜装在 A 筒中,分划板装在 B 筒中,物镜装在 C 筒中,并处在 C 筒的端部。其中分划板上刻的是"十"形的准线(不同型号准线不相同),边上粘有一块 45°全反射小棱镜,其表面涂了不透明薄膜,薄膜上刻了一个空心十字窗口,小电珠光从管侧射入后,调节目镜前后位置,可在望远镜目镜视场中看到图 4-40(a)中所示的镜像。若在物镜前放一平面镜,前后调节目镜(连同分划板)与物镜的间距,使分划板位于物镜焦平面上时,小电珠发出的光透过空心十字窗口经物镜后成平行光射于平面镜,反射光经物镜后在分划板上形成十字窗口的像。若平面镜镜面与望远镜光轴垂直,此像将落在"十"准线上部的交叉点上,如图 4-40(b)所示。

(3)载物小平台与读数装置(见图 4-41)。载物小平台(简称载物台)是用来放置待测物件的。台上附有夹持待测物件的弹簧片。

台面下方装有 3 个水平调节螺丝,用来调整台面的倾斜度。这 3 个螺丝的中心形成一个正三角形。松开载物台紧固螺丝,载物台可以单独绕分光计中心轴转动或升降。拧紧载物台紧固螺丝,它将与游标盘固定在一起。游标盘可用游标圆盘制动螺丝固定。

读数装置由读数刻度盘和游标圆盘组成,如图 4-41 所示。刻度圆盘为 360°(720 个刻度)。所以,最小刻度为半度(30′),小于半度则利用游标读数。游标上刻有 30 个小格,游标每一小格对应角度为 1′。

图 4-41　载物台与读数装置示意图

角度游标读数的方法与游标卡尺的读数方法相似,如图 4-42 所示的位置,其读数为:
$$\theta = A + B = 139°30' + 14' = 139°44'。$$

3.分光计的调整

分光计在用于测量前必须对其进行严格的调整,否则将会引入很大的系统误差。一架已调整好的分光计应具备下列 3 个条件:

图 4-42　读数举例

①望远镜聚焦于无限远;

②望远镜和平行光管的光轴与分光计的中心转轴相互垂直;

③平行光管射出的光是平行光。

具体调节步骤如下。

(1)目测粗调。调节望远镜的俯仰调节螺丝和载物平台下的 3 个调节螺丝,使望远镜和平台基本水平。

将双面反射镜放在载物平台上,与望远镜筒垂直,视场中能看到十字光标和它经平面镜反射回来的光斑。将平台转过 180°,视场中仍能看到十字光标反射回来的光斑。需要注意的是,望远镜的俯仰调节螺丝和载物平台下的 3 个调节螺丝都应为后面细调预留调节余度,即不能将它们拧到极限位置。

(2)用自准直法调节望远镜聚焦于无限远处。

①目镜调焦。转动目镜调焦手轮,使眼睛通过目镜能清晰地看到分划板上的叉丝刻线和十字光标。

②调整分划板叉丝刻线的方向,使叉丝刻线水平或竖直。调节的方法是松开目镜套筒,旋转目镜套筒。

③物镜调焦。其目的是将分划板上的十字光标调整到物镜焦平面上,即望远镜对无穷远聚焦。方法是转动望远镜调焦手轮,使绿十字光标成像清晰无视差,我们就说望远镜聚焦于无限远处。所谓视差是指当被观测的物体通过物镜所成的像(这里是指被照亮的小十字像)与叉丝不在同一平面上,尽管人眼能同时看清叉丝和物体的像,但是当眼睛上

下或左右移动时,二者的相对位置就会发生变化。消除视差的方法显然是设法使物体的像成在叉丝平面内。

物镜调焦原理:分划板固定在目镜套筒中,分划板上刻有透明十字线,利用小电珠照明使它成为发光体(十字光标)。当转动望远镜调焦手轮,使分化板位于物镜焦平面上时,十字光标经物镜后成为平行光。该平行光经反射镜反射后,依然为平行光,再经物镜会聚于焦平面(分划板平面),形成十字光标的像。

(3)调整望远镜的光轴与分光计中心转轴垂直。

①将双面反射镜放在载物台上,使镜面处于任意两个载物台调平螺丝的连线上,并使之正对望远镜(见图 4-43(a))。

②如果亮十字像不在图 4-44(c)所示的位置,而是如图 4-44(a)所示,可以先调载物台下的螺钉 a 使得亮十字像移近正确位置一半,如图 4-44(b)所示,再调望远镜的俯仰调节螺丝,使十字光标通过反射镜成的像与分划板的上十字线重合,如图 4-44(c)所示。

自此以后,不要再动螺丝 a 和望远镜的仰角螺丝。这种调节方法称为逐次逼近调整法(又称半趋法、各半调节法)。

③将反射镜放在螺钉 b 和螺钉 c 连线的中垂线上,将载物台(连同底座)旋转 90°,使平面镜正对望远镜(见图 4-43(b))。用各半调节法调节螺钉 b 和螺钉 c,使十字光标像与分划板的上十字线重合。使载物台(连同底座)转动 180°,重复以上步骤,直至双面反射镜的任一面都能使十字光标像调节到位。自此以后,不要再动螺钉 b 和螺钉 c。这时望远镜光轴就与分光仪转轴相垂直。

图 4-43　望远镜

图 4-44　调整望远镜光轴与分光计中心转轴垂直

(4)调节平行光管出射平行光、调节平行光管轴线与中心转轴垂直。

①取走反射镜,将已调节好的望远镜正对着平行光管,打开钠灯,照亮狭缝。

②旋动狭缝调节螺丝使狭缝宽度适中(一般为 0.5~1mm),一般狭缝较窄测量才能准确,但过窄会使平行光管发出的平行光太弱,而不利于测量。

③调节平行光管的俯仰调节螺丝并旋转望远镜使它对准狭缝,在望远镜中看到狭缝的像,转动平行光管调焦手轮,使在望远镜中清晰地看到狭缝的像且无视差。

调节到这里,说明平行光管出射的是平行光了。

④松开螺钉,转动平行光管的狭缝,使狭缝呈水平,调节平行光管俯仰调节螺钉,使狭缝像与中央水平准线重合,如图 4-45(a)所示。转动望远镜狭缝像使之与中央竖直准线重合,再调节平行光管俯仰调节螺钉,使处于竖直位置的狭缝像被中央水平准线平分,如图 4-45(b)所示。如此反复调几次,使狭缝呈水平时,狭缝像与中央水平准线重合;狭缝呈竖

直时,狭缝的像位于中央竖直准线处,被中央水平准线平分,这样才表明平行光管的光轴与分光计的主轴垂直。

完成上述调节后,分光计才算调好。

图 4-45　平行光管光轴与分光计主轴垂直　　图 4-46　自准直法测三棱镜顶角

【实验原理】

1. 自准直法测量三棱镜的顶角

三棱镜由两个光学面 AB 和 AC 及一个毛玻璃面 BC 构成。三棱镜的顶角是指 AB 与 AC 的夹角 A,如图 4-46 所示。自准直法就是用自准直望远镜光轴与 AB 面垂直,使三棱镜 AB 面反射回来的小十字像位于准线 mn 中央,由分光计的刻度盘和游标盘读出这时望远镜光轴相对于某一个方位 OO' 的角位置 θ_1;再把望远镜转到与三棱镜的 AC 面垂直,由分光计刻度盘和游标盘读出这时望远镜光轴相对于 OO' 的方位角 θ_2,于是望远镜光轴转过的角度为 $\varphi = \theta_2 - \theta_1$,三棱镜顶角为

$$A = 180° - \varphi \tag{4-74}$$

消除偏心差:由于分光计在制造上的原因,主轴可能不在分度盘的圆心上,可能略偏离分度盘圆心。因此望远镜绕过的真实角度与分度盘上反映出来的角度有偏差,这种误差叫作偏心差,是一种系统误差。为了消除这种系统误差,分光计分度盘上设置了相隔 180° 的两个读数窗口(E、F 窗口),而望远镜的方位 θ 由两个读数窗口读数的平均值来决定,而不是由一个窗口来读出,即

$$\theta_1 = \frac{\theta_1^E + \theta_1^F}{2} \ , \ \theta_2 = \frac{\theta_2^E + \theta_2^F}{2} \tag{4-75}$$

于是,望远镜光轴转过的角度为应该是

$$\varphi = \theta_2 - \theta_1 = \frac{|\theta_2^E - \theta_1^E| + |\theta_2^F - \theta_1^F|}{2}$$

所以

$$A = 180° - \frac{|\theta_2^E - \theta_1^E| + |\theta_2^F - \theta_1^F|}{2} \tag{4-76}$$

2. 用反射法测量三棱镜顶角

在图 4-47 中,用光源照亮平行光管,它射出的平行光束照射在棱镜的顶角尖处 A,而被棱镜的两个光学面 AB 和 AC 所反射,分成夹角为 φ 的两束平行反射光束 R_1、R_2(见图 4-47(b))。由反射定律可知,$\angle 1 = \angle 2 = \angle 3 = \angle 4$,

所以 $\angle 1 + \angle 2 = \angle 3 + \angle 4$。因为 $\angle 1 + \angle 3 = A$,

图 4-47　用反射法测三棱镜顶角

所以 $\angle 2 + \angle 4 = A$。于是只要用分光计测出从平行光管的狭缝射出的光线经 AB、AC 两个面反射后的二束平行光 R_1 与 R_2 之间的夹角 φ,就可得顶角 $A = \dfrac{\varphi}{2}$,则

$$A = \frac{\varphi}{2} = \frac{\left|\theta_2^E - \theta_1^E\right| + \left|\theta_2^F - \theta_1^F\right|}{4} \tag{4-77}$$

【实验内容及数据记录】

实验内容
及数据记录

1.按图 4-48 把三棱镜放在载物台上,对分光计进行调整

(1)调节目镜,看清分划板上后准线。

(2)在载物平台上放上三棱镜并调节望远镜及平台,使在望远镜中看到三棱镜两个光学面反射的小十字像。

(3)调节望远镜物镜,使十字像清晰。

(4)调整望远镜与分光计主轴垂直。

2.用自准直法测量三棱镜顶角

(1)锁紧分度盘制动螺钉,转动望远镜(这时望远镜转动锁紧螺钉松开),使望远镜对准三棱镜的反射面 AB,使由 AB 面反射回来的小十字像位于分划板 mn 准线的中央,记下分度盘两个窗口的读数值 θ_1^E 与 θ_1^F。

图 4-48 三棱镜的摆法

(2)把望远镜转到与 AC 面垂直,使由 AC 面反射回来的小十字像位于分划板上 mn 准线中央,记下分度盘上两个窗口的读数 θ_2^E、θ_2^F。

(3)按上述两步重复测量 6 次,求出 θ,计算出 φ 的平均值及不确定度。

3.用反射法测量三棱镜顶角

(1)按实验内容 1 的步骤调好分光计。

(2)转动望远镜,寻找 AB 面反射的狭缝像,使狭缝像与竖直准线重合,记下分光计 E、F 窗口的读数 θ_1^E、θ_1^F,继续转动望远镜,寻找 AC 面反射的狭缝像,也使狭缝像与竖直准线重合,再记下分光计 E、F 窗口的读数 θ_2^E、θ_2^F。

(3)重复上述测量 6 次。

4.实验数据表格

将实验数据填入表 4-24。

表 4-24 用反射法测量三棱镜顶角数据

次数 \ 角度	测量值				计算值
	θ_1^E	θ_1^F	θ_2^E	θ_2^F	φ
1					
2					
3					

续表

次数	角度	测量值				计算值
		θ_1^E	θ_1^F	θ_2^E	θ_2^F	φ
4						
5						
6						

【注意事项】

(1)三棱镜顶点应放在靠近载物台中心,否则棱镜折射面的反射光不能进入望远镜。

(2)在测读计算过程中,由于望远镜可能位于任何方位。故必须注意望远镜转动过程中是否越过了刻度的零点。如果越过了刻度零点,则读数须加360°。

(3)在测量过程中,一定要保证锁定底座。

【数据处理】

求解三棱镜顶角 φ,并用不确定度表示测量结果。

数据处理

【课后思考】

(1)调平平台时,为什么要将平台转90°后,再对望远镜及平台进行调节?

(2)在用反射法测三棱镜顶角时,为什么要使得三棱镜顶角离平行光管远一些,而不能太靠近平行光管呢?试画出光路图,分析其原因。

思考与讨论

4.15 用CCD成像系统观测牛顿环

将一块曲率半径 R 较大的平凸透镜放置于一平面玻璃上,此时平面与球面之间会形成一个空气薄层(空气膜),以接触点为中心的任一圆周上各点的空气层厚度相等。当其在自然光的照射下,由透镜另一侧可以看到接触点为一亮点,周围为彩色的同心圆环,这些同心圆环的距离不等,随离中心点的距离的增加而逐渐变小,称此同心圆环为牛顿环。它们是由球面

实验简介

上和平面上反射的光线相互干涉而形成的干涉条纹,是光的等厚干涉造成的。牛顿环在生产实践中具有广泛的应用,不仅可用于检测平凸透镜的曲率半径,精确测量微小长度、厚度、角度和微小形变,还可以用来检验物体表面的平面度、球面度、光洁度等。本实验用CCD成像系统观测牛顿环,通过牛顿环检测透镜的曲率。

【预习思考题】

(1)牛顿环实验看到的明暗相间的同心圆环是一种什么干涉现象?

(2)为什么说牛顿环是一种等厚干涉现象?

(3)各牛顿环之间是等距的吗?为什么?

【实验目的】

(1)在进一步熟悉光路调整的基础上,用透射光观察等厚干涉现象——牛顿环。

(2)学习利用干涉现象测量平凸透镜的曲率半径。

【实验原理】

1.牛顿环是一种光的等厚干涉图样

牛顿环是牛顿在 1675 年首先观察到的。当将一块曲率半径较大的平凸透镜放在一块玻璃平板上时,用单色光照射透镜与玻璃板,就可以观察到一些明暗相间的同心圆环。圆环分布是中间疏、边缘密,圆心在接触点 O(如图 4-49 所示)。从反射光看到的牛顿环中心是暗的,从透射光看到的牛顿环中心是明的。若用白光或自然光入射时,将观察到彩色圆环。牛顿环是典型的分振幅等厚薄膜干涉。平凸透镜的凸球面和玻璃平板之间形成一个厚度均匀变化的圆尖劈形空气薄膜,当平行光垂直射向平凸透镜时,从尖劈形空气膜上、下表面反射的两束光相互叠加而产生干涉。同一半径的圆环处空气膜厚度相同,上、下表面反射光程差相同,因此使干涉图样呈圆环状,这同时也是干涉环之间的间距不相等的原因。这种由同一厚度薄膜产生同一干涉条纹的干涉称作等厚干涉。我们可以用透射光来观察这些干涉环,其原理如图 4-49 所示。

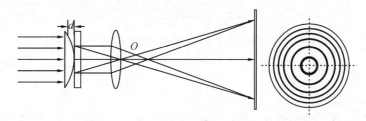

图 4-49　牛顿环装置和透射式牛顿环原理图样

2.等厚干涉的原理

当一束光 L 从左面照在距离为 d 的空气楔处,光在气楔的界面处会发生光的反射和折射现象。如图 4-50 所示,部分光 T_1 会反射回去,部分光 T_2 通过气楔。当在气楔的右面边界有部分光 T_3 反射回来,由于此处是从折射率大的平玻璃面反射,所以包含一个相位变化(即半波损失,当光波由光密介质反射时,反射点入射波与反射波的相位差 π,光程差为 $\lambda/2$,即产生了半波损失)而后有部分光 T_4 从气楔的左面边界反射,同样包含一个相位变化。

T_2 和 T_4 的光程差 Δ 为

$$\Delta = 2d + 2\frac{\lambda}{2} \tag{4-78}$$

根据干涉原理,形成亮纹的条件:$\Delta = n \cdot \lambda$

($n = 1, 2, 3, \cdots$ 表示干涉条纹的级数),通过(4-94)式,即得

$$d = (n-1) \cdot \frac{\lambda}{2} \tag{4-79}$$

图 4-50　光通过空气楔干涉

当二块玻璃相接触时 $d = 0$,中心形成亮纹。

対于由平凸透镜和平玻璃所形成的气楔,气楔的厚度取决于离平凸透镜与平玻璃接触点 O 的距离。换言之,取决于凸透镜的曲率半径。图 4-51 说明了这样的关系。

$R^2 = r^2 + (R-d)^2$ 展开后,略去 d^2

$$d = \frac{r^2}{2R}(d \ll R) \tag{4-80}$$

将(4-79)式代入,即得干涉环即牛顿环的半径公式

$$r_n^2 = (n-1) \cdot R \cdot \lambda \quad n = 1,2,3,\cdots \tag{4-81}$$

当平凸透镜与平玻璃的接触点受到紧压发生形变时,修正 d 值,此时(4-80)式近似变为

$$d = \frac{r^2}{2R} - d_0 r \geqslant \sqrt{2R \cdot d_0} \tag{4-82}$$

代入(4-81)式,亮环 r_n 的关系如下

$$r_n^2 = (n-1) \cdot R \cdot \lambda + 2R \cdot d_0 \quad n = 2,3,4,\cdots \tag{4-83}$$

图 4-51 平凸透镜与平玻璃之间气楔

【仪器设备】

1.实验仪器

钠灯(单色光源)、牛顿环仪、透镜两片、定标狭缝、CCD 摄像头、计算机及图像处理软件。

仪器设备

2.主要仪器介绍

(1)钠光灯中心波长 588.9nm。

(2)牛顿环仪如图 4-52 所示,其上有三个压紧调节旋钮,可以调节所形成牛顿环的位置。其上凸透镜曲率半径 $R_0 = 1.5\text{m}$。

(3)CCD 摄像头如图 4-53 所示。

(4)透镜两片,$f = 85\text{mm}$,可作为会聚透镜和成像透镜。

(5)狭缝宽度 1mm,用来定标。

图 4-52 牛顿环仪

图 4-53 CCD 摄像头

【实验内容及数据记录】

实验内容
及数据记录

1.调整光路,观察透射式牛顿环

(1)首先对着亮光处(注意不要对着强光,以免眼睛受到伤害),在牛顿环仪的上中央处(尽量靠近)调出明暗相间的圆环条纹。

(2)按图 4-54 顺序,布置各元件及装置(各光学元件的基座紧挨直尺)。

(3)将各元件沿直尺方向靠拢,按同轴等高原则调整各光学元件。确保各元件中心与钠光灯的发光孔等高并在一条直线上,并使各元件光学平面互相平行。

(4)调整钠灯 1 的位置,使其出光孔恰好处于透镜 2 的焦点上,并用光屏观察透镜 2 后的光斑,直至移动光屏,光斑大小不再变化,确保从透镜 2 出射的平行光均匀照亮步骤 1 所调节的牛顿环所在牛顿环仪的位置。

(5)调整透镜 4,使牛顿环处于透镜 4 的两倍焦距以外,移动 CCD 摄像头 5 的位置,直至在显示器上呈现大小适中、清晰可辨的牛顿环(环数至少在 9 环以上),此时中央环是亮斑。同时确保牛顿环像成在视场的中央。

1—钠灯;2—透镜;3—牛顿环仪;4—透镜;5.CCD;6—计算机系统。

图 4-54　实验装置

2.用 CCD 成像系统测量平凸透镜的曲率半径 R

(1)点击"绘图"按键,在同一级环的三个不同位置点击鼠标左键,软件自动画出圆圈并给出所画圆的半径和中心位置。

(2)根据软件窗口中左上角的数据记录圆的半径 R。

(3)用计算机绘出牛顿环亮环从第 2 至 9 环的数据,如图 4-55 所示。

图 4-55　绘圆

3．定标

计算机屏上显示的 r_n 是 CCD 摄像头中牛顿环像的半径，显然它以像元为单位，因此必须将 r_n 换算成标准长度单位即 mm 单位，见定标原理。可通过定标求出 1mm 所对应的像元数的大小，建立毫米与像元的对应关系。

（1）不动其他光学仪器，将图 4-54 实验装置图中的牛顿环换成 1mm 的狭缝板，直至在显示器上呈现清晰的狭缝像。

（2）移动鼠标，在狭缝像的左边沿选取两点成一直线，再在狭缝像的右边沿选取两点成另一直线（注意：两直线尽量平行），屏幕上显示的即为狭缝像宽度所对应的像元数。如上所述，分别在狭缝像的上、中和下三个部位取值，如图 4-56 所示，计算 1mm 所对应的像元数的平均值。

图 4-56

4．实验数据表格

将实验数据填入表 4-25 至表 4-26。

表 4-25　狭缝像宽度所对应的像元数数据记录

	上	中	下	平均值
像元数				

表 4-26　n 级牛顿环的半径相应像素数记录及相关计算

干涉条纹级数 n	牛顿环 r'_n/像素	牛顿环 r_n/mm	r_n^2/mm^2
2			
3			
4			
5			
6			

干涉条纹级数 n	牛顿环 r'_n/像素	牛顿环 r_n/mm	r_n^2/mm^2
7			
8			
9			

【注意事项】

(1)注意平行光产生的条件如何在实验中得到保证。

(2)牛顿圆环不得小于 9 环,否则无法做直线。

【数据处理】

(1)通过定标求出的 1mm 所对应的像元数,将 r_n' 换算成 mm 单位,由已知像的半径分别算出牛顿环对应的半径 r_n。

(2)利用所得数据作 r_n^2 与 $n-1$ 的关系图,并求斜率 k、平凸透镜的曲率半径 R 和修正量 d_0。

数据处理

【课后思考】

(1)对于同一牛顿环装置,反射式干涉环与透射式干涉环有什么异同之处?

(2)在公式 $d = \dfrac{r^2}{2R} - d_0$ 中,d_0 表示什么意义?

(3)如果把钠灯换成白光灯照射牛顿环仪,牛顿环的透射条纹有何变换?

思考与讨论

4.16　光敏电阻基本特性的测量

光电传感器是一种将光信号转换为电信号的传感器,它的物理基础就是光电效应。光电效应分为外光电效应和内光电效应两大类。它可用于检测直接引起光强度变化的非电量,如光强、光照度、辐射测温、气体成分分析等;也可以用于检测能转换成光量变化的其他非电量,如零件直径、表面粗糙度、位移、速度、加速度及物体形状、工作状态识别等。光敏传感器具有非接触、响应快、性能可靠等优点,因而在监测和控制领域获得广泛应用。

实验简介

【预习思考题】

(1)具体说明光敏电阻有哪些性质,有哪些应用。

(2)内光电和外光电效应有何不同?

(3)如果光路没有调好,会对光敏电阻的光照特性有什么影响?

【实验目的】

(1)了解光敏电阻的基本工作原理及相关的特性。

（2）了解简单光路的调整原则和方法。

（3）测量光敏电阻的光照特性、伏安特性等基本特性。达到能够选用光敏电阻进行光电检测的目的。

【实验原理】

1. 光电效应

光电传感器的物理基础是光电效应。通常光电效应可分为外光电效应和内光电效应两大类。在光辐射作用下电子逸出材料的表面，产生光电子发射称为外光电效应，基于这种效应的光电器件有光电管、光电倍增管等；电子并不逸出材料表面的则是内光电效应，如光电导效应就属于内光电效应。光电导效应是指当光照射到某些半导体材料上时如图4-57所示，透过到材料内部的光子能量足够大，某些电子吸收光子的能量，从原来的束缚态变成导电的自由态，这时在外电场的作用下，流过半导体的电流会增大，即半导体的电导会增大的现象。

2. 光敏电阻工作原理

光敏电阻就是基于内光电效应的光电元件。当内光效应发生时，光敏电阻电导率的改变量为：

$$\Delta\sigma = \Delta pe\mu_p + \Delta ne\mu_n \tag{4-84}$$

式中，e 为电荷电量，Δp 为空穴浓度的改变量，Δn 为电子浓度的改变量，μ_p 为空穴的迁移率，μ_n 为电子迁移率。

当光敏电阻两端加上电压 U 后，光电流为

$$I_{ph} = \frac{A}{d}\Delta\sigma U \tag{4-85}$$

图 4-57　光敏电阻工作原理

式中，A 为与电流垂直的截面积，d 为电极间的距离。由式（4-84）和（4-85）可知，当光照强度一定时，光敏电阻两端所加电压与光电流为线性关系，呈电阻特性。该直线经过零点，其斜率可反映在该光照下的阻值状态。

3. 光敏电阻的主要参数

（1）暗电阻。光敏电阻在不受光照射时的阻值称为暗电阻，此时流过的电流称为暗电流。

（2）亮电阻。光敏电阻在受光照射时的电阻称为亮电阻，此时流过的电流称为亮电流。

（3）光电流。亮电流与暗电流之差称为光电流。

（4）灵敏度。灵敏度是指光敏电阻不受光照射时的电阻值（暗电阻）与受光照射时的电阻值（亮电阻）的相对变化值。

4. 光敏电阻的基本特性

光敏电阻的基本特性包括伏安特性（见图4-58）、光照特性（见图4-59）、光电灵敏度、光谱特性、频率特性和温度特性等。伏安特性是指在一定照度下，加在光敏电阻两端的电压和光电流之间的关系。光照特性是指在一定外加电压下，光敏电阻的光电流与光通量的关系。

图 4-58　光敏电阻的伏安特性曲线

图 4-59　光敏电阻的光照特性曲线

【仪器设备】

仪器设备

1. 实验仪器

光学导轨及底座,LED 光源,直流恒流源,透镜,光敏电阻,稳压电源,万用表各一个。

2. 主要仪器介绍

(1)光敏电阻结构如图 4-60 所示。

(2)光敏电阻特点:光敏电阻的灵敏度易受潮湿的影响,因此要将光电导体严密封装在带有玻璃的壳体中。

1—玻璃;2—光电导层;3—电极;4—绝缘衬底;
5—金属壳;6—黑色绝缘玻璃;7—引线。
图 4-60　光敏电阻结构

(3)LED 光源:有红光和绿光两种。注意通过电流不得高于 20mA。

(4)3 位半万用表。

【实验内容及数据记录】

实验内容
及数据记录

1. 调节各光学元件同轴等高

在光学导轨上依次将光源、透镜和光敏电阻靠拢放置(如图 4-61 所示),目测调节各光学元件的中心与光源的中心轴大致等高,并处于同一轴线上,再拉开调节至合适位置。

2. 调节光斑

打开恒流源(确保恒流源的电流最小),并通过调节其电流大小,使 LED 灯发出合适强度的光进行光路调节,确保经透镜会聚的光斑完全照射在光敏电阻内部电极上。

3. 光敏电阻阻值与光强的关系的测量

测量在不同的照明光强(调节 LED 灯的通电电流值 I_{LED})下的光敏电阻阻值,用坐标纸绘出关系曲线并对曲线进行说明。

4. 伏安特性的测量

测定在不同光照下(I_{LED} 分别取 5mA、10mA、15mA)光电流 I_{ph} 随电压 U 的变化,用坐标纸绘出光敏电阻的伏安特性曲线并对曲线进行说明。

5. 光照特性的测量

测定在不同外加电压 U(U 分别取 5、10、15V)下,光电流 I_{ph} 随光照电流 I_{LED} 的变化,用坐标纸绘出光敏电阻的光照特性曲线并对曲线进行说明。

图 4-61　实验装置及线路连接

6. 实验数据表格

将实验数据填入表 4-27 至表 4-29。

表 4-27　光敏电阻与光强电流的关系

I_{LED}/mA	0	1	2	3	4	5	6	7	8	9
R/kΩ										
I_{LED}/mA	10	11	12	13	14	15	16	17	18	19
R/kΩ										

表 4-28　不同光照电流下电压 U 与光电流 I_{ph} 的关系

	U/v	0	1	2	3	4	5	6	7
$I_{LED}=5mA$	I_{ph}/mA								
	U/v	8	9	10	11	12	13	14	15
	I_{ph}/mA								

续表

	U/v	0	1	2	3	4	5	6	7
$I_{\text{LED}}=10\text{mA}$	I_{ph}/mA								
	U/v	8	9	10	11	12	13	14	15
	I_{ph}/mA								
	U/v	0	1	2	3	4	5	6	7
$I_{\text{LED}}=15\text{mA}$	I_{ph}/mA								
	U/v	8	9	10	11	12	13	14	15
	I_{ph}/mA								

表 4-29　不同电压 U 下,光照电流 I_{LED} 与 I_{ph} 的关系

	I_{LED}/mA	0	1	2	3	4	5	6	7
$U=5\text{V}$	I_{ph}/mA								
	I_{LED}/mA	8	9	10	11	12	13	14	15
	I_{ph}/mA								
	I_{LED}/mA	0	1	2	3	4	5	6	7
$U=10\text{V}$	I_{ph}/mA								
	I_{LED}/mA	8	9	10	11	12	13	14	15
	I_{ph}/mA								
	I_{LED}/mA	0	1	2	3	4	5	6	7
$U=15\text{V}$	I_{ph}/mA								
	I_{LED}/mA	8	9	10	11	12	13	14	15
	I_{ph}/mA								

【注意事项】

(1)万用表测量电压、电流时接线部分是关键(正接正,负接负),线路接正确后才能打开电源。

(2)LED 灯上所加电流不可超过 20mA。

【数据处理】

用坐标纸绘出各测量特性曲线并对曲线规律进行说明。

数据处理

【课后思考】

(1)实验中要求调节各元件到同轴等高状态,若未达到等高状态,对实验结果将如何影响?

(2)试把光敏电阻工作原理和光电效应作比较,分析两种现象的异同点。

思考与讨论

4.17 电桥和电阻测量

电阻的阻值范围一般很大,其测量方法可以分为三大类型。惠斯通电桥法是测量中值电阻($10 \sim 10^6 \, \Omega$)的常用方法之一。它通过在平衡条件下,将待测电阻与标准相比较来确定待测电阻的数值。

实验简介

对于低电阻($10 \, \Omega$ 以下),不能应用通常的惠斯通电桥测量,其主要矛盾是在接触处存在接触电阻(大小在 $10^{-2} \, \Omega$ 的数量级)。当待测电阻值在 $10^{-1} \, \Omega$ 甚至 $10^{-1} \, \Omega$ 以下时,接触电阻和引线电阻将使测量完全失去正确性。因此,对于低值电阻,须采用可消除接触电阻和引线电阻的测量方法——四端接法进行测量(也可采用开尔文电桥法进行测量)。四端接法是国际上通用的测量低值电阻的标准方法之一。它是通过测量待测电阻两端电压和流经的电流来确定其数值的。四端接法具有直接,且克服触点电阻和引线电阻等特点,适宜各类电阻的测量,尤其是低电阻的测量。

而对于高值电阻($>10^5 \, \Omega$)的测量,一般可用兆欧表和数字万用表。

【预习思考题】

(1)什么叫电桥达到平衡?在实验中如何判断电桥达到平衡?

(2)实验前需要用万用表粗测待测电阻 R_x,简述其重要性。

【实验目的】

(1)掌握惠斯通电桥测量电阻的原理和方法。

(2)掌握四端接法测量电阻的原理和方法。

【实验原理】

1.惠斯通电桥测量原理

惠斯通电桥的原理如图 4-62 所示。标准电阻 R_1、R_2、R_3 和待测电阻 R_x 连成四边形,每一条边称为电桥的一个臂。在对角 A 和 C 之间接电源 E,在对角 B 和 D 之间接检流计 G。因此电桥由 4 个臂、电源和检流计三部分组成。当开关 K_E 接通后,各条支路中均有电流通过,检流计支路起了沟通 ABC 和 ADC 两条支路的作用,好像一座"桥"一样,故称为"电桥"。

适当调整各臂的电阻值,可以使流过检流计的电流为零,即 $I_G = 0$。这时,电桥达到平衡,平衡时 B、D 两点的电势相等。根据分压器原理可知:

$$V_{BC} = V_{AC} \frac{R_4}{R_1 + R_4} \qquad (4\text{-}86)$$

$$V_{DC} = V_{AC} \frac{R_3}{R_2 + R_3} \qquad (4\text{-}87)$$

图 4-62 惠斯通电桥测量原理

平衡时,$V_{BC} = V_{DC}$,即

$$\frac{R_4}{R_1 + R_4} = \frac{R_3}{R_2 + R_3}$$

或

$$R_4 = \frac{R_1}{R_2} \cdot R_3 = R_x \qquad (4\text{-}88)$$

利用电桥可以测量未知电阻 R_x。通常将 R_1/R_2 称为比率臂,将 R_3 称为比较臂,$R_4 = R_x$ 称为测量臂。所以电桥由四臂、检流计和电源三部分组成。

2. 四端接法测量电阻的原理

如果已知流过待测电阻 R_x 的电流 I(可通过测量标准电阻 R_n 上的电压获得),且测量得到了待测电阻 R_x 的端电压 U_x,那么,待测电阻 R_x 的值为

$$R_x = \frac{U_x}{I} \qquad (4\text{-}89)$$

四端接法的基本特点是恒流源通过两个电流引线极将电流供给待测低值电阻,而数字电压表则通过两个电压引线极来测量待测低值电阻上所形成的电位差 U_x。

四端接线法实验电路图如图 4-63 所示,图中电源为恒流源,用万用表作为电压表测量电压。导线电阻以等效电阻 R'_1,R'_2,R'_3 和 R'_4 表示,由于两个电流引线极在两个电压引线极之外,因此可排除电流引线极接触电阻和引线电阻 R'_2 和 R'_3 对测量的影响;又由于数字电压表的输入阻抗很高,电压引线极接触电阻和引线电阻 R'_1 和 R'_4 对测量的影响可忽略不计。此电路是将低阻 R_x 两侧的接点分为两个电流接点 $c_1 c_2$ 和两个电压接点 $p_1 p_2$,这样电压表测量的是 L 的一段低值电阻(不包括 R'_2 和 R'_3)两端电压,因此四端接法测量电路使低电阻测量成为可能。

图 4-63　四端接线法电路图

【仪器设备】

1. 实验仪器

直流稳压电源,恒流源,万用表,电阻箱 3 个,阻值数量级不同的待测电阻 3 个,待测低值电阻 1 个,电键 2 个,九孔板 1 块,连接线若干。

2. 主要仪器介绍

(1)直流稳压源提供 0~20V 的直流电压。

(2)恒流源提供 0~200mA 的直流电流。

(3)万用表作电流表、电压表和待测电阻粗测量使用。

(4)检流计 10^{-7}mA,检测电路中二点的电位差。

(5)电阻箱有 4 挡和 6 挡二种,提供 0~9999Ω 和 0~99999.9Ω 的电阻。

仪器设备

【实验内容及数据记录】

1.利用惠斯通电桥测量待测电阻

(1)按照图 4-62,自搭电桥,参照电学实验操作规程中的接线方法。(建议先接 R_1、R_2、R_3、R_x 环路,再在对角线接检流计和电源分路。)。

实验内容
及数据记录

(2)适当选取比率臂,以保证待测电阻得到要求的有效位数。(可用万用表粗测待测电阻的阻值。然后按式(4-88)初步确定 R_3 的值。当 R_x 值和 R_3 接近时,可取 $\dfrac{R_1}{R_2}=1$;当 R_x 值大于 R_3 的最大值时,则可取 $\dfrac{R_1}{R_2}=10$ 或 100 去测量;当测得的 R_3 的有效位数不足时,可取 $\dfrac{R_1}{R_2}=0.1$ 或 0.01,把电阻箱的阻值按上述要求放好。)

(3)电源电压一般不宜取得太高,一般可取 $3\sim5\text{V}$。

(4)接通电键 K_E,观察检流计示值的正负和大小,改变 R_3 再观察,根据观察的情况正确调整 R_3,直至检流计示值为零,记录 R_3 值(注意有效数值),同时记录比例臂 R_1、R_2 的具体数值。实验中检流计如果用万用表代替,则可用电流挡,也可用电压挡,检流(或检压)从大量程至最小量程 μA(或 mV)。

(5)利用公式(4-88)计算待测电阻 R_x 的阻值。

(6)用上述的方法测量 3 个待测电阻阻值并记录。

2.利用四端接法测量低值电阻

(1)参照图 4-63,在 9 孔板上自搭实验线路。

(2)改变恒流源的电流输出值(不大于 200mA),同时测量待测电阻上电压值。测 8 组并记录。

3.实验数据表格

将实验数据填入表 4-30 至表 4-31。

表 4-30　电桥测电阻数据记录

物理量 待测电阻	粗测值 $R_{粗}/\Omega$	R_1/Ω	R_2/Ω	R_3/Ω	工作电压/V
1					
2					
3					

表 4-31　四端接法测量电阻数据记录

次数 物理量	1	2	3	4	5	6	7	8
I/mA								
U_1/mV								

【注意事项】

(1)电源电压不可调得太高,桥臂的分流电流不可超过电阻箱的允许电流,特别在测小电阻的情况下。

(2)测小电阻时,时间要短,以免发热影响电阻阻值的稳定性。

(3)恒流源的供给电流不大于 200mA。

(4)电源应预热十分钟后,方可进行测量。

(5)开始接线时,应在电源未开或把电源都调到 0 时接线;而拆线时,应关闭电源开关拆线。

【数据处理】

(1)惠斯通电桥测量电阻,利用公式(4-88)计算待测电阻 R_x 的阻值,用不确定度表示测量结果。请注意,电阻的单位习惯用 Ω、kΩ 或 MΩ,一般不用×10^2 Ω 或×10^4 Ω 等。

(2)四端法测量低值电阻,用作图法处理得到相应的阻值。

数据处理

【课后思考】

(1)用电桥测量电阻过程中,如何正确使用检流计?

(2)通过实验现象,分析说明为什么数字电压表的高输入阻抗,可消除电压引线极接触电阻和引线电阻对测量的影响?

思考与讨论

【附录】

1.惠斯通电桥的灵敏度

用电桥测量电阻时的精度主要取决于电桥的灵敏度,电桥的灵敏度 S 如下:

$$S = \frac{n}{\dfrac{\Delta R_3}{R_3}} \qquad (4\text{-}90)$$

上述公式的含义:若使比较臂 R_3 改变一微小量 ΔR_3,电桥将偏离平衡,检流计偏转 n 格。如果以 R_x 和 $\Delta R'_x$ 代替 R_3 和 ΔR_3,以检流计的最小可分辨偏转量 Δn(一般认为 $\Delta n = 0.2$ 格)代替 n,则由电桥灵敏度引入的被测电阻值的相对误差为

$$\frac{\Delta R'_x}{R_x} = \frac{\Delta n}{S} \qquad (4\text{-}91)$$

由电桥灵敏度引入的被测电阻值的绝对误差为

$$\Delta R'_x = \frac{\Delta n}{S} \times R_x \qquad (4\text{-}92)$$

(说明:因灵敏度引起的误差较小,本实验不再考虑。)

2.电桥灵敏度相关的因素

(1)与检流计的电流灵敏度 S_i 成正比。但是如 S_i 过大,电桥就不易稳定,平衡调节比较困难,所以要选择适当。

(2)与电源的电动势 E 成正比。但是如 E 过大,测小电阻时,有可能桥臂的分流电流超过电阻箱的允许电流而使电阻箱损坏。

(3)大致与桥臂的分流电流成正比,即与 R_1+R_4 和 R_2+R_3 的阻值成反比。

(4)与检流计和电源所接的位置有关。以图 4-55 的接法为例,当 $V_{BC}=V_{AC}/2$ 时,电桥灵敏度将获得最大值,而当 V_{BC} 由 $V_{AC}/2{\to}0$ 时,电桥灵敏度也由最大值$\to0$。

4.18 示波器的使用

示波器是一种用途十分广泛的电子测量仪器。它能把人眼无法看见的电信号变换成可视图像,便于人们研究各种电现象的变化过程。示波器利用狭窄的,由高速电子组成的电子束,打在涂有荧光物质的屏幕上,就可产生细小的光点。在被测信号的作用下,电子束就好像一支笔的笔尖,可以在屏面上描绘出被测信号的瞬时值的变化曲线。利用示波器能观察各

实验简介

种不同信号幅度随时间变化的波形曲线,也可用它测试各种不同的电学量,如电压、电流、频率、相位差、调幅度等。配合各种传感器,还可用于各种非电学量的测量,如压力、声光信号和人体各种生理参数。它是实验室和生产设备中最常用的仪器设备之一。

【预习思考题】

(1)如果示波器是良好的,但由于各个旋钮位置并未调好,屏上无任何信号,问哪几个旋钮位置不合适可能会造成这种情况? 应该怎样操作才能找到信号?

(2)示波器和信号发生器都良好,但显示屏始终显示是两条直线,这是什么原因造成的? 如何解决?

【实验目的】

(1)了解示波器显示波形的原理,了解示波器各主要组成部分及它们之间的联系和配合。

(2)熟悉使用示波器的基本方法,学会用示波器测量波形的电压幅度和周期。

(3)观测李萨如图形。

【模拟示波器的结构及工作原理】

模拟示波器由阴极射线管、扫描同步系统、X 轴和 Y 轴放大系统及触发系统四部分组成,其原理如图 4-64 所示。下面只介绍前两部分的作用。

1.阴极射线管

如图 4-65 所示,左端为一电子枪,电子枪加热后发出一束电子,电子经电场加速以高速打在右端的荧光屏上,屏上的荧光物发光形成一亮点。在电子枪和荧光屏间装有两对相互垂直的平行板,称为偏转板,如果板上加有电压,则电子束通过偏转板时受正电极吸引,受负电极排斥,从而电子束在荧光屏上的亮点位置也随之改变。在一定范围内,亮点的位移与偏转板上所加电压成正比。两对偏转板的符号如图 4-66 所示,其中水平方向的一对称为 X 轴偏转板,垂直方向的一对称为 Y 轴偏转板。

图 4-64 模拟示波器结构原理

图 4-65 阴极射线管结构

图 4-66 阴极射线管内的偏转板

2. 扫描与同步的作用

如果在 Y 轴偏转板上加正弦电压,而 X 轴偏转板不加任何电压,则电子束的亮点在纵方向随时间作正弦式振荡,在横方向不动。我们看到的将是一条垂直的亮线,如图 4-67(a)所示。

如果在 X 轴偏转板加上波形为锯齿形的电压,而 Y 轴偏转板不加任何电压,电子束在荧光屏上的亮点,在波形线性上升时由左匀速地向右运动,当电压突然返回($t=t_1$)时,亮点到达右端后马上回到左端。这一过程不断重复,亮点只在横方向运动,在荧光屏上看到的是一条水平线,如图 4-67(b)所示。

图 4-67(a)   图 4-67(b)

如果在 Y 轴偏转板上加正弦电压,同时在 X 轴偏转板上加锯齿形电压,则荧光屏上的亮点将同时进行方向互相垂直的两种位移,其合成原理如图 4-68 所示,描出了正弦图形。如果正弦波与锯齿波的周期(频率)相同,这个正弦图形将稳定地停在荧光屏上。但如果正弦波与锯齿波的周期稍有不同,则第二次所描出的曲线将和第一次的曲线位置稍微错开,在荧光屏上将看到不稳定的图形或不断地移动的图形,甚至很复杂的图形。

要想看到 Y 轴偏转板电压的图形,必须加上 X 轴偏转板电压把它展开,这个过程称为扫描。如果要显示的波形不畸变,扫描必须是线性的,即必须加锯齿波。

要使显示的波形稳定,Y 轴偏转板电压频率与 X 轴偏转板电压频率的比值必须是整数,即

$$\frac{f_y}{f_x} = n, n = 1, 2, 3, \cdots \qquad (4\text{-}93)$$

示波器内部加装了自动频率跟踪的装置,称为"同步"。扫描电压的周期就能准确地等于待测电压周期的整数倍,从而获得稳定的波形。

图 4-68   示波器显示波形的原理

3. 水平与垂直轴放大器

加在水平与垂直偏转板上的信号电压必须足够大,才能使电子束偏转一定角度。因此,必须将输入的弱信号经放大器放大,并用水平及垂直增幅旋钮来调节放大量。如输入信号过强,则需用分压电路进行衰减。

【数字示波器的结构及工作原理】

数字存储示波器 DSO(Digital Storage Oscilloscope)因为在捕捉单次或瞬变信号、自动测量等方面具有模拟示波器无法比拟的优越性而越来越多地被人们所采用。

所谓数字存储就是在示波器中以数字编码的形式来储存信号。在数字存储示波器中,输入信号接头和 CRT(阴极射线管)之间的电路并不只有模拟电路,输入信号的波形在 CRT 上获得之前先要存储到存储器中去。它用 A/D(模数)变换器将模拟波形转换成数字信号,然后存储在存储器 RAM 中,需要时再将 RAM 中存储的内容调出,通过相应的 A/D(数模)变换器,再将数字信号恢复为模拟量,显示在 CRT 的屏幕上。在数字存储示波器中,信号处理功能和信号显示功能是分开的。我们在示波器的屏幕上看到的波形总是由所采集到的数据重建的波形,而不是输入连接端上所加信号的立即的、连续的波形显示。数字示波器结构原理如图 4-69 所示。

图 4-69   数字示波器结构原理

【实验原理】

1. 坐标法测量信号的周期和电压峰峰值

把待测信号电压输入到示波器 Y 轴（CH1 或 CH2）的输入端，调节使示波器上显示一稳定波形。

(1)周期测量。根据示波屏上的坐标刻度，读出时间值/每格（t/div），选取周期数 n，读出 n 个周期所占坐标长度值 ΔT，则周期 $T = \Delta T \times t/\text{div}/n$，频率 $f = 1/T$。

(2)电压的峰峰值测量。根据示波屏上的坐标刻度，读出电压值/每格（U/div），读出波形的峰-峰所占坐标高度值 ΔU，电压的峰峰值 $U_{PP} = \Delta U \times U/\text{div}$，如图 4-70 所示（$U_{PP} = 4.08 \times 100\text{mV} = 480\text{mV}$）。

在测量被测信号的电压时，应通过调节衰减率（U/div）使其幅度尽量放大，但是不能超出显示屏幕。

2. 光标法测量信号的周期和电压峰峰值

把待测信号电压输入到示波器 Y 轴（CH_1 或 CH_2）的输入端，调节使示波器上显示一稳定波形。

(1)周期测量。根据示波器内设光标，调控示波器的光标模块，使光标处于垂直位置，并使二光标刚好处于波形 n 个周期的两端，从显示屏上读出相应的数值 ΔT，则周期 $T = \Delta T/n$。如图 4-71 所示，$T = \Delta T/n = (1.50\text{ms}/1.5) = 1.00\text{ms}$。

(2)电压的峰峰值测量。根据示波器内设光标，调控示波器的光标模块，使光标处于水平位置，并使二光标刚好处于波形的最上端和最下端，从显示屏上读出相应的数值 ΔU，则电压的峰峰值 $U_{PP} = \Delta U$。

图 4-70　坐标法测量信号电压峰峰值

图 4-71　光标法测量信号周期值

3. 李萨如图形的观测

李萨如图是两个相互垂直的谐振动的合成轨迹。但是如果这两个相互垂直的谐振动的频率为任意值，那么它们的合成运动就会比较复杂，而且轨迹是不稳定的。然而，如果两个谐振动的频率成简单的整数比，这样就能合成一个稳定、封闭的曲线图形，这就是李萨如图形。

示波器上形成李萨如图形过程：在示波器的 X 轴（偏转板）和 Y 轴（偏转板）中输入的是频率相同或成简单整数比的两个正弦电压信号，则屏上将呈现李萨如图形，如表 4-32 所示。

表 4-32 李萨如图形举例

$f_y : f_x$	1:1	1:2	1:3	2:3	3:2	3:4	2:1
利萨如图形							

若以 n_x 和 n_y 分别表示李萨如图形与水平外切线及垂直外切线的切点数,则其切点数与 X 轴和 Y 轴输入的正弦波频率 f_x 和 f_y 之间有如下关系

$$\frac{f_y}{f_x} = \frac{n_x}{n_y} \tag{4-94}$$

利用式(4-94)可测未知信号的频率。

【仪器设备】

1. 实验仪器

DS1000D－EDU 型数字示波器,DG1000 型数字函数信号发生器;或 GOS6021 型二踪示波器,DF1641D 型数字函数信号发生器,数据传输线 2 根。

2. 仪器介绍

详细了解示波器和函数信号发生器各旋的功能和作用,见本书 3.4 节。

仪器设备

【实验内容及数据记录】

1. 示波器的调整和正弦波形的显示

(1)熟读示波器的使用说明,掌握示波器的性能及使用方法。

(2)把信号发生器输出接到示波器的 Y 轴(CH1 通道或 CH2 通道)输入上,接通电源开关,把示波器和信号发生器的各旋钮调到正常使用位置,使在示波器显示屏上显示便于观测的稳定波形。当然数字示波器波形显示可以选择自动设置(AUTO)健,CH1 通道即可得到便于观测的稳定波形。

实验内容及数据记录

2. 波形电压、周期的测量

(1)把 Y 轴放大和扫描频率的旋钮都放在校准位置。

(2)把校准信号输出端接到 Y 轴(CH1 通道或 CH2 通道),输入插座。

(3)选择不同频率的 3 种正弦波,用示波器显示屏的坐标和示波器内设的光标测量正弦电压的周期,并和信号发生器上显示的频率值比较。记录测量数据,要记录信号发生器频率的标称值、周期数;坐标法还要记录时间格数及单位时间值;光标法还要记录两光标的时间差值(ΔX)。

(4)选择不同幅值的 3 种正弦波,用示波器显示屏的坐标和示波器内设的光标测量正弦电压的峰峰值,并和信号发生器上显示的电压值比较。记录测量数据,要记录信号发生器电压标称值、电压值;坐标法还要记录电压格数及单位电压值;光标法还要记录两光标的电压差值(ΔY)。

(5)坐标法测量时 X 轴是时间,其长度单位是 time 后面的数值;Y 轴是电压,其长度单位是信号所在通道 CH1(或 CH2)后面的数值。

（6）光标法测量操作：按下示波器面板上的光标"Cursor"键，在弹出菜单的"光标模式"中选择"手动"模式，光标类型选择"X 型"是测量时间，选择"Y 型"是测量电压；信源选择信号所在通道；两个光标"CurA 和 CurB"，选择其中一个，再调节多功能旋钮便可调整此光标的位置，不能两个光标同时选择；光标调整后的位置，应达到光标"CurA 和 CurB"的差值是实验待测量的测量值。

图 4-72　观测李萨如图形

3. 观测李萨如图形

（1）将正弦电压输入到 Y 轴（CH1 通道）和 X 轴（CH2 通道），调节 CH1 和 CH2 中偏转因数使荧光屏上两路显示的波形幅度相近。

（2）按下示波器面板上的水平系统的"MENU"键，在弹出的菜单的"时基"模式中选择 $X-Y$，如图 4-72 所示。

（3）调节信号发生器的频率，做出 3 种频率比的李萨如图形。记录测量数据，要记录图形、频率 f_x 和 f_y、图形水平外切线的切点数 n_x 及垂直外切线的切点数 n_y。

4. 实验数据表格

将实验数据填入表 4-33 至表 4-35。

表 4-33　用坐标法、光标法测量信号周期数据记录及相关计算

信号源频率标称值 f_0/Hz			
坐标法	所选时间周期数 n		
	所选时间所占格数 ΔT		
	单位（每格）时间值 t/s		
光标法	所选时间周期数 n		
	所选时间光标差值 ΔX/s		
计算值	周期 T/s		
	频率 f/Hz		
	$[(f-f_0)/f_0]\times100\%$		

表 4-34　用坐标法、光标法测量信号电压峰峰值数据记录及相关计算

电压标称值 U_0/V			
坐标法	电压峰峰所占格数 $\triangle U$		
	单位（每格）电压值 U/V		
光标法	电压峰峰的光标差值 ΔY/V		
计算值	电压峰峰值 U_{PP}/V		
	$[(U_{PP}-U_0)/U_0]\times100\%$		

表 4-35　李萨图形测量信号频率数据记录及相关计算

	李萨如图形			
测量 记录	x 通道频率 f_x/Hz			
	y 通道频率 f_y/Hz			
	水平外切线切点数 n_x			
	竖直外切线切点数 n_y			
计算值	验证$(f_y/f_x)=(n_x/n_y)$			

【注意事项】

(1)必须熟知示波器各旋钮的功能,不得随意乱拨旋钮或操作按键。

(2)对模拟示波器不要使光点长时间停留在荧光屏上一点,避免烧坏示波器。

(3)电子仪器一般要避免频繁开机、关机,示波器也是这样。

【数据处理】

(1)求出示波器测量的正弦信号周期、频率。与信号发生器输出频率比较,求出百分误差。

(2)求出示波器测量的正弦信号电压峰峰值。与信号发生器输出电压峰峰值比较,求出百分误差。

(3)李萨如图形验证关系式 $\dfrac{f_y}{f_x}=\dfrac{n_x}{n_y}$ 。

数据处理

【课后思考】

(1)如何使图像稳定? 主要调节哪几个旋钮?

(2)示波器的扫描频率远大于或远小于 Y 轴正弦波信号的频率时,屏上图形将是什么情形?

思考与讨论

4.19　亥姆霍兹线圈磁场的测量

亥姆霍兹线圈(Helmholtz Coil)是一种制造小范围区域均匀磁场的器件。由于亥姆霍兹线圈具有开敞性质,很容易地可以将其他仪器置入或移出,也可以直接做视觉观察,所以,是物理实验常使用的器件。因德国物理学者赫尔曼·冯·亥姆霍兹而得名。适用于物质磁性或检测实验,其主要用途有:产生标准磁场,地球磁场的抵消与补偿、地磁环境模拟、磁屏蔽效果的判定、霍尔探头和各种磁强计的定标等方面。

实验简介

磁场传感器是一种可以将各种磁场及其变化的量转变成电信号输出的装置,从而达到测量磁场大小目的。其测试原理有磁电阻效应、电涡流效应、磁性液体动力学原理、霍尔效应等。

【预习思考题】

(1)若磁感应强度跟磁场传感器元件平面不完全正交,则算出的磁感应强度比实际值大还是小? 要准确测定磁场,实验应怎样进行呢?

(2)用磁场传感器测量磁场时,如何确定磁感应强度方向?

【实验目的】

(1)学习用磁场传感器测量磁场的思想方法。

(2)测量单个通电圆线圈中磁感应强度。

(3)测量亥姆霍兹线圈轴线上各点的磁感应强度。

【实验原理】

1. 单线圈的磁场

根据毕奥-萨伐尔定律,载流线圈在轴线(通过圆心并与线圈平面垂直的直线上某点)的磁应强度为:

$$B = \frac{\mu_0 R^2}{2(R^2 + x^2)^{3/2}} NI \tag{4-95}$$

式中,I 为通过线圈的电流强度,N 为线圈的匝数,R 为线圈平均半径,x 为圆心到该点的距离,μ_0 为真空磁导率。因此,圆心处的磁感应强度 B_0 为:

$$B_0 = \frac{\mu_0}{2R} NI \tag{4-96}$$

轴线外的磁场分布计算公式较复杂,这里简略。

2. 亥姆霍兹线圈的磁场

亥姆霍兹线圈是一对匝数和半径相同的共轴平行放置的圆线圈,两线圈间的距离 d 正好等于圆形线圈的半径 R。这种线圈的特点是能在其公共轴线中点附近产生较广的均匀磁场区,故在生产和科研中有较大的实用价值,其磁场合成如图 4-73 所示。当两通电线圈的通电电流方向一样时,线圈内部形成的磁场方向也一致,这样两线圈之间的部分就形成均匀磁场。根据霍尔效应,探测头置于磁场中,运动的电荷受洛仑兹力作用,运动方向发生偏转。在偏向的一侧会有电荷积累,这样两侧就形成电势差. 通过测电势差就可知道其磁场的大小。这样当探头在磁场内运动时其测量的数值几乎不变。当两通电线圈电流方向不同时,在两线圈中心的磁场应为 0。

设 Z 为亥姆霍兹线圈中轴线上某点离中心点 O 处的距离,则亥姆霍兹线圈轴线上任意一点的磁感应强度为:

$$B' = \frac{1}{2}\mu_0 NIR^2 \left\{ \left[R^2 + \left(\frac{R}{2} + Z\right)^2 \right]^{-3/2} + \left[R^2 + \left(\frac{R}{2} - Z\right)^2 \right]^{-3/2} \right\} \tag{4-97}$$

而在亥姆霍兹线圈轴线上中心 O 处磁感应强度 B_O 为:

$$B_O = \frac{\mu_O NI}{R} \times \frac{16}{5^{3/2}} \tag{4-98}$$

在 $I = 0.5\text{A}$、$N = 500$、$R = 0.110\text{m}$ 的实验条件下,单个线圈圆心处的磁场强度为:

$$B_O = \frac{\mu_0}{2R} NI = 4\pi \times 10^{-7} \times 500 \times 0.5/(2 \times 0.110) = 1.43 \,(\text{mT})$$

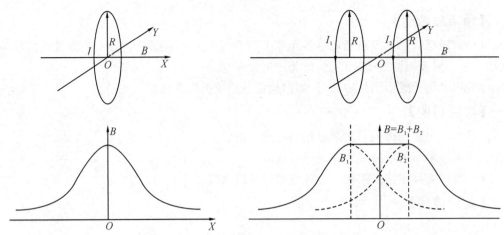

图 4-73 导电线圈和亥姆霍兹线圈磁场分布

当两圆线圈间的距离 d 正好等于圆形线圈的半径 R,组成亥姆霍兹线圈时,轴线上中心 O 处磁感应强度 B_O 为:

$$B'_O = \frac{\mu_0 NI}{R} \times \frac{16}{5^{3/2}} = \frac{4\pi \times 10^{-7} \times 500 \times 0.5}{0.110} \times \frac{16}{5^{3/2}} = 2.05(\text{mT})$$

当两圆线圈间的距离 d 不等于圆形线圈的半径 R 时,轴线上中心 O 处磁感应强度 B_O 按本实验所述的公式(4-98)计算。

【仪器设备】

1. 实验仪器

DH4501A 型亥姆霍兹磁场实验仪,线圈磁场架。

2. 仪器介绍

(1)DH4501A 型亥姆霍兹磁场实验仪由可调恒流源和测量磁场的高斯计二部分组成。

①内置恒流源部分:输出电流:0~0.5A,3 位半数显表,最小分辨率 1mA。最大电压 24V。

②内置磁场测量部分(高斯计):当与亥姆霍兹线圈架内的霍尔传感器相配套工作时,测量磁场范围为 0~2.2mT,最小分辨力 0.001mT。

(2)线圈磁场架如图 4-74 所示。

仪器设备

1—测量磁场传感器(SS495A 型霍尔元件);2—励磁线圈;3—机箱
架;4—移动装置 1;5—移动装置 2;6—手轮。

图 4-74 线圈磁场架

主要技术参数如下：

①二个励磁线圈：线圈有效半径 110mm；单个线圈匝数 500 匝；二个线圈中心间距 110mm。

②移动装置：轴向可移动距离 230mm，径向可移动距离 75mm，距离分辨率 1mm。

【实验内容及数据记录】

实验内容
及数据记录

在开机前先将励磁电流 I_M 调节到最小，即逆时针方向将电位器调节到最小，开机预热 10 分钟再做实验。

1. 测量单个通电圆线圈 X 轴线上磁感应强度的分布

测量前将亥姆霍兹线圈的距离设为 R，即 110mm 处；铜管位置至 R 处；Y 向导轨置于 0，并紧固相应的螺母，这样使磁场传感器位于亥姆霍兹线圈轴线上。

(1)测量单个通电圆线圈 Ⅰ X 轴线上磁感应强度的分布。

①连线电控箱和圆线圈部分，其中磁场传感器的信号插头连接到测试架后面板的专用四芯插座。

②调节励磁电流 I_M 为零，再调节面板上的调零电位器旋钮，使毫伏表显示为 0.00。

③在励磁电流 $I_M=0.5A$，测量单个圆线圈 Ⅰ 的磁感应强度与 X 轴线上位置变化的关系(可以每隔 10mm 测量一个数据)。

④记录数据，并绘出 BⅠ-X 图，即为圆线圈 X 轴线上 B 的分布图。

(2)测量单个通电圆线圈 Ⅱ X 轴线上磁感应强度的分布。要求同 1(1)。

2. 测量亥姆霍兹线圈轴线上磁感应强度的分布

(1)测量亥姆霍兹线圈 X 轴线上磁感应强度的分布。测量前将亥姆霍兹线圈的距离设为 R，即 110mm 处；铜管位置至 R 处；Y 向导轨置于 0，并紧固相应的螺母，使磁场传感器元件位于亥姆霍兹线圈轴线上。

①将圆线圈 Ⅰ 和 Ⅱ 同向串联，连线电控箱和圆线圈部分。

②调节励磁电流 I_M 为零，再调节面板上的调零电位器旋钮，使毫伏表显示为 0.00_M。

③在励磁电流 $I_M=0.5A$ 时，测量亥姆霍兹线圈的磁感应强度与 X 轴线上位置变化的关系(可以每隔 10mm 测量一个数据)。

④记录数据，并绘出 $B(R)$-x 图，即亥姆霍兹线圈 X 轴线上 B 的分布图。

(2)同"2(1)"的思路，测量亥姆霍兹线圈 Y 轴线上磁感应强度的分布(自拟数据记录表格)。

3. 比较和验证磁场叠加的原理

(1)将 1(1)和 1(2)所得的结果 $B_{(1)}$、$B_{(2)}$ 相加，绘制 $[B_{(1)}+B_{(2)}]$-X 图。

(2)将上述所得的结果 $[B_{(1)}+B_{(2)}]$-X 图与 2(1)所得的结果 $B(R)$ 绘制的 $B(R)$-X 图比较，证明是否符合公式 $B_{(1)}+B_{(2)}=B(R)$。

4. 实验数据表格

将实验数据填入表 4-36。

表 4-36　测量单个(左、右)通电圆线圈、亥姆霍兹线圈
X 轴线上磁感应强度的分布数据记录及相关计算($I_M=0.5A$)

次数 物理量	1	2	3	4	5	6	7	8	9	10	11	12
x/cm												
左单 B/mT												
右单 B/mT												
亥姆 B/mT												
叠加 B/mT												
次数 物理量	13	14	15	16	17	18	19	20	21	22	23	24
x/cm												
左单 B/mT												
右单 B/mT												
亥姆 B/mT												
叠加 B/mT												

【注意事项】

(1)每个实验开始前,都要对毫伏表调零。

(2)磁场传感器的信号插头与专用四芯插座一定要插好,否则数据混乱。

【数据处理】

(1)用直角坐标纸在同一张图上,做出单个通电圆线圈 X 轴线上的磁感应强度分布图和亥姆霍兹线圈 X、Y 轴线上各点的磁感应强度分布图。注意符合区分各曲线数据点。

(2)用计算和作图比较验证磁场叠加的原理。

【课后思考】

(1)磁场传感器是如何实验测磁场的?

(2)霍尔效应还能应用于什么领域?

实验数据

思考与讨论

4.20　集成霍尔传感器的特性测量与应用

　　1879 年,霍尔(E. H. Hall)在一个用来判断导体中载流子符号的实验中发现了一种电磁现象,即霍尔效应。后来人们发现半导体、导电流体等也有这种效应,而且半导体的霍尔效应比金属强很多。基于霍尔效应测定的霍尔系数,可用于确定半导体材料的导电类型、载流子浓度及迁移率等

实验简介

参数。导电流体中的霍尔效应也是目前正在研究中的"磁流体发电"的理论基础。近年来,霍尔效应实验不断有新发现。1980 年,德国物理学家冯·克利青(K. von Klitzing)在低温和强磁场下发现了量子霍尔效应,这是近年来凝聚态物理领域最重要的发现之一。克利青也因这一重要发现而获得 1985 年的诺贝尔物理学奖。近三十多年以来,基于霍尔效应用具有高载流子迁移率的半导体材料制成的霍尔传感器的制造技术和应用得到了全面发展。新的制造技术,如集成电路技术和分子束外延技术的应用,使得霍尔传感器具有高的可靠性、高的灵敏度和良好的温度稳定性,而在汽车、电力电子技术、无刷直流电机、电能管理、遥控、遥测、计算机数据采集以及医疗仪器上形成了广泛的产业性应用。

【预习思考题】

(1)本实验研究的内容是什么?

(2)霍尔电压产生的条件是什么? 实验中如何实现这一条件?

【实验目的】

(1)了解霍尔效应原理和集成霍尔传感器的工作原理。

(2)通过测量螺线管励磁电流与集成霍尔传感器输出电压的关系,证明霍尔电势差与磁感应强度成正比。

(3)用通电螺线管中心点处磁感应强度的理论计算值校准集成霍尔传感器的灵敏度。

(4)测量螺线管内磁感应强度沿螺线管中轴线的分布,并与相应的理论曲线比较。

【实验原理】

1. 霍尔效应

将一导电体(金属或半导体)薄片放在磁场中,并使薄片平面垂直于磁场方向(如 4-67 所示)。当薄片纵向端面有电流 I 流过时,在与电流 I 和磁场 B 垂直的薄片横向端面 a、b 间就会产生一电势差,这种现象称为霍尔效应(Hall Effect),所产生的电势差叫作霍尔电势差或霍尔电压,用 U_H 表示。

图 4-75　不同载流子的霍尔效应原理

霍尔效应是由运动电荷(载流子)在磁场中受到洛伦兹力的作用引起的。洛伦兹力 f_B 使载流子发生偏转,在薄片横向端面上聚积电荷形成不断增大的横向电场 E_H(称霍尔电场),从而使载流子又受到一个与洛伦兹力 f_B 反向的电场力 f_E。直到 f_E 与 f_B 相等时,载流子不再发生偏转,在 a、b 间形成了一个稳定的霍尔电场。这时,两横向端面 a、b 间的霍尔电压就达到一个稳定数值 U_H。端面 a、b 间霍尔电压的符号与载流子电荷的正负有关。因此,通过测量霍尔电压的正负,即可判断半导体材料的导电类型。

实验表明,在外磁场不太强时,霍尔电压 U_H 与工作电流 I 和磁感应强度 B 成正比,

与薄片厚度 d 成反比,即

$$U_H = R_H \cdot \frac{I \cdot B}{d} = K_H \cdot I \cdot B \tag{4-99}$$

式中,比例系数 R_H 和 $K_H = (R_H/d)$ 分别称为霍尔系数和霍尔元件的灵敏度。用霍尔效应测量磁场是在霍尔元件的灵敏度 K_H 和工作电流 I 已知的条件下,通过测量霍尔电压 U_H,再由公式(4-99)求出磁感应强度 B。

2. 集成霍尔传感器

SS495A 型集成霍尔传感器(线性测量范围 $0\sim67\text{mT}$,灵敏度 31.25V/T)由霍尔元件、放大器和薄膜电阻剩余电压补偿器组成(见图 4-76)。测量时输出信号大,不必考虑剩余电压的影响。工作电压 $V_S=5\text{V}$,在磁感应强度为零时,输出电压为 $U_o\approx2.5\text{V}$。它的输出电压 U 与磁感应强度 B 的关系如图 4-77 所示。该关系可以用下式表示

$$B = (U - U_o)/K \tag{4-100}$$

式中,U 为集成霍尔传感器输出电压,K 为该传感器的灵敏度。

图 4-76　SS495A 型集成霍尔传感器

图 4-77 输出电压与磁感应强度的关系

3. 螺线管内磁场分布

单层通电螺线管内磁感应强度沿螺线管中轴线的分布可由下式计算:

$$B(x) = \mu_0 \frac{N}{L} I_M \left[\frac{(L+2x)}{2[D^2 + (L+2x)^2]^{1/2}} + \frac{(L-2x)}{2[D^2 + (L-2x)^2]^{1/2}} \right]$$

$$= C(x) I_M \tag{4-101}$$

式中,N 为绕线匝数,L 为螺线管长度,I_M 为励磁电流,D 为线圈直径,$\mu_0 = 4\pi \times 10^{-7}$ 亨/米为真空磁导率,x 为以螺线管中心作为坐标原点时的位置。

实验中所用的螺线管是由 10 层绕线组成的。根据每层绕线的实际位置,用公式(4-101)可以计算每层绕线的 $B(x)$ 值,将 10 层绕线的 $B(x)$ 值求和,即可得到螺线管内的磁场分布。表 4-37 给出励磁电流 $I_M = 0.1\text{A}(100\text{mA})$ 时螺线管内磁感应强度的理论计算值。由表 4-37 可以容易得到不同励磁电流 I_M 时螺线管内磁感应强度的理论计算值。

表 4-37　励磁电流 $I_M = 0.1\text{A}$ 时螺线管内磁感应强度的理论计算值

x/cm	B/mT	x/cm	B/mT
0	1.4366	±4.0	1.4323
±1.0	1.4363	±5.0	1.4292
±2.0	1.4356	±6.0	1.4245

续表

x/cm	B/mT	x/cm	B/mT
±3.0	1.4343	±7.0	1.4173
±8.0	1.4057	±11.5	1.1963
±9.0	1.3856	±12.0	1.0863
±10.0	1.3478	±12.5	0.9261
±11.0	1.2685	±13.0	0.7233

4.输出电压为零($U_\circ=0$)的补偿电路

输出电压为零($U_\circ=0$)的补偿电路如图 4-18 所示。

图 4-78　输出电压为零($U_\circ=0$)的补偿电路

【仪器设备】

仪器设备

1.实验仪器

霍尔效应实验仪,万用表,恒流源,稳压电源。

2.主要仪器介绍

(1)SS495A 型集成霍尔传感器:工作电压(DC)4.5V～5.5V,磁场测量范围−67mT～＋67mT(指线性使用范围),零点电压(零磁场时)2.500±0.075V,灵敏度 $K=31.25\pm1.25\text{V/T}(3.125\pm0.125\text{mV/G})$。

(2)螺线管:长度 $L=260\text{mm}$,内径＝25mm,外径＝45mm,绕线层数＝10 层,绕线匝数＝(3000±20)匝,螺线管中央均匀磁场范围＞100mm

(3)电源和数字电压表:

①数字直流恒流源 0～1000mA 连续可调,最大输出电压为 20V。

②直流稳压电源。

(a)5V(工作电源),0～20V 连续可调。

(b)2.5V(可微调补偿电源)。

③四位半数字万用表 200mV,2V,20V,DC 挡。

【实验内容及数据记录】

1. 测量螺线管励磁电流 I_M 与集成霍尔传感器输出电压 U_H 的关系

实验内容
及数据记录

(1) 将集成霍尔传感器置于螺线管内中心点($x=0$)。

(2) 按图 4-78 连接好补偿电路。

(3) 在集成霍尔传感器处于零磁场和 $V_s=5V$ 的条件下,调节电路使电路达到补偿,即将万用表负端导线接到直流分压盒 2.4~2.6V 输出端正极,调整粗调和细调旋钮,使得 $U_o=0$。

(4) 螺线管通以励磁电流 I_M,并在 0 至 500mA 电流输出范围内变化,测量集成霍尔传感器输出电压 U_H,记录 $U_H - I_M$ 关系数据。

(5) 利用上述测量数据,以通电螺线管中心点磁感应强度 $B(x=0)$ 的理论计算值为标准值,来校准计算实验装置上集成霍尔传感器的灵敏度 K(用公式(4-117)求出 K 值)很容易得到 $U=KC(x=0)I_M$,画出 U 值随 I_M 变化的关系图,由斜率即可求出 K 值。将这样确定的灵敏度 K 值与该产品说明提供的技术指标比较。

2. 测量励磁电流 $I_M=250mA$ 时螺线管内的磁场分布

(1) 在实验内容 1 电路达到补偿的情况下,即在 $x=0$、$I_M=0$、$V_s=5V$ 的条件下输出电压为零($U_o=0$)。

(2) 调节励磁电流 $I_M=250mA$。

(3) 测量并记录集成霍尔传感器输出电压 U_H 与位置刻度 x 的关系数据。要求每移动 1cm,测量相应的集成霍尔传感器输出电压 U_H。

(4) 画出通电螺线管内磁感应强度的实验和理论计算曲线,注意区分实验测量数据点和理论计算点,坐标原点选在螺旋管中心点($x=0$)。

3. 实验数据表格

将实验数据填入表 4-38 至表 3-39。

表 4-38　测量传感器霍尔电压与励磁电流的关系数据记录(条件 $B=0$ 和 $V_s=5V$)

次数 物理量	1	2	3	4	5	6	7	8	9	10
I_M/mA										
U_H/V										

表 4-39　测螺线管内磁场的分布 $B-x$ 关系数据记录及相关计算
（条件 $I_M=250mA$，$V_s=5V$）

次数 物理量	1	2	3	4	5	6	7	8	9	10	11
x/cm											
U_H/V											
$B_实$/mT											
$B_理$/mT											

续表

次数 物理量	12	13	14	15	16	17	18	19	20	21	22
x/cm											
U_H/V											
$B_\text{实}/\text{mT}$											
$B_\text{理}/\text{mT}$											

次数 物理量	23	24	25	26	27	28	29	30	31	32	33
x/cm											
U_H/V											
$B_\text{实}/\text{mT}$											
$B_\text{理}/\text{mT}$											

【注意事项】

(1)集成霍尔元件的 V＋和 V－极不能接反,否则将损坏元件。

(2)仪器接通电源后,应预热数分钟再开始测量数据。

(3)拆除接线前应先关闭电源。

(4)关闭恒流源、稳压电源前,应调节输出电流、电压至零,然后关闭电源。

【数据处理】

(1)计算该霍尔传感器的灵敏度,计算实验所测各点的磁感应强度。

(2)用坐标纸或 Origin 软件绘图,若用软件绘图,则计算结果也要由软件得出。

数据处理

【课后思考】

(1)什么是补偿法,补偿电路的作用是什么?

(2)在磁感应强度为零时,集成霍尔传感器的输出电压为 $U_\circ = 2.5\text{V}$,这个电压是霍尔电压吗? 为什么?

思考与讨论

(3)根据实验介绍以及相应的原理,尝试分析实验的可能误差来源。

(4)判断霍尔传感器灵敏度 K 主要由什么决定?

4.21　用弯曲法测固体的杨氏模量

测量杨氏模量有拉伸法、梁的弯曲法、振动法、内耗法等,本实验采用梁的弯曲法测量杨氏模量。弯曲法测金属杨氏模量实验仪的特点是待测金属薄板只需受较小的力 F,便可产生较大的形变 Δh,测量结果准确度高。

同时,选用的该实验仪器是在原有实验内容弯曲法测量固体材料杨氏模量的基础上,加装霍尔位置传感器而成的。通过霍尔位置传感器测量微

实验简介

小位移量,有利于联系科研和生产实际,使学生了解和学习微小位移的非电量电测新方法。也是本书 4.20 实验的应用扩展。

【预习思考题】

(1)本实验中杨氏模量的测量公式成立的条件是什么?

(2)在本实验中最需要保证的实验条件是什么?

(3)本实验中如何确定支撑横梁的两刀口是否平行?

【实验目的】

(1)学习霍尔位置传感器测量微小位移的方法。

(2)掌握用弯曲法测量固体材料的杨氏模量。

(3)正确选择和使用常规测长仪器。

【实验原理】

1.固体材料的杨氏模量

一根粗细均匀的金属棒,长度为 L,截面积为 S,在受到沿长度方向的外力 F 的作用时发生形变,伸长 ΔL。根据胡克定律,在弹性限度内,其应力 F/S(单位截面积上的力)与应变 $\Delta L/L$(相对伸长量)成正比。

$$\frac{F}{S} = E \frac{\Delta L}{L} \tag{4-102}$$

式中,E 称为该固体棒的杨氏模量(或称弹性模量),它只取决于材料的性质,反映材料的抗拉或抗压能力,而与长度 L、截面积 S 无关。单位为 $N \cdot m^{-2}$。

2.弯曲法测量横梁的杨氏模量

设梁的厚度为 a,梁的宽度为 b,梁两端自由置于一对平行刀口上,两刀口之间的距离为 L,梁中间加质量为 m 的砝码,梁中心下降距离为 ΔZ,在弹性限度内,当 ΔZ 远远小于 L 时,如图 4-79 所示,梁的杨氏模量 E 可以用下式表示:

图 4-79　横梁弯曲

$$E = \frac{L^3 mg}{4a^3 b \Delta Z} \tag{4-103}$$

式中,g 为重力加速度。上面公式的具体推导见附录。

3.霍尔位置传感器测量微小位移

图 4-80　霍尔效应原理

(1)霍尔效应。将一导电体(金属或半导体)薄片放在磁场中,并使薄片平面垂直于磁场方向(如图 4-80 所示)。当薄片纵向端面有电流 I 流过时,在与电流 I 和磁场 B 垂直的薄片横向端面间就会产生一电势差,这种现象称为霍尔效应(Hall Effect),所产生的电势差叫作霍尔电压,用 U_H 表示。霍尔电压 U_H 与工作电流 I 和磁感应强度 B 成正比,即

$$U_H = K \cdot I \cdot B \tag{4-104}$$

式中,K 为元件的霍尔灵敏度。

(2)测量微小位移。如果保持霍尔元件的电流 I 不变,而使其在一个均匀梯度的磁场中移动,则输出的霍尔电势差变化量为:

$$\Delta U_H = K \cdot I \cdot \frac{\mathrm{d}B}{\mathrm{d}Z} \cdot \Delta Z \tag{4-105}$$

式中,ΔZ 为位移量,霍尔电压 ΔU_H 与 ΔZ 成正比。

为实现均匀梯度的磁场,如图 4-81 所示,选用两块相同的磁铁(磁铁截面积及表面磁感应强度相同),并使 N 极与 N 极相对地放置,两磁铁之间留一等间距间隙,霍尔元件平行于磁铁放在该间隙的中轴上。间隙大小要根据测量范围和测量灵敏度要求而定,间隙越小,磁场梯度就越大,灵敏度就越高。磁铁截面要远大于霍尔元件的面积,以尽可能地减小边缘效应影响,提高测量精确度。

由于磁铁间隙内中心截面处的磁感应强度为零,霍尔元件处于该处时,输出的霍尔电势差应该为零。当霍尔元件偏离中心沿 Z 轴发生位移时 ΔZ,由于磁感应强度不再为零,霍尔元件也就产生相应的电势差输出,其大小可以用数字电压表测量。由此可以将霍尔电势差为零时元件所处的位置作为位移参考零点。

霍尔电势差与位移量之间存在一一对应关系,当位移量较小($<2\mathrm{mm}$)时,这一对应关系具有良好的线性。由于该固体棒的应变量较小($<2\mathrm{mm}$),因此,用其测量固体棒的应变量 ΔZ,从而得到固体棒杨氏模量的测量。

图 4-81　实现均匀梯度的磁场

【仪器设备】

1.实验仪器

FD－HY－I霍尔位置传感器法杨氏模量测定仪,直流数字电压表,米尺,游标卡尺,螺旋测微器,被测黄铜样品,被测锻铸铁样品。

仪器设备

2.主要仪器介绍

霍尔位置传感器测杨氏模量组成如图 4-82 所示。

1—铜架上的基线；2—读数显微镜；3—刀口；4—横梁；5—铜杠杆（顶端装有 95A 型集成
霍尔传感器）；6—磁铁（N 极相对放置）；7—调节架；8—砝码。

图 4-82　霍尔位置传感器测杨氏模量组成

【实验内容及数据记录】

1.仪器调整

(1)调节三维调节架的调节螺丝，使集成霍尔位置传感器探测元件处于磁铁中间的位置。

(2)用水准器观察，调节底座螺丝使设备水平。

(3)调节霍尔位置传感器的毫伏表，使毫伏表读数为零。

磁铁盒下的调节螺丝可以使磁铁上下移动，当毫伏表数值很小时，停止调节固定螺丝，最后调节调零电位器使毫伏表读数为零。

实验内容
及数据记录

2.基本内容

弯曲法测量黄铜样品的杨氏模量和对霍尔位置传感器的定标。

(1)调节读数显微镜，使眼镜观察十字线及分划板刻度线和数字清晰。然后移动读数显微镜前后距离，使能够清晰地看到铜架上的基线。转动读数显微镜的鼓轮，使刀口架的基线与读数显微镜内十字刻度线吻合，记下初始读数值。

(2)在砝码盘上逐次增加一个 10g 砝码 m_i 共 8 次，相应从读数显微镜上读出梁的弯曲位移 ΔZ_i 及数字电压表相应的读数值 U_i（单位 mV）。

(3)选择合适的测长仪器测量横梁两刀口间的长度 L 及测量不同位置横梁宽度 b 和梁厚度 a；长度 L 做一次测量，横梁宽度 b 做 6 次测量，梁厚度 a 做 6 次测量。

(4)计算黄铜的杨氏模量；计算出霍尔位置传感器的灵敏度。

3.选做内容

测量可锻铸铁的杨氏模量。

(1)在砝码盘上逐次增加一个 10g 砝码 m_i 共 8 次，相应从数字电压表相应的读数值 U_i（单位 mV）。

(2)用上面计算出霍尔位置传感器的灵敏度，计算可锻铸铁的杨氏模量。

4.实验数据表格

将实验数据填入表 4-40 至表 4-41。

表 4-40　梁的弯曲位移及电压表相应的数据记录及相关计算

加砝码 m_i/g	10	20	30	40	50	60	70	80
显微镜 $\Delta Z_i/mm$								
电压读数 U_i/mV								
$(\overline{U}_{4+t}-\overline{U}_t)/cm$								

表 4-41　其他相关长度测量数据记录

次数 物理量	1	2	3	4	5	6
b/mm						
a/mm						

【注意事项】

（1）实验开始前，检查横梁是否有弯曲，如有，应矫正。

（2）在进行测量之前，检查杠杆的水平、刀口的垂直、挂砝码的刀口处于梁中间，要防止外加风的影响，杠杆安放在磁铁的中间，注意不要与金属外壳接触。

（3）定标前，要先将霍尔传感器输出调零；同时，使霍尔位置传感器的探头处于两块磁铁的正中间稍偏下的位置，这样测量数据更可靠一些。

（4）加减砝码时，要稳定，不要晃动，电压值达到稳定值时读数；同时，加减砝码时不要使中间刀口移位，否则会造成较大的实验误差。

【数据处理】

（1）已知黄铜的杨氏模量参考值 $E_{0黄铜} = 10.55 \times 10^{10} \ N/m^2$；

已知可铸锻铁的杨氏模量参考值 $E_{0锻铁} = 18.15 \times 10^{10} \ N/m^2$。

（2）用逐差法处理样品在 $m＝40.00g$ 的作用下产生的位移量 ΔZ。

（3）计算样品的杨氏模量的测量值，用不确定度表示测量结果；并与参考值比较求百分误差。

数据处理

（4）计算霍尔位置传感器的灵敏度，并与参考值进行比较。

【课后思考】

（1）本实验中影响实验结果的因素有哪些？

（2）为什么要有限制地增加砝码？

（3）本实验中 ΔZ 还可以用哪些方法测量得到？

思考与讨论

（4）什么是霍尔效应？什么是霍尔元件？什么是霍尔传感器？

【附录】弯曲法测量杨氏模量公式的推导

固体、液体及气体在受外力作用时，形状与体积会发生或大或小的改变，这统称为形变。当外力不太大，而引起的形变也不太大时，撤掉外力，形变就会消失，这种形变称为弹性形变。弹性形变分为长变、切变和体变三种。

一段固体棒，在其两端沿轴方向施加大小相等、方向相反的外力 F，其长度 L 发生改

变 ΔL，以 S 表示横截面面积，称 F/S 为应力，相对长度变 $\Delta L/L$ 为应变。在弹性限度内，根据胡克定律有：

$$\frac{F}{S} = E\frac{\Delta L}{L}$$

E 称为杨氏模量，其数值与材料性质有关。

本实验采用弯曲法测量，杨氏模量公式为

$$E = \frac{L^3 mg}{4a^3 b\Delta Z}$$

以下具体推导式子：

在横梁发生微小弯曲时，梁中存在一个中性面，面上部分发生压缩，面下部分发生拉伸，所以整体说来，可以理解为横梁发生长变，即可以用杨氏模量来描写材料的性质。

图 4-62　横梁发生微小弯曲

如图 4-62 所示，虚线表示弯曲梁的中性面，易知其既不拉伸也不压缩，取弯曲梁长为 $\mathrm{d}x$ 的一小段：

设其曲率半径为 $R(x)$，所对应的张角为 $\mathrm{d}\theta$，再取中性面上部距 y 厚为 $\mathrm{d}y$ 的一层面为研究对象，那么，梁弯曲后其长变为 $(R(x)-y)\cdot\mathrm{d}\theta$，所以，变化量为：

$(R(x)-y)\cdot\mathrm{d}\theta - \mathrm{d}x$

又 $\mathrm{d}\theta = \dfrac{\mathrm{d}x}{R(x)}$；

所以 $(R(x)-y)\cdot\mathrm{d}\theta - \mathrm{d}x = (R(x)-y)\dfrac{\mathrm{d}x}{R(x)} - \mathrm{d}x = -\dfrac{y}{R(x)}\mathrm{d}x$；

所以应变为：$\varepsilon = -\dfrac{y}{R(x)}$；

根据虎克定律有：$\dfrac{\mathrm{d}F}{\mathrm{d}S} = -E\dfrac{y}{R(x)}$；

又 $\mathrm{d}S = b\cdot\mathrm{d}y$；

所以 $\mathrm{d}F(x) = -\dfrac{E\cdot b\cdot y}{R(x)}\mathrm{d}y$；

对中性面的转矩为：$\mathrm{d}\mu(x) = |\mathrm{d}F|\cdot y = \dfrac{E\cdot b}{R(x)}y^2\cdot\mathrm{d}y$；

积分得：$\mu(x) = \displaystyle\int_{-\frac{a}{2}}^{\frac{a}{2}}\dfrac{E\cdot b}{R(x)}y^2\cdot\mathrm{d}y = \dfrac{E\cdot b\cdot a^3}{12\cdot R(x)}$；　　　　　　(1)

对梁上各点，有：$\dfrac{1}{R(x)} = \dfrac{y''(x)}{[1+y'(x)^2]^{\frac{3}{2}}}$；

因梁的弯曲微小：$y'(x) = 0$；

所以有：$R(x) = \dfrac{1}{y''(x)}$；　　　　　　(2)

梁平衡时，梁在 x 处的转矩应与梁右端支撑力 $\dfrac{mg}{2}$ 对 x 处的力矩平衡，所以有：$\mu(x) = \dfrac{mg}{2}(\dfrac{L}{2} - x)$ ；　　　　　　　　　　　　　　　　　　　　（3）

根据(1)、(2)、(3)式可以得到：

$$y''(x) = \dfrac{6mg}{E \cdot b \cdot a^3}(\dfrac{L}{2} - x) \text{ ；}$$

据所讨论问题的性质有边界条件：$y(0) = 0$ ；$y'(0) = 0$ ；

解上面的微分方程得到：

$$y(x) = \dfrac{3mg}{E \cdot b \cdot a^3}(\dfrac{L}{2}x^2 - \dfrac{1}{3}x^3) \text{ ；}$$

将 $x = \dfrac{L}{2}$ 代入上式，得右端点的 y 值：

$$y = \dfrac{mg \cdot L^3}{4E \cdot b \cdot a^3} \text{ ；}$$

又 $y = \Delta Z$ ；

所以，杨氏模量为：$E = \dfrac{L^3 \cdot mg}{4a^3 \cdot b \cdot \Delta Z}$

上面式子的推导过程，希望在实验之前学习从而对物理概念有一个明晰的认识。

第 5 章
综合设计性实验

5.1 用波耳共振仪研究受迫振动

振动是物体运动的一种普遍现象。比较生动与直观的机械振动在科研与生活中随处可见。而广义地说,物质或物理量在某一数值附近做周期性的变化,都叫作振动。所以活塞的往复机械运动是振动,电磁学领域中空间电场的电场强度随时间做周期性的变化是振动,微观领域中和微观物质的原子运动也是振动。研究振动与受迫振动与所导致的共振现象是重

实验简介

要的工程物理的课题。在机械制造和建筑工程等科技领域中振动与共振现象既有破坏作用,比如大桥由于共振招致坍塌;又有应用价值,如很多电声器件,是运用共振原理设计制作的;利用核磁共振和顺磁共振研究物质结构是在微观科学领域研究振动的重要手段。所以,研究振动与受迫振动是一个很有意义的物理实验项目。

表征受迫振动性质的是受迫振动的振幅-频率特性和相位-频率特性(简称幅频和相频特性)。本实验中,采用波耳共振仪定量测定机械受迫振动的幅频特性和相频特性,并利用频闪方法来测定动态的物理量——相位差。数据处理与误差分析方面内容也较丰富。

【预习思考题】

(1)何为频闪法?有什么特点?

(2)在测量幅频特性与相频特性过程中,阻尼可否为零?为什么?

【实验目的】

(1)研究波耳共振仪中弹性摆轮受迫振动的幅频特性和相频特性。

(2)研究不同阻尼力矩对受迫振动的影响,观察共振现象。

(3)学习用频闪法测定物体振动时的相位差。

【实验原理】

1.受迫振动和共振

振动系统在周期外力作用下发生的振动称为受迫振动,这种周期性的外力称为强迫力。如果外力按简谐振动规律变化,那么稳定后的受迫振动也是简谐振动,此时,振幅保持恒定,振幅的大小与强迫力的频率和原振动系统无阻尼时的固有振动频率以及阻尼系数有关。在受迫振动状态下,系统除了受到强迫力的作用外,同时还受到回复力和阻尼力的作用,所以在稳定状态时物体的位移、速度变化与强迫力变化不是同相位的,存在一个相位差。当强迫力频率 ω 与系统的固有频率 ω_0 满足 $\omega = \sqrt{\omega_0^2 - 2\beta^2}$ 时产生位移共振,其中 β 是阻尼系数,此时振幅最大,由于受到阻尼力的作用,受迫振动的相位总是滞后于强迫力的相位,相位差为 $90°$。

2.测量原理

本实验采用的波耳共振仪摆轮系统在弹性力矩作用下可以自由摆动,而在电磁强迫力矩和电磁阻力力矩作用下可以产生很好的受迫振动,由此研究受迫振动特性,可直观地显示振动中的一些特有物理现象。

当摆轮受到周期性强迫外力矩 $M = M_0 \cos\omega t$ 的作用,并在有空气阻尼和电磁阻尼的媒质中运动时(阻尼力矩为 $-b\dfrac{\mathrm{d}\theta}{\mathrm{d}t}$,$b$ 为电磁阻尼力矩系数),其运动方程为

$$J\frac{\mathrm{d}^2\theta}{\mathrm{d}t^2} = -k\theta - b\frac{\mathrm{d}\theta}{\mathrm{d}t} + M_0\cos\omega t \tag{5-1}$$

式中,J 为摆轮的转动惯量,$-k\theta$ 为弹性力矩,M_0 为强迫力矩的幅值,ω 为强迫力的圆频率。

令 $\omega_0^2 = \dfrac{k}{J}$, $2\beta = \dfrac{b}{J}$, $m = \dfrac{M_0}{J}$

则式(5-1)变为

$$\frac{\mathrm{d}^2\theta}{\mathrm{d}t^2} + 2\beta\frac{\mathrm{d}\theta}{\mathrm{d}t} + \omega_0^2\theta = m\cos\omega t \tag{5-2}$$

当 $m\cos\omega t = 0$ 时,式(5-2)即为阻尼振动方程。

当 $m\cos\omega t = 0$ 且 $\beta = 0$,即在无阻尼情况时,式(5-2)变为简谐振动方程,ω_0 即为系统的固有频率。

方程(5-2)的通解为

$$\theta = \theta_1 e^{-\beta t}\cos(\omega_f t + \alpha) + \theta_2\cos(\omega t + \phi_0) \tag{5-3}$$

由式(5-3)可见,受迫振动可分成两部分:

第一部分,$\theta_1 e^{-\beta t}\cos(\omega_f t + \alpha)$ 表示阻尼振动,经过一定时间后衰减消失。

第二部分,说明强迫力矩对摆轮做功,向振动体传送能量,最后达到一个稳定的振动状态。其中振幅:

$$\theta_2 = \frac{m}{\sqrt{(\omega_0^2 - \omega^2)^2 + 4\beta^2\omega^2}} \tag{5-4}$$

它与强迫力矩之间的相位差为

$$\phi = \arctan^{-1}\frac{2\beta\omega}{\omega_0^2 - \omega^2} \tag{5-5}$$

由式(5-4)和式(5-5)可看出,振幅 θ_2 与相位差的数值取决于强迫力矩 m、频率 ω、系统的固有频率 ω_0 和阻尼系数 β 这四个因素,而与振动起始状态无关。

由 $\dfrac{\partial}{\partial\omega}[(\omega_0^2 - \omega^2)^2 + 4\beta^2\omega^2] = 0$ 极值条件可得出,当强迫力的圆频率 $\omega = \sqrt{\omega_0^2 - 2\beta^2}$ 时,产生共振,θ 有极大值,若共振时圆频率和振幅分别用 ω_r,θ_r 表示,则

$$\omega_r = \sqrt{\omega_0^2 - 2\beta^2} \tag{5-6}$$

$$\theta_r = \frac{m}{2\beta\sqrt{\omega_0^2 - \beta^2}} \tag{5-7}$$

式(5-6)、(5-7)表明,阻尼系数 β 越小,共振时圆频率越接近于系统固有频率,振幅 θ_r 也越大。图 5-1 和图 5-2 表示在不同 β 时受迫振动的幅频特性和相频特性。

图 5-1 受迫振动的幅频特性

图 5-2 受迫振动的相频特性

【仪器设备】

1. 实验仪器

BG-2 型波尔共振仪由振动仪与电器控制箱两部分组成。

2. 主要仪器介绍

仪器设备

BG-2 型波尔共振仪振动仪部分如图 5-3 所示。由铜质圆形摆轮安装在机架上,弹簧的一端与摆轮的轴相连,另一端可以固定在机架支柱上,在弹簧弹性力的作用下,摆轮可绕轴自由往复摆动。在摆轮的外围有一圈槽型缺口,其中一个长凹槽比其他凹槽长出许多。在机架上对准长凹槽处有一个光电门。它与电气控制箱相连接,用来测量摆轮的振幅(角度值)和摆轮的振动周期。在机架下方有一对带有铁芯的线圈,摆轮恰巧嵌在铁芯的空隙。利用电磁感应原理,当线圈中通过电流后,摆轮受到一个电磁阻尼力的作用。改变电流的数值即可使阻尼大小相应变化。为使摆轮做受迫振动,在电动机轴上装有偏心轮,通过连杆机构带动摆轮,在电动机轴上装有带刻线的有机玻璃转盘,它随电机一起转动。由它可以从角度读数盘读出相位差。调节控制箱上的十圈电机转速调节旋钮,可以精确改变加于电机上的电压,使电机的转速在实验范围(30~45 转/分)内连续可调,由于电路中采用特殊稳速装置、电动机采用惯性很小的带有测速发电机的特种电机,所以转速极为稳定。电机的有机玻璃转盘上装有两个挡光片。在角度读数盘中央上方(90°处)也装有光电门(强迫力矩信号),并与控制箱相连,以测量强迫力矩的周期。

1—光电门；2—长凹槽；3—短凹槽；4—铜制摆轮；5—摇杆；6—蜗卷弹簧；7—
支承架；8—阻尼线圈；9—连杆；10—摇杆调节螺丝；11—光电门；12—角度
盘；13—有机玻璃转盘；14—底座；15—弹簧夹持螺钉；16—闪光灯。

图 5-3 BG-2 型波尔共振仪结构

【实验内容及数据记录】

1. 测定阻尼系数 β

将阻尼选择开关拨向实验时位置（通常选取 2，3 处）。此开关位置选
定后，在实验过程中不能任意改变，或将整机电源切断，否则会因电磁铁剩
磁现象引起 β 变化，只有在某一阻尼系数 β 的所有实验数据测试完毕，要
改变 β 值时才允许拨动此开关，这点是至关重要的。

实验内容
及数据记录

从振幅显示窗连续读出摆轮做阻尼振动时的振幅数值 $\theta_0, \theta_1, \theta_2, \cdots, \theta_n$，利用公式

$$\ln \frac{\theta_0 \, \mathrm{e}^{-\beta t}}{\theta_0 \, \mathrm{e}^{-\beta(t+nT)}} = n\beta T = \ln \frac{\theta_0}{\theta_n} \tag{5-8}$$

求出 β 值。式中 n 为阻尼振动的周期次数，θ_n 为第 n 次振动时的振幅，T 为阻尼振动周期
的平均值。此值可以由连续测出每次振幅时的振动周期值，然后取平均值得到。

进行本实验内容时，电机开关必须切断，指针 F 放在 $0°$ 位置，θ_0 通常选取在 $130°$ 至
$150°$ 之间。

2. 测定受迫振动的幅频特性和相频特性曲线

保持阻尼选择开关在原位置，改变电动机的转速，即改变强迫力矩频率 ω。当受迫振
动稳定后，读取摆轮振幅值，并利用闪光灯测定受迫振动位移与强迫力矩的相位差。

强迫力矩的频率可从摆轮振动周期算出，也可以将周期选择开关向"10"处直接测定
强迫力矩的 10 个周期后算出，在达到稳定状态时，两者数值应相同。前者为 4 位有效数
字，后者为 5 位有效数字。

在共振点附近由于曲线变化较大，因此测量数据要相对密集些，此时电机转速的极小
变化会引起 $\Delta\phi$ 很大改变。电机转速旋钮上的读数是一参考值，建议在不同 ω 时记下此
值，以便实验中需重新测量数据时参考。一般测量数据应在 12 组以上。

3. 实验数据表格

实验数据表格自拟。（本章后续实验数据表格都请自拟，不再赘述）

【注意事项】

(1)不要将摆随意摆动,以及捏动蜗卷弹簧。

(2)摆转动不要超过180°。

(3)电机开关用来控制电机是否转动,在测定阻尼系数和摆轮固有频率 ω_0 与振幅关系时,必须将电机关断。

【数据处理】

数据处理

1.阻尼系数 β 的计算

对所测数据按逐差法处理,求出 $\ln \dfrac{\theta_i}{\theta_{i+5}}$ 值。利用公式(5-8)求出 β 值。

2.幅频特性和相频特性数据处理

依照实验数据做出幅频特性和相频特性曲线,并由幅频特性$(\theta/\theta_r)^2-\omega$ 曲线求 β 值。

在阻尼系数较小(满足 $\beta^2 \ll \omega_0^2$)和共振位置附近($\omega = \omega_0$),由于 $\omega_0+\omega=2\omega_0$,从式(5-4)和式(5-7)可得出

$$\left(\frac{\theta}{\theta_r}\right)^2 = \frac{4\beta^2 \omega_0^2}{4\omega_0^2(\omega-\omega_0)^2 + 4\beta^2\omega_0^2} = \frac{\beta^2}{(\omega-\omega_0)^2 + \beta^2}$$

当 $\theta = \dfrac{1}{\sqrt{2}}\theta_r$,即 $\left(\dfrac{\theta}{\theta_r}\right)^2 = \dfrac{1}{2}$ 时,由上式可得

$$\omega - \omega_0 = \pm\beta$$

此 ω 对应于图 $\left(\dfrac{\theta}{\theta_r}\right)^2 = \dfrac{1}{2}$ 处两个值 ω_1,ω_2。由此得出式(5-9)

$$\beta = \frac{\omega_2 - \omega_1}{2} \tag{5-9}$$

用式(5-9)求出 β 值,将此法与逐差法求得之 β 值作比较并讨论。

【课后思考】

思考与讨论

(1)摆轮上方的光电门为什么能同时测出摆轮转动的振幅与周期?

(2)如果实验中阻尼电流不稳定,会有什么影响?

(3)实验结果幅频曲线为什么要作 $\left(\dfrac{\theta}{\theta_r}\right)^2-\omega$ 图,而不作 $\theta-\omega$ 图?

(4)频闪法测相位差的原理是什么?两次频闪如稍有差异,是什么原因?

【附录】实验误差分析

因为本仪器中采用石英晶体作为计时部件,所以测量周期(圆频率)的误差可以忽略不计,误差主要来自阻尼系数 β 的测定和无阻尼振动时系统的固有振动频率 ω_0 的确定。且后者对实验结果影响较大。

在前面的原理部分中,我们认为弹簧的弹性系数 k 为常数,它与扭转的角度无关。实际上由于制造工艺及材料性能的影响,k 值随着角度的改变而略有微小的变化(3%左右),因而造成在不同振幅时系统的固有频率 ω_0 有变化。如果取 ω_0 的平均值,则将在共振点附近使相位差的理论值与实验值相差很大。为此可测出振幅与固有频率 ω_0 的相应

数值。在 $\phi = \arctan(\dfrac{2\beta\omega}{\omega_0^2 - \omega^2})$ 公式中的 ω_0 采用对应于某个振幅的数值代入,这样可使系统误差明显减小。

振幅与固有频率 ω_0 相对应值可采用如下方法:

将电机开关切断,阻尼挡位打到 0,角度盘指针 F 放在"0"处,用手将摆轮拨动到较大处(约 $140°\sim160°$),然后放手,此时摆轮做衰减振动,读出每次振幅值相应的摆动周期即可。此法可重复几次即可做出 θ_n 与 $T_{\theta n}$ 的对应表。此项应在实验刚开始时进行。

5.2 集成电路温度传感器的特性测量

随着科学技术的发展,各种新兴的集成电路温度传感器件不断涌现,并大批量生产和扩大应用,这类集成电路测温器件有以下几个优点:①温度变化引起输出量的变化呈良好的先行关系;②抗干扰能力强;③互换性好,使用简单方便。因此,这类传感器已在科学研究、工业和家用电器等方面被广泛用于温度的精确测量和控制。本实验要求测量电流型和电压型集成电路温度传感器的输出电流与温度的关系、输出电压与温度的关系,熟悉该传感器的基本特性。

【预习思考题】

(1)集成温度传感器的输出形式分为几种? 具体是哪几种?

(2)AD590 集成电路温度传感器有几个引出端? 一般工作电压可在什么范围内?

(3)LM35 集成温度传感器有几个引出端? 其输出电压值与摄氏温标呈什么关系?

【实验目的】

(1)了解几种常用的接触式温度传感器的原理及其应用范围。

(2)测量这些温度传感器的特征物理量随温度变化的曲线。

【实验原理】

1.集成电路温度传感器

集成电路温度传感器实质上是一种半导体集成电路,它利用晶体管的 B-E 结压降的不饱和值 V_{BE} 与热力学温度 T 和通过发射极电流 I 的下述关系实现对温度的检测:

$$V_{BE} = \frac{KIT}{q}\ln I \tag{5-10}$$

式中,K 为波尔兹常数;q 为电子电荷绝对值。

集成温度传感器具有线性好、精度适中、灵敏度高、体积小、使用方便等优点,得到广泛应用。集成温度传感器的输出形式分为电压输出和电流输出两种。电压输出型的灵敏度一般为 10mV/K,温度 $0℃$ 时输出为 0,温度 $25℃$ 时输出 2.982V。电流输出型的灵敏度一般为 1mA/K。

2.集成电路温度传感器电流型 AD590

AD590 集成电路温度传感器由多个参数相同的三极管和电阻组成。该器件的两引

出端当加有某一定支流工作电压时(一般工作电压可在 4.5V 至 20V 范围内),它的输出电流与温度满足如下关系:

$$I = Bt + A \tag{5-11}$$

式中,I 为其输出电流,单位 μA;t 为摄氏温度;B 为斜率(一般 AD590 的 $B=1\mu A/℃$,即如果该温度传感器的温度升高或降低 1℃,传感器的输出电流增加或减少 $1\mu A$);A 为 0℃温度时输出电流值,该值恰好与冰点的热力学温度 273K 相对应。(对市售一般 AD590,其 A 值从 $27\mu A$ 至 $278\mu A$ 略有差异。)

3.集成温度传感器电压型 LM35

LM35 是由 National Semiconductor 所生产的集成温度传感器,该器件有三个引出端,其输出电压值与摄氏温标呈如下线性关系:

$$U_0 = 10mV/℃ \times T℃ \tag{5-12}$$

在 0℃ 时其电压输出为 0V,温度每升高 1℃ 其电压输出就增加 10mV。在常温下,LM35 不需要额外的校准处理,其精度就可达到 $\pm 1/4℃$ 的准确率。LM35 的测温范围是 $-55 \sim +150℃$。

【仪器设备】

1.实验仪器

恒温控制器,恒温槽,电阻箱 1 个,AD590 集成电路温度传感器,LM35 温度传感器。

2.主要仪器介绍

(1)传感器 AD590 技术特性:

①工作温度:$-55 \sim +150℃$。

②工作电压:$4.5 \sim 24V$。

③灵敏度:$1\mu A/℃$,线性元件。

④0℃时输出电流约 $273\mu A$。

(2)传感器 LM35 技术特性:

①工作温度:$-55 \sim +150℃$。

②常用的室温精度:为 $\pm 1/4℃$。

③在 $-55 \sim +150℃$。额定工作温度范围的精度为 $\pm 3/4℃$。

【实验内容及数据记录】

1.温度传感器 AD590 特性测量

(1)温度传感器 AD590 的引脚及其功能如图 5-4 所示(为其封装图)。

(2)参照图 5-6 温度传感器 AD590 用于测量热力学温度的基本应用电路接线。

(3)通过温控仪加热,在不同的温度下,观察温度传感器 AD590 的变化,从室温到120℃,每隔 5℃(或自定度数)测一个数据,将测量数据逐一记录在表格内。

2.温度传感器 LM35 特性测量

(1)温度传感器 LM35 的引脚及其功能如图 5-5 所示(为其封装图)。

图 5-4　AD590 封装图　　　　图 5-5　LM35 封装图

（2）参照图 5-6 和图 5-7 分别连线做实验。根据 $R_1 = -V_s / 50 \mu A$ 关系式，自行选择取样电阻 R_1 和电源电压 V_s。例如：电源电压 $V_s = 5V$，则 $-V_s = -5V$；根据 $R_1 = -V_s / 50 \mu A$ 关系式，$R_1 = 100 k\Omega$，R_1 的阻值可以用 $99 k\Omega$ 电阻与 $2.2 k\Omega$ 电位器串联来实现。

（3）通过温控仪加热，在不同的温度下，观察温度传感器 LM35 的变化，从室温到 $120\,℃$，每隔 $5\,℃$（或自定度数）测一个数据，将测量数据逐一记录在表格内。

（4）以温标为横轴，以电流或电压为纵轴，做出 I-t 曲线和 U-t 曲线。

图 5-6　AD590 测温应用电路　　　　图 5-7　LM35 测温应用电路

【注意事项】

（1）集成温度传感器的正负极性不能接错，红线表示接电源正极。

（2）集成温度传感器不能直接放入水中或冰水混合物中测温度。

【数据处理】

（1）用坐标纸或 Origin 软件绘图。

（2）阐述图线所表达的物理意义。

【课后思考】

（1）分析比较它们的温度特性。

（2）用集成温度传感器设计摄氏温度测量电路。

5.3 迈克耳孙干涉仪的调整和应用

光的干涉现象是光的波动性的一种表现,是物理光学的重要研究对象之一。迈克耳孙干涉仪是美国物理学家 A. A. Michelson 在 1881 年为研究当时虚构的光传播介质——"以太"而精心设计的。迈克耳孙干涉仪是一种利用分割光波振幅的方法实现干涉的精密光学仪器,其主要特点是两相干光束完全分开,这就很容易通过改变一光束的光程来改变两相干光束的光程差,而光程差是可以以光波的波长为单位来度量的。迈克耳孙干涉仪结构简单、光路直观、精度高,其调整和使用具有典型性,因此在近代物理和计量技术中有着广泛的应用。例如,可用迈克耳孙干涉仪测量光波的波长、微小长度、光源的相干长度,用相干性较好的光源可对较长的长度作精密测量,以及可用它来研究温度、压力对光传播的影响等。

【预习思考题】

(1)简要叙述调出等倾干涉条纹的条件与步骤。

(2)迈克耳孙干涉仪观察到的圆条纹与牛顿环的圆条纹有何本质的不同?

【实验目的】

(1)了解迈克耳孙干涉仪的结构原理和调节方法。

(2)观察等倾干涉、等厚干涉现象。

(3)测量氦氖激光的波长。

【实验原理】

1.迈克耳孙干涉仪的结构原理

迈克耳孙干涉仪的典型光路图如图 5-8 所示。图中 M_1 和 M_2 是两面平面反射镜,互相垂直。两个平面镜 M_1、M_2 及其调节架安装在平台式的基座上。利用镜架背后的螺丝可以调节镜面的倾角。M_1 是可移动镜,G_1、G_2 是两块完全相同的玻璃,在 G_1 的后表面为镀有半透明的银膜,能使入射光分为振幅相等的反射光和透射光,称为分光板。G_2 与 M_1 和 M_2 成 $45°$ 角倾斜安装。由光源发出的光束,通过分光板 G_1 分成反射光束 1 和透射光束 2,分别射向 M_1 和 M_2 上,经平面镜反射至 E,由于两光束是相干光,因而产生干涉。干涉仪中 G_2 称为补偿板,是为了使光束 2 也同光束 1 一样地三次通过玻璃板,以保证两束光间的光程差大致相等。

由于 G_1 后表面银膜的反射,使在平面镜 M_2 附近形成 M_1 虚像 M_2'。因此光束 1 和光束 2 的干涉等效于由 M_1 和 M_2' 间的空气膜产生的干涉图像。

2.等倾干涉和氦氖激光波长的测定

迈克耳孙干涉仪所产生的两相干光束是从 M_1 和 M_2 反射而来的,因此可以先画出 M_2 被 G_1 反射所成的虚像 M_2',研究干涉花样时,M_2' 和 M_2 完全等效。如图 5-9 所示,波长为 λ 的光束 y 经间隔为 d 的上下两平面 M_1 和 M_2' 反射,反射后的光束分别为 y_1 和 y_2。

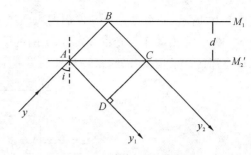

图 5-8　典型(简化)光路图　　　　图 5-9　等倾干涉光路图

设 y_1 经过的光程为 l ，y_2 经过的光程为 $l+\Delta l$ ，Δl 即为这两束光的光程差($\Delta l = \overline{AB} + \overline{BC} - \overline{AD}$)，如果入射角为 i ，则

$$\Delta l = 2d\cos i \tag{5-13}$$

当

$$\Delta l = 2d\cos i = k\lambda \, (k=0,1,2,3,\cdots) \tag{5-14}$$

时，y 则为明纹；当

$$\Delta l = 2d\cos i = (2k-1)\frac{\lambda}{2} \, (k=1,2,3,\cdots) \tag{5-15}$$

时，y 为暗纹。

M_1 和 $M_2{}'$ 上下表面平行时，可以观察到明暗相间的圆条纹，这种干涉称等倾干涉。M_1 镜每移动增加或减少 $\lambda/2$ 距离，视场中心就吐出一个环纹或吞进一个环纹。视场中干涉条纹变化或移动过的数目 ΔN 与 M_1 移动距离 Δd 间的关系是：

$$\Delta d = \Delta N \times \lambda/2 \tag{5-16}$$

上式表明，已知 M_1 移动的距离，并记录 ΔN ，就可确定光的波长。

观察干涉圆环的环心，如增大 d ，k 也增大，环心的级次也增大，环心不断吐出环纹，环纹增多变密；如减小 d ，则发生相反的情景，环心不断吞进环纹，条纹减少变疏。

如果 M_1 和 $M_2{}'$ 不平行，这时就能观察到等厚直条纹(有时微有弯曲，见图 5-10)，其中，图 5-10(a)、(b)为等倾干涉，图 5-10(c)、(d)为等厚干涉。

(a) d 较大,条纹细而密　(b) d 较小条纹粗而疏　(c)条纹直微弯　(d)条纹直

图 5-10　干涉图样

3.非定域干涉

如图 5-11 所示,一个点光源 S 发出的光束经干涉仪 M_1 和 M_2' 反射后,相当于有两个需光源 S_1 和 S_2 发出的相干光束,S_1 和 S_2 间的距离为 M_1 和 M_2' 间距的两倍,将观察屏放入光场叠加区的任何位置处,都可观察到干涉条纹,这种条纹称为非定域干涉条纹。

图 5-11 非定域干涉

【仪器设备】

1.实验仪器

SGM－1 型迈克耳孙干涉仪(见图 5-12),WSM－100 型迈克耳孙干涉仪(见图 5-13),氦氖激光器集多束光纤维激光器。

2.仪器介绍

1—橡胶球;2—钠钨灯电源;3—He－Ne 激光电源;4—He－Ne 激光管;5—气压(血压)表;6—毛玻璃;7—钠钨双灯;8—扩束器;9—分束器;10—气室;11—参考镜;12—动镜,它的移动量由螺旋测微器读出,经过传动比为 20∶1 的机构,从读数头上读出的最小分度值相当于动镜 0.0005mm 的移动;13—补偿板;14—螺旋测微器。

图 5-12 SGM－1 型迈克耳孙干涉仪

1—反射镜 M_1（动镜）；2—反射镜 M_2；3—补偿板；12—M_1、M_2 镜面调节螺丝；4—分光板；5—读数窗口；6—观察屏；7—粗调手轮；8—10 反射镜 M_2 的微调装置；9—微调鼓轮。

图 5-13　WSM‐100 型迈克耳孙干涉仪

（1）SGM‐1 型迈克耳孙干涉仪的主要技术参数如下：

①分束器和补偿板平面度：小于等于 $\frac{1}{20}\lambda$；

②微动测量分度值：相当于 0.0005mm；

③波长测量准确度：当条纹计数 100 时，相对误差小于 2%。

（2）WSM‐100 型迈克耳孙干涉仪主要技术参数如下：

①移动镜行程 100mm；

②微动手轮分度值 0.0001mm；

③波长测量精度当条纹计数为 100 时，测定单色光波长的相对误差小于 2%。

（3）氦氖激光器集多束光纤维激光器主要使用性能指标如下：

①波长：632.80nm；

②工作电流：10mA±10%；

③输出功率：大于 10mW；

④工作电压：220V±10%；

⑤额定频率：50Hz。

【实验内容及数据记录】

1. 调节迈克耳孙干涉仪获得干涉条纹

（1）SGM‐1 型迈克耳孙干涉仪。

①将扩束器置入光路，调节 He‐Ne 激光器支架及其上螺钉，从分束器平面的中心入射，使光束平行于仪器的台面，使各光学镜面的入射和出射点至台面的距离约为 70mm，在两面反射镜中间得到合适的光斑。

②将扩束器转移到光路以外，调节平面镜 M_1 和 M_2 的后的螺钉，使毛玻璃屏中央两组光点重合。

③将扩束器置入光路,即可在毛玻璃屏上获得干涉条纹。

(2)WSM - 100 型迈克耳孙干涉仪。

①调节激光器,使激光束水平地入射到 M_1 和 M_2 反射镜中部并基本垂直于仪器导轨。

②调节 M_1 和 M_2 反射镜背后的方位螺钉,使毛玻璃屏中央两组光点重合,即可在毛玻璃屏上获得干涉条纹。

2.测量氦氖激光束的波长

(1)轻轻转动微调手轮,使动镜 M_1 移动,此时可在观察屏上看到干涉圆纹一个一个地从中心吐出(或吞进)。

(2)开始记数时,记录平面镜 M_1 的位置读数 d_0。

(3)同方向继续转动微调手轮,数到中心圆条纹向外吐出(或吞进)25 个时,再记录平面镜 M_1 的位置读数 d。

(4)重复上述步骤 12 次,记录 12 组 25 圆条纹变化的相关数据。

3.观察等厚条纹

(1)移动 M_1,使 M_1 和 M_2' 大致重合。调 M_2 的微调螺丝,使 M_1 和 M_2' 有一很小的夹角,视场中出现直线干涉条纹。干涉条纹的间距与交角成反比。交角太大,条纹变得很密,甚至观察不到干涉条纹。条纹的间距取 1mm 左右,移动 M_1,观察干涉条纹从弯曲变直再变弯曲。

(2)在干涉条纹变直的位置换上白炽灯光源。缓慢地移动 M_1,在某一位置可以观察到彩色的直线花纹。花纹的中心就是 M_1、M_2' 的交线。此时 M_1 的位置准确地和 M_2' 重合。由于白光的干涉条纹只有数条,所以必须耐心细致地调节才能观察到,如果 M_1 移动得太快,就会一晃而过。

【注意事项】

(1)在做各项测量实验之前,先要检查动镜的移动方向是否正常:使测微螺旋单向转动约 20mm,等倾干涉条纹的中心位置应无移动。否则须调节两个平面镜的倾斜度,直到满足这个条件。

(2)调节时要注意眼睛不要正对着激光束观察,以免损伤视力(如要正对,必须通过针屏)。

(3)测量必须严格消除空程差。

【数据处理】

(1)用逐差法算出波长的平均值 $\bar{\lambda}$,并用不确定度表示测量结果。

(2)与公认值 $\lambda_0 = 633nm$(SGM - 1 型)或与公认值 $\lambda_0 = 632.8nm$(WSM - 100 型)相比较,计算百分误差。

【课后思考】

(1)为什么由平面镜 M_2 反射回来的亮点不是一个,而是几个?

(2)如果不用激光光源,从一开始就用钠光,试拟定调出等倾干涉条纹的主要步骤。

(3)操作中如何避免干涉仪的回程差?

5.4　用分光计研究衍射光栅特性

衍射光栅是利用光的衍射原理使光波发生色散的光学元件。它由大量相互平行、等宽、等间距的狭缝(或刻痕)组成。以衍射光栅为色散元件组成的摄谱仪或单色仪是物质光谱分析的基本仪器之一,在研究谱线结构,特征谱线的波长和强度,特别是在研究物质结构和对元素作定性与定量的分析中有极其广泛的应用。

实验简介

【预习思考题】

(1)用式(5-17)测量 d 值应保证什么前提条件？实验时如何保证这些条件？

(2)按图 5-17 的方法放置光栅有什么好处？

【实验目的】

(1)了解光栅的主要特征,测量其光栅常数、分辨本领和角色散。

(2)用光栅测光波波长。

(3)了解光栅分光的特点。

【实验原理】

1.光的衍射现象

光作为一种电磁波,在传播中若遇到尺寸比光的波长大得多的障碍物,它就不再遵循直线传播的规律,而会传到障碍物的阴影区并形成明暗相间的条纹。这就是光的衍射现象。

光的衍射有菲涅耳衍射和夫琅禾费衍射:菲涅耳衍射是光源或显示衍射图样的屏,与衍射孔(或障碍物)之间的距离是有限的;夫琅禾费衍射是光源或显示衍射图样的屏,都移到无穷远处。

2.光栅衍射

由大量等宽、等距离的平行狭缝构成的光学元件就是光栅。光栅有透射光栅和反射光栅两种,透射光栅是用金刚石刻刀在一块平面玻璃上刻成的,而反射光栅则把刻缝刻在磨光的硬质合金上。实验教学用的是复制光栅(透射式),由明胶或动物胶在金属反射光栅印下痕线,再用平面玻璃夹好,以免损坏。

设光栅的总缝数为 N,缝宽为 a,缝间不透光部分为 b,则缝距 $d=a+b$ 称为光栅常数 $(10^{-5} \sim 10^{-6} \text{ m})$,如图 5-14(a)所示。根据夫琅禾费衍射的理论,当一束平行光垂直地投射到光栅平面上时,每条缝都要发生衍射,且 N 条缝的 N 条衍射条纹通过透镜后将完全重合,如图 5-14(b)所示。凡衍射角 φ 满足条件:

$$d \cdot \sin\varphi = k\lambda \quad k=0, \pm1, \pm2, \cdots \tag{5-17}$$

时光将会加强,形成细而亮的主极大明条纹。其他方向将完全抵消。式中 k 是光谱的级数。如果用会聚透镜把这些衍射后的平行光会聚起来,则在透镜焦面上将出现亮线,称为谱线。在 $\varphi = 0$ 的方向上可以观察到中央极强,称为零级谱线。其他级数的谱线对称地分布在零级谱线的两侧。

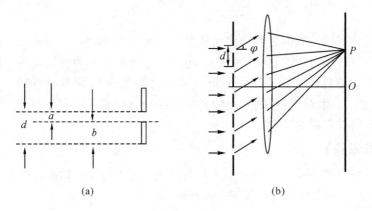

(a)　　　　　　　　(b)

图 5-14　光栅衍射光路图

3.光栅光谱

单色光经过光栅衍射后形成各主极大的细亮线,称为这种单色光的光栅衍射谱。如果用白光照射光栅,则各种波长的单色光将产生各自的衍射条纹;除中央明纹由各色光混合仍为白光外,其两侧的各级明纹都由紫到红对称排列着。这些彩色光带,叫作衍射光谱。由于波长短的光的衍射角小,波长长的光的衍射角大,所以紫光靠近中央明纹,红光远离中央明纹。同时级数较高的光谱中有部分谱线是彼此重叠的。

除中央明纹是一条外,其他各级明纹都在两侧对称地排列着(由光的衍射角决定的。)

所得光谱线的亮度比用棱镜分光时要小些,但光栅的分辨本领比棱镜大。光栅不仅适用于可见光,还能用于红外和紫外光波,常用在光谱仪上。

4.光栅的色散率和分辨本领

光栅的色散率和它的分辨本领是评定光栅好坏的标志。

(1)角色散率 ψ 定义为两条谱线偏向角之差 $\Delta\varphi$ 与其波长 $\Delta\lambda$ 之比:

$$\psi = \frac{\Delta\varphi}{\Delta\lambda} \tag{5-18}$$

由 $d \cdot \sin\varphi = k\lambda$ 可知

$$\psi = \frac{\Delta\varphi}{\Delta\lambda} = \frac{k}{d\cos\varphi} \tag{5-19}$$

角色散是光栅、棱镜等分光元件的重要参数,它还可理解为在一个小的波长间隔内两单色入射光之间所产生的角间距的量度。由式(5-19)可知,d 越小,角色散越大,即单位长度光栅的缝数越多,其角色散也越大。此外,在不同的光谱级内,角色散也不同,k 越大,角色散越大。

(2)分辨本领 R 定义为两条刚可被分开的谱线的波长差 $\Delta\lambda$ 除该波长 λ,即

$$R = \frac{\lambda}{\Delta\lambda} \tag{5-20}$$

按照瑞利条件,所谓两条刚可被分开谱线可规定为:其中一根谱线的极强应落在另一根谱线的极弱上,如图 5-15 所示,由此条件可推得,光栅的分辨本领

$$R = kN \tag{5-21}$$

式中,N 是光栅的总刻痕数,k 是谱线的级数。因为级数不会高,所以光栅的分辨本领主要地决定于狭缝数目 N。为了达到高分辨率,人们制造了刻线很多的光栅。

若入射光束不是垂直入射至光栅平面(见图 5-16),则光栅的衍射光谱的分布规律将有所变化。理论指出:当入射角为 i 时,光栅方程变为

$$d(\sin \varphi \pm \sin i) = k\lambda \quad k = 0, \pm 1, \pm 2, \cdots \tag{5-22}$$

式中,+号表示衍射光与入射光在法线同侧,-号表示衍射光与入射光在法线异侧。

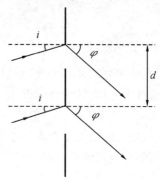

图 5-15　两条光谱刚好被分开　　　图 5-16　斜入射时光栅的衍射图

【仪器设备】

1. 实验仪器

JJY 型分光计(附件:变压器 6.3V/220V),平面反射镜,手持照明放大镜,平面全透射光栅。

仪器设备

2. 仪器介绍

JJY 型分光计使用方法见本书"4.14　分光计的调整和使用"。

【实验内容及数据记录】

1. 光栅的调节

(1)调节分光计,使望远镜对准无穷远,望远镜轴线与分光计中心轴线相垂直,平行光管出射平行光,平行光管轴线与分光中心轴线相垂直。调节方法见光学实验常用仪器部分。狭缝宽度调至约 1mm。

实验内容

(2)安置光栅,要求入射光垂直照射光栅表面,平行光管狭缝与光栅刻痕相平行。调节方法是先把平行光管的狭缝照亮,把望远镜叉丝对准狭缝,固定住望远镜,然后把光栅放置在载物台上,放置的位置如图 5-17 所示,尽可能做到使光栅平面垂直平分 B_1B_2。然后以光栅面作为反射面,用自准法调节光栅面与望远镜轴线相垂直。(注意:望远镜已调好,不能再动可调节螺丝紧固)。

(3)调节光栅使其刻痕与转轴平行。移动分光计使平行光管光轴对准汞灯,以保证有足够的光强照射到光栅上。然后转动望远镜,一般就可以看见一级和二级谱线,正负分别位于零级两侧。注意观察叉丝交点是否在各条谱线中央,如果不是,可调节图 5-17 中的

螺丝 B_3（注意不要再动 B_1、B_2）予以改正，调好后，再回头检查光栅平面是否仍保持和转轴平行。如有了改变，就要反复多次，直到两个要求都满足为止。

(a)立体图　　　　　　(b)俯视图

图 5-17　光栅放置在载物平台上

2. 测定光栅常数及分辨本领

(1)以汞灯为光源，其光谱如图 5-18 所示。测出 $k=\pm1$ 波长为 $5460.7\mathrm{\mathring{A}}$ 的绿光衍射角 φ，代入式(5-17)求出 d 值。但应注意 $+1$ 与 -1 级的衍射角相差不能超过几分，否则应重新检查汞灯发出的光是否垂直于光栅。

(2)再用游标卡尺测出光栅宽度 L，算出 N，代入 $R=kN$ 求分辨本领。

图 5-18　汞灯光谱

3. 测定未知光波波长及色散率

重复上述步骤，测出 $k=\pm2$ 时水银的两条黄线 λ_1 及 λ_2 的衍射角，并代入式(5-17)求出 λ_1 及 λ_2 并算出 $\Delta\lambda$，再由式(5-19)求出光栅的角色散率。

4. 观察 N 和分辨本领的关系

设法挡住光栅的一部分，人为减少刻痕数目 N，观察钠光两条黄色谱线随随 N 的减少而发生什么变化。

5. 测定汞灯光谱

测出用分光计能够观察到的 1～2 级汞灯光谱谱线波长。

【注意事项】

(1)望远镜调焦手轮旋不动时，不要再旋，应换个方向旋转，以免损坏望远镜。

(2)参看本书"4.14　分光计的调整和使用"。

【数据处理】

(1)求出光栅常数 d,并用不确定度表示。

(2)求出汞灯光谱谱线波长,并与参考值比较,计算其百分误差。

数据处理

【课后思考】

(1)如果光栅平面和转轴平行,但刻缝和转轴不平行,那么整个光谱有什么异常?对测量结果有无影响?

(2)三棱镜的分辨本领 $R = b\dfrac{\mathrm{d}n}{\mathrm{d}\lambda}$,$b$ 是三棱镜底边边长,一般三棱镜 $\dfrac{\mathrm{d}n}{\mathrm{d}\lambda}$ 为 $1000/\mathrm{cm}$,要想达到与本实验用的光栅相同的分辨本领,则三棱镜底边边长为多少?

思考与讨论

(3)仍用本实验的分光计,但换一个刻痕数更多的光栅(光栅常数相同),能否提高分辨本领,从而分辨开来更加精细的谱线?

5.5　用 CCD 观测单缝衍射光强分布

光波的波振面受到阻碍时,光绕过障碍物偏离直线而进入几何阴影区,并在屏幕上出现光强不均匀分布的现象,叫作光的衍射。研究光的衍射不仅有助于进一步加深对光的波动性的理解,同时还有助于进一步学习近代光学实验技术,如光谱分析、晶体结构分析、全息照相、光信息处理等。衍射使光强在空间重新分布,通过光电转换来测量光的相对强度,是近代测试技术的一个常用方法。光的衍射分菲涅耳近场衍射和夫琅禾费远场衍射两大类,其中夫琅禾费衍射在理论上处理较为简单。本实验仅研究单缝夫琅禾费衍射。

实验简介

【预习思考题】

(1)夫琅禾费衍射属于近场衍射还是远场衍射?

(2)衍射条纹有什么特点?

(3)衍射法测量细丝直径的原理是什么?

【实验目的】

(1)学习光路的调整,观测单缝衍射光强分布。

(2)学习用示波器观测光学量和定标等测量手段。

【实验原理】

1.夫琅禾费单缝衍射的光强分布规律

如图 5-19 所示,将单色点光源 S 置于透镜 L_1 的前焦点上,从 L_1 中射出的平行光垂直照射在宽度为 a 的狭缝上,通过狭缝所形成的衍射光经透镜 L_2 会聚到位于其后焦平面的观察屏上,衍射光在观察屏上形成一组明暗相间的条纹。中央条纹最亮,其宽度约为其他亮条纹宽度的两倍,这组条纹就是夫琅禾费单缝衍射条纹。

设中央亮纹的光强为 I_0,可以导出夫琅禾费单缝衍射的光强分布规律为

$$I_\theta = I_0 \frac{\sin^2 \varphi}{\varphi^2} \qquad (5\text{-}23)$$

若为平行光垂直射向单缝,则 $\varphi = (a\sin\theta\pi)/\lambda$,式中 a 是单缝的宽度,θ 是衍射角,λ 为入射光的波长。

由式(5-23)可得单缝衍射的特征如下(见图5-20):

图 5-19　夫琅禾费单缝衍射

图 5-20　单缝衍射的相对光强分布

(1)当 $\theta = 0$ 时,$I_\theta = I_0$,为中央主极大的强度,光强最强,绝大部分的光能都落在中央明纹上。

(2)当 $\sin\theta = \dfrac{K\lambda}{a}$($K = \pm 1, \pm 2, \cdots$) 时,$I_\theta = 0$,为第 K 级暗纹。由于夫琅禾费衍射时,θ 很小,有 $\theta \approx \sin\theta$,因此暗纹出现的条件为:

$$\theta = \frac{K\lambda}{a} \qquad (5\text{-}24)$$

(3)从式(5-24)可见,当 $K = \pm 1$ 时,为主极大两侧第一级暗条纹的衍射角,由此决定了中央明纹的宽度 $\Delta\theta_0 = \dfrac{2\lambda}{a}$,其余各级明纹角宽度 $\Delta\theta_K = \dfrac{\lambda}{a}$,所以中央明纹宽度是其他各级明纹宽度的两倍。

(4)除中央主极大外,相邻两暗纹级间存在着一些次极大,这些次级大的位置可以从对式(5-23)求导并使之等于零而得到,出现在 $K = \pm 1$、$\theta = \pm 1.43 \dfrac{\lambda}{a}$,$K = \pm 2$、$\theta = \pm 2.46 \dfrac{\lambda}{a}$,$K = \pm 3$、$\theta = \pm 3.47 \dfrac{\lambda}{a}$,$\cdots$ 处,它们的强度与主极大强度之比 $\dfrac{I}{I_0}$ 依次约为 0.0472,0.0165,0.008,$\cdots$。

2.光强测量原理

本实验用光强分布仪作接收器,它采用了有高速运转速度的"时序-空序"转换器,当衍射花样的光强照射在采光窗上后,通过"时序-空序"转换器,把衍射花样的相对光强按空间位置变化的函数变为按时间变化的函数,并变成与光强呈线性关系的光电流,将电信号适当放大后送到示波器供显示和测量。

同时,用激光做光源,是由于激光光束的方向性好,能量集中,且缝的宽度 b 一般很小,这样可以不用透镜 L_1,光屏距离狭缝也较远(即 Z 远大于 b),则透镜 L_2 也不用。

【仪器设备】

1. 实验仪器

光具座、激光器、组合光栅、LM601 CCD 光强分布测量仪和 DS1022C 数字示波器。

2. 仪器介绍

(1)激光器:小功率的半导体激光器波长为 650nm。激光器的上盖和侧壁分别有两个调节旋钮,用于调节激光束的上下俯仰和左右偏转,后面板上还有一个旋钮用于调节光强。

(2)CCD 光强分布测量仪:其核心是线阵 CCD 器件。CCD 器件的光敏面至光强仪前面板距离为 4.5mm。

(3)组合光栅:由光栅片和二维调节架构成,光栅片上部为单缝($a=0.12$mm),下部为单丝(0.12mm)。

(4)DS1000 系列数字示波器使用见本书"3.4 电学实验的预备知识和常用仪器中的数字示波器"部分和"4.18 示波器的使用"部分。

【实验内容及数据记录】

1. 仪器的布置与调整

(1)按图 5-21 所示,自搭实验装置,关闭光强仪上的电源开关。

(2)光路调整,将激光器、缝、CCD 光强仪调整为等高共轴。

(3)适当调整激光器和光强仪,将激光束射至光强仪采光窗的中部,并垂直采光窗所在平面。

(4)将衍射光投射在一张白纸上,观察单缝衍射图样。

1—示波器;2—LM601CCD 光强仪;3—置于光栅架上的组合光栅片;4—激光器。

图 5-21　LM601CCD 单缝夫琅禾费衍射的相对光强分布实验装置

2. 测量单缝夫琅禾费衍射的相对光强分布

在示波器上读取并记录衍射曲线上每个特殊点与中央极大点的横向位置之差 X 值以及此点的纵向高度 Y 值和缝到 CCD 光敏面的垂直距离 Z。注意示波器的格数是否为 10 格。

可将中央主极大移至 CCD 采光窗外,可取得更多的数据,提高测量精度。

3. 衍射法测量细丝直径

细丝用"组合光栅"上的两条单丝来代替,调整方法同实验内容 1(1)。为了不使激光束的光斑和中央主极大一起落在 CCD 器件上,以致引起器件饱和,我们把中央主级大移出采光窗外(向正或向负方向移动),让更高级次的暗纹出现在屏幕上。测量时,细心移动光标,读出每一条暗纹的 X 值,列表记录。每一暗纹读 $3\sim5$ 次,取其平均值。再计算出相邻暗纹间距的平均值。注意,此平均值为原始数据,必须乘以 CCD 光敏元的线阵有效长才是暗纹的真实间距。

【注意事项】

(1)在测量 CCD 器件至单缝间距离 Z 时,要考虑到 CCD 器件的受光面在光强仪前面板后 4.5mm。

(2)如较高级与较低级次暗纹间的 Y 读数相差较大,说明尚未满足远场条件;如正方向与负方向暗纹的 Y 读数相差较大,说明单缝与 CCD 器件还没有满足垂直条件。

(3)测量相对光强比时,一定要用 Y 值减去扫描基线的 Y 值,不能直接用 Y 值相比较。

(4)CCD 光强仪有很高的光电灵敏度,在一般室内光照条件下,已趋饱和,无信号输出,需在暗环境中使用。

【数据处理】

(1)求出所用单缝的缝宽 a。

(2)求出各级明纹和暗纹的衍射角及相对光强,与理论值相比较,求出百分误差,做出误差分析。

实验数据

(3)由单缝衍射公式单缝 $\varphi = \dfrac{\lambda}{\sin\theta} \approx \dfrac{\lambda}{\Delta x} \cdot Z$($Z$ 为单丝至 CCD 光敏面的距离)算得细丝直径 φ,并做出误差分析。

【课后思考】

(1)如较高级次暗纹与较低级次暗纹的 Y 读数相差较大,说明尚未满足什么条件?

思考与讨论

(2)如正方向与负方向暗纹的 Y 读数相差较大,说明什么没调好?

(3)图形左右不对称,这主要是什么原因引起的? 如何调节?

(4)光强曲线出现"削顶"("平顶"),主要是什么原因引起的? 如何调节?

(5)单缝衍射曲线主极大顶部出现凹陷,是什么原因引起的?

(6)曲线不圆滑、不漂亮是由什么原因引起的? 如何调节?

5.6　旋光实验

1911 年阿喇果(D. F. J Arago)发现，当偏振光通过某些透明物质时，它的振动面将会绕过光的传播方向旋转一定的角度，这就是旋光现象。以后比奥(J. B. Biot)和其他人又发现许多有机液体和有机溶液也具有旋光现象。能使线偏振光通过后将其振动面旋转一定角度的物质，称作旋光性物质。常见的旋光性物质有石英、朱砂等固体，还有糖溶液、松节油等液体。利用旋光现象可以测定这些物质的比重、纯度或浓度。

本实验主要观察旋光现象，了解旋光物质的旋光性质；测定糖溶液的旋光率和浓度的关系。

【预习思考题】

(1)什么是旋光现象？物质的旋光度与哪些因素有关？物质的旋光率怎么定义？

(2)如何用实验的方法确定旋光物质是左旋还是右旋？

【实验目的】

(1)观察旋光现象，了解旋光物质的旋光性质。

(2)组装旋光仪，熟悉旋光仪的原理和使用方法。

(3)测定糖溶液的旋光率和浓度的关系。

【实验原理】

线偏振光通过某些物质的溶液后，偏振光的振动面将旋转一定的角度，这种现象称为旋光现象。旋转的角度称为该物质的旋光度。通常用旋光仪来测量物质的旋光度。溶液的旋光度与溶液中所含旋光物质的旋光能力、溶液的性质、溶液浓度、样品管长度、温度及光的波长等有关。当其他条件均固定时，旋光度 θ 与溶液浓度 C 呈线性关系，即

$$\theta = \beta C \tag{5-25}$$

式中，比例常数 β 与物质旋光能力、溶剂性质、样品管长度、温度及光的波长等有关，C 为溶液的浓度。

物质的旋光能力用比旋光度即旋光率来度量，旋光率用下式表示：

$$[\alpha]_\lambda^t = \frac{\theta}{l \cdot C} \tag{5-26}$$

式中，$[\alpha]_\lambda^t$ 右上角的 t 表示实验时温度(单位：℃)，λ 是指旋光仪采用的单色光源的波长(单位：nm)，θ 为测得的旋光度(°)，l 为样品管的长度(单位：dm)，C 为溶液浓度(单位：g/100mL)。

由(5-26)式可知：

(1)偏振光的振动面是随着光在旋光物质中向前进行而逐渐旋转的，因而振动面转过角度 θ 与透过的长度 l 成正比。

（2）振动面转过的角度 θ 不仅与透过的长度 l 成正比，而且还与溶液浓度 C 成正比。

如果已知待测溶液浓度 C 和液柱长度 l，只要测出旋光度 θ 就可以计算出旋光率。如果已知液柱长度 l 为固定值，可依次改变溶液的浓度 C，就可以测得相应的旋光度 θ。并作旋光度 θ 与浓度的关系直线 θ - C，从直线斜率、液桩长度 l 及溶液浓度 C，可计算出该物质的旋光率；同样，也可以测量旋光性溶液的旋光度 θ，确定溶液的浓度 C。

旋光性物质还有右旋和左旋之分。当面对光射来方向观察，如果振动面按顺时针方向旋转，则称右旋物质；如果振动面向逆时针方向旋转，称左旋物质。书后附表中给出了一些药物在温度 $t = 20℃$，偏振光波长为钠光 $\lambda \approx 589.3\text{nm}$（相当于太阳光中的 D 线）时的旋光率。

【仪器设备】

1. 实验仪器

仪器主要由以下几部分组成：钠光源，导轨 1 根，移动座（专用）1 只，带度盘（起偏、检偏）偏振片 2 个，接收屏 1 个，蔗糖溶液管（带底座）2 套，光电探头（数字检流计）1 个。

2. 主要仪器介绍

实验装置如 5-22 所示。

1—钠光源；2—带度盘偏振片；3—蔗糖溶液管；4—带度盘偏振片；5—光电探头（MT 数字检流计）。

图 5-22　旋光实验装置

【实验内容及数据记录】

1. 观察光的偏振现象

在导轨上先将半导体激光器发出的激光束与起偏器、光功率计探头调节成等高同轴。调节起偏器转盘，使输出偏振光最强（半导体激光器发出的是部分偏振光）。再将检偏器放在光具座的滑块上，使检偏器与起偏器等高同轴（检偏器与起偏器平行）。调节检偏器转盘使从检偏器输出光强为零（一般调不到零，只能调到最小），此时检偏器的透光轴与起偏器的透光轴相互垂直，继续调节检偏器转盘，使从检偏器输出光强再次为零或者最小，分别读出这两次光强为零时检偏器转盘的读数，应该相差 $180°$。

2. 观察蔗糖水溶液的旋光特性

将样品管（内有蔗糖溶液）放于支架上，用白纸片观察偏振光入射至样品管的光点和从样品管出射光点形状是否相同，以检验玻璃是否与激光束等高同轴。调节检偏器转盘，观察蔗糖溶液的旋光特性，是右旋还是左旋。

3.用自己组装的旋光仪测量葡萄糖水溶液的浓度

将已经配置好的装有不同的容积克浓度(单位:g/100mL)的蔗糖水溶液的样品管放到样品架上,测出不同浓度 C 下的旋光度 θ 值。并同时记录测量环境温度 t 和记录激光波长 λ。

蔗糖水溶液的浓度配制成 C_0、$C_0/2$、$C_0/4$、$C_0/8$,0(纯水,浓度为零),共 5 种试样,浓度 C_0 取 30% 左右为宜。分别将不用浓度溶液注入相同长度的样品试管中。测量不同浓度样品的旋光度(多次测量取平均)。

用最小二乘法对旋光度、溶液浓度进行直线拟合(可以将 C_0 作为 1 个单位考虑),计算出蔗糖的旋光率。也可以以溶液浓度为横坐标,旋光度为纵坐标,绘出蔗糖溶液的旋光直线,由此直线斜率代入公式(5-26),求得蔗糖的旋光率 $[\alpha]_{650}^t$。

4.测未知浓度的蔗糖溶液样品的浓度

用旋光仪测出未知浓度的蔗糖溶液样品的旋光度,再根据旋光直线确定其浓度。

【注意事项】

(1)由于偏振片的分度值为 1 度,所以在旋转偏振片时一定要慢,每次旋转幅度要小,不然很容易就错过消光角度了。

(2)溶液管安装要靠近偏振片。

【数据处理】

(1)用最小二乘法或作图法求得蔗糖的旋光率 $[\alpha]_{650}^t$。

(2)根据旋光直线确定未知蔗糖浓度。

【课后思考】

为何用检偏器透过光强为零(消光)的位置来测量旋光度,而不用检偏器透过光强为最大值(P_1 和 P_2 透光轴平行)位置定旋光度?

【附录】误差产生的原因

(1)由于该蔗糖溶液浓度是不饱和状态,所以在长时间不用后浓度分布变得不均匀,因此在实验前要摇晃试管,使浓度分布变得均匀。注意,不摇晃就做实验所得的数值与摇晃后再做实验所得的数值明显不一样。

(2)细小气泡的影响,由于摇晃试管,便产生细小气泡,虽然浓度均匀了,但是细小气泡分布在试管内壁和两端,对实验仍然产生大的影响。此时需要静置一会儿,让气泡减少。如果不静置就做实验的话,测量的数值依然不准确。

(3)对光心,两个偏振器要紧靠试管的两端面。

5.7 阿贝成像原理和空间滤波

研究一个随时间变化的信号,可以在时间域进行,也可以在频率域进行。实现这种信号从时域到频域或从频域到时域变换的方法称为傅立叶分析(变换)。类似地,光学系统的成像过程既可以从信号空间分布的特点来理解,也可以从所谓的"空间频率"的角度来分析和处理,这就是所谓的光学傅立叶变换。由此产生了一个新的光学研究领域,即以傅立叶变换光学为基础的信息光学。由于会聚透镜对相干光信号具有傅立叶变换的特性,光信号的频域表示就从抽象的数学概念变成了物理现实。

早在 1874 年,阿贝(E. Adde,1840—1950)在德国蔡司光学器械公司研究如何提高显微镜的分辨本领问题时,就认识到相干成像的原理,他的发现不仅从波动光学的角度解释了显微镜的成像机理,明确了限制显微镜分辨本领的根本原因,而且由于显微镜(物镜)两步成像的原理本质上就是两次傅立叶变换,被认为是现代傅立叶光学的开端。

通过本实验可以把透镜成像与干涉、衍射联系起来,初步了解透镜的傅立叶变换性质,从而有助于对现代光学信息处理中的空间频谱和空间滤波等概念的理解。

【预习思考题】

(1)傅立叶变化在光学系统成像中的物理意义是什么?

(2)简述阿贝成像原理的物理思想和空间频率的概念。

【实验目的】

(1)了解光学傅立叶变换的原理。掌握正透镜作为光学傅立叶元件在实验上对傅立叶变换的实现。

(2)对光学空间谱和滤波、调制等光学信息处理手段有一定感性认识。

(3)掌握阿贝成像原理的物理机制,了解透镜孔径对分辨率的影响。

【实验原理】

1. 傅立叶变换在光学成像系统中的应用

在信息光学中,常用傅立叶变换来表达和处理光的成像过程。

设一个 xy 平面上的光场的振幅分布为 $g(x,y)$,可以将这样一个空间分布展开为一系列基元函数 $\exp[iz\pi(f_x x + f_y y)]$ 的线性叠加。即

$$g(x,y) = \iint\limits_{-\infty}^{\infty} G(f_x f_y)\exp[2\pi(f_x x + f_y y)]\mathrm{d}f_x \mathrm{d}f_y \tag{5-27}$$

f_x, f_y 分别为 x, y 方向的空间频率,量纲为 $L-1$;$G(f_x, f_y)$ 是相应于空间频率为 f_x, f_y 的基元函数的权重,也称为光场的空间频率,$G(f_x, f_y)$ 可由下式求得:

$$G(x,y) = \iint\limits_{-\infty}^{\infty} g(x,y)\exp[-2i\pi(f_x x + f_y y)]\mathrm{d}x\mathrm{d}y \tag{5-28}$$

$g(x,y)$ 和 $G(f_x,f_y)$ 实际上是对同一光场的两种本质上等效的描述。

当 $g(x,y)$ 是一个空间的周期性函数时,其空间频率就是不连续的。例如空间频率为 f_0 的一维光栅,其光振幅分布展开成级数:

$$g(x) = \sum_{n=-\infty}^{\infty} G_n \exp[i2\pi nf_0 x] \tag{5-29}$$

相应的空间频率为 $f=0,f_0,f_0$。

2.阿贝成像原理

傅立叶变换在光学成像中的重要性,首先在显微镜的研究中显示出来。阿贝在 1873 年提出了显微镜的成像原理,并进行了相应的实验研究。阿贝认为,在相干光照明下,显微镜的成像可分为两个步骤,第一个步骤是通过物的衍射光在物镜后焦面上形成一个初级衍射(频谱图)图。第二个步骤则为物镜后焦面上的初级衍射图向前发出球面波,干涉叠加为位于目镜焦面上的像,这个像可以通过目镜观察到。即阿贝成像原理:物是一系列不同空间频率的集合。入射光经物平面发生夫琅禾费衍射,在透镜焦面(频谱面)上形成一系列衍射光斑,各衍射光斑发出的球面次波在相面上相干叠加,形成像。

成像的这两个步骤本质上就是两次傅立叶变换,如果物的振幅分布是 $g(x,y)$,可以证明在物镜后面焦面 x', y' 上的光强分布正好是 $g(x,y)$ 的傅立叶变换 $G(f_x,f_y)$。(只要令 $f_x = \dfrac{x'}{\lambda F}$, $f_y = \dfrac{y'}{\lambda F}$,$\lambda$ 为波长,F 为物镜焦距)。所以第一个步骤起的作用就是把一个光场的空间分布变成为:空间频率分布;而第二个步骤则是又一次傅氏变换,将 $G(f_x, f_y)$ 又还原到空间分布。

图 5-23 显示了成像的这两个步骤,为了方便起见,我们假设物是一个一维光栅,平行光照在光栅上,经衍射分解成为向不同方向的很多束平行光(每一束平行光相应于一定的空间频率)。经过物镜分别聚集在后焦面上形成点阵,然后代表不同空间频率的光束又从新在像平面上复合而成像。

图 5-23　阿贝成像原理

但一般说来,像和物不可能完全一样,这是由于透镜的孔径是有限的,总有一部分衍射角度较大的高次成分(高频信息)不能进入到物镜而被丢弃了,所以像的信息总是比物的信息要少一些,高频信息主要是反映物的细节的,如果高频信息受到了孔径的阻挡而不能到达像平面,则无论显微镜有多大的放大倍数,也不可能在像平面上分辨出这些细节,这是显微镜分辨率受到限制的根本原因,特别是当物的结构非常精细(例如很密的光栅),或物镜孔径非常小时,有可能只有 0 级衍射(空间频率为 0)能通过,则在像平面上就完全不能形成图像。

3.光学空间滤波

上面我们看到在显微镜中物镜的孔径实际上起了一个高频滤波的作用,这就启发我们,如果在焦平面上人为地插上一些滤波器(吸收板或移相板)以改变焦平面上光振幅和位相就可以根据需要改变像平面上的频谱,这就叫作空间滤波。最简单的滤波器就是把一些特殊形式的光阑插到焦平面上,使一个或几个频率分量能通过,而挡住其他频率分量,从而使像平面上的图像只包括一种或几种频率分量,对这些现象的观察能使我们对空间傅立叶变换和空间滤波有更明晰的概念。

【仪器设备】

1.实验仪器
实验组合装置如图 5-24 所示。

2.仪器介绍
光学平台是常用光学实验装置。上有标尺,用来读出光学元件的位置;上面配有一套磁性底座:有一维、二维、三维和通用底座之分;可按要求选用并进行上下、左右、前后的调节。

1—He-Ne激光器(632.8nm);2—扩束镜($f_1=4.5mm$)、3、5、9—二维调整架;4—准直镜($f_2=190mm$);6——维光栅($L=25/mm$);7—干板架;8—傅立叶透镜($f_3=150mm$);10—频谱滤波器;11—白屏。

图 5-24　实验组合装置

【实验内容及数据记录】

用扩束镜、准直镜组成扩束系统,使其出射的平行激光光束垂直照射在其狭缝沿铅直方向放置的一维光栅上。前后移动变换傅立叶透镜,使光栅(物)清晰地成像于离物两米以外的墙壁上。此时光栅位置接近于透镜的前焦面,故透镜的后焦面就为其傅氏面,该面上光强的分布即为物的空间频谱。用白屏在透镜的后焦面附近慢慢移动,在透镜后焦面上可以观察到水平排列的一些清晰光点。这些光点相应于光栅的 $0, \pm 1, \pm 2 \cdots\cdots$ 级衍射极大值,用米尺大约测出各光点与中央最亮点的距离 x',从 x'、透镜的焦距 F 及光波波长 λ,试求出这些光点相应的空间频率。

1. 必做

(1)在傅立叶透镜后焦面(傅氏面)处放入频谱滤波器,挡去 0 级以外的各点,观察像面上有无光栅条纹。

(2)调节光栏,使通过 0 级和±1 级最大值,观察像面上的光栅条纹像,再把光栏拿去,让更高级次的衍射都能通过,再观察像面上的光栅条纹像,试看这两种情况的光栅条纹像的宽度有无变化。

(3)把频谱滤波器调整为 90°,让包含 0 级的水平的一排光点通过,观察像平面上一维条纹像的方向。

(4)再把频谱滤波器调整为 45°,再观察像面上条纹像的方向。

(5)用网格字替换二维光栅,观察网格字的像的构成。

2. 选做

(1)把一维光栅换成二维正交光栅,再前后移动变换傅立叶透镜,使光栅(物)清晰地成像于离物两米以外的墙壁上。这时在透镜后焦面上观察到二维的分立光点阵(即正交光栅的频谱)。在傅氏面处加一频谱滤波器,使通过光轴的一系列光点通过,观察像平面上一维条纹像的方向。

(2)再将一个可变圆孔光栏放在傅氏面上,逐步缩小光栏,直到只让光轴上一个光点通过为止,再观察网格字的像的构成,试与没滤波之前的字相比较。

【注意事项】

(1)实验过程保证光路等高共轴。

(2)眼睛不要逆着激光的方向看。

(3)调制板、滤光片不要夹得过紧。

【数据处理】

(1)分别记录一、二、三级衍射光点与中央最亮点的距离的测量数据。

(2)求出各级衍射点相应的空间频率。

【课后思考】

(1)如何从阿贝成像原理来理解显微镜的分辨本领?提高物镜的放大倍数能够提高显微镜的分辨本领吗?

(2)阿贝成像原理与光学空间滤波有什么关系?

5.8　全息照相

1948 年伽伯曾提出一种无透镜两步成像法,即用一个合适的相干参考波与一个物体的散射波叠加,则此散射波的振幅和相位的分布就以干涉图样的形式被记录在感光板上,被记录的干涉图称全息图。用相干光照射全息图,透射光的一部分就能重新模拟出原物的散射波波前,于是重现一个与原物非常逼真的三维图像。因为当时没有足够好的相干光源,所以几乎没有引起人们的注意。1960 年激光的出现促进了全息术的发展,并使这一想法付诸实现。激光全息照相是利用记录介质将物光波和参考光波的干涉条纹记录下来,形成全息图;用激光束照射全息图,还原出原始物体的三维像。目前全息术已从光学发展到微波、X 射线和声波等其他波动过程,成为科学技术的一个新领域。

【预习思考题】

(1)简要说明全息照相与普通照相的区别。

(2)全息照相的特点主要有哪些?

【实验目的】

(1)加深理解全息照相的基本原理。

(2)学会拍摄全息照片,观察物体的再现像(虚像和实像)。

【实验原理】

全息照相原理是 1948 年由伽伯为了提高电子显微镜的分辨本领而提出的。"全息"是指物体发出光波的全部信息,既包括振幅或强度,也包括相位。全息照相与普通照相有着本质上的区别,普通照相是应用几何光学原理,利用光学透镜把物体光波会聚成物体的像,记录在照相底片上,它只能记录和重现物体光波的振幅信息,即光强的不同。而全息照相是应用物理光学的原理,分全息记录和再现两步进行,首先利用光束干涉的方法,把物体光波的振幅和相位信息全部记录在全息干板上。其方法是:把一束激光分成两束,其中的一束直接照射到全息干板上,称为参考光 R,另一束光照到被摄物体上,经物体反射后再照射到全息干板,称为物光 O。这两束光在全息干板上相遇产生干涉,而全息干板上记录的是物光和参考光的复杂的干涉条纹,经显影、定影后成为全息图,如图 5-25 所示。再现过程是再用激光照射全息图,即可观察到被摄物体的全息象。全息照相在记录物光的相位和强度分布时,利用了光的干涉。在全息照相中就是引进了一束与物光相干的参考光,使这两束光在感光底片处发生干涉叠加,感光底片将与物光有关的振幅和位相分别以干涉条纹的反差和条纹的间隔形式记录下来,经过适当的处理,便得到一张全息照片。全息照相记录的是物体光波的波前,再现时得到的如同物体存在时一样的波前,因此可以真实地反映物体各点在空间的相对位置和相对强度。所以通过全息图再现的是真正的物体像。

本实验是投射式全息照相。投射式全息照相是指重现时所观察的是全息图透射光的成像。下面对平面全息图的情况做具体的数学描述。

1. 全息记录

设来自物体的单色光波在全息干板平面上的复振幅分布为:

$$O(x,y) = A_O(x,y)\exp[i\phi_O(x,y)] \tag{5-30}$$

称为物光波。同一波长的参考光波在干板平面上的复振幅分布为:

$$R(x,y) = A_R(x,y)\exp[i\phi_R(x,y)] \tag{5-31}$$

称为参考光波。平板上总的复振幅分布为:

$$U(x,y) = O(x,y) + R(x,y) \tag{5-32}$$

干板上的光强分布为:

$$I(x,y) = U(x,y)U^*(x,y) \tag{5-33}$$

将式(5-30),(5-31),(5-32)代入式(5-33)中,得出:

$$I(x,y) = A_O^2 + A_R^2 + A_O A_R \exp[i(\psi_O - \psi_R)] + A_R A_O \exp[i(\psi_R - \psi_O)] \tag{5-34}$$

适当控制曝光量和冲洗条件,可以使全息图的振幅透过率 $t(x,y)$ 与曝光量 E(与光强 I 成正比)呈线性关系,即 $t(x,y) \propto I(x,y)$

设 $t(x,y) = \alpha + \beta I(x,y)$ $\qquad$ (5-35)

α, β 为常数。这就是全息图的记录过程。

由上面的描述可知,底片上干涉条纹的反衬度为:

$$\beta = \frac{I_{\max} - I_{\min}}{I_{\max} + I_{\min}}$$

其中 $I_{\max} = |A_O + A_R|^2$,$I_{\min} = |A_O - A_R|^2$。

干涉条纹的间距则决定于 $(\psi_R - \psi_O)$ 随位置变化的快慢。对一定的 ψ_R、A_R 来说,干涉条纹的明暗对比反映了物光波的振幅大小,即强度因子,干涉条纹的形状间隔反映了物光波的位相分布。因此底片记录了干涉条纹,也就记录了物光波前的全部信息——振幅和位相。

2. 波前重视

用与参考光完全相同的光束照射全息图,透过光的复振幅分布是:

$$U_t(x,y) = R(x,y)t(x,y) \tag{5-36}$$

将式(5-31),(5-35)代入上式,整理得出:

$$U_t(x,y) = A_O[\alpha + \beta(A_O^2 + A_R^2)]\exp(i\psi_R) + A_O^2 A_R \exp(i\psi_O) + A_R A_O \exp[i(2\psi_R - \psi_O)] \tag{5-37}$$

式(5-37)中的第一项,具有再现光的特性,是衰减了的再现光,这是 0 级衍射。式(5-37)的第二项,是原来的物光波乘一系数,它具有原来物光波的特性,如果用眼睛接收到这个光波,就会看到原来的"物"。这个再现像是虚像,称为原始像。式(5-37)中的第三项,具有与原物光波共轭的位相:$\exp(-i\psi_O)$,说明它代表一束会聚光,应形成一个实像。因为有一位相因子 $\exp(2i\psi_R)$ 存在,这个实像不在原来的方向上。这个像叫共轭像,如图5-26所示。通常把形成原始像的衍射光称为 +1 级衍射,把形成共轭像的衍射光称为 1-级衍射。

图 5-25　全息记录

图 5-26　波前重现

在参考光为球面波的情况下,重现光的点光源和原记录时参考光的点光源必须在相同位置(相对于底片),才能得到无畸变虚像。否则,重现像的位置不同于原来"物"的位置,重现像的放大倍数也不等于1。照明点光源愈远,像愈大,反之像缩小。要得到无畸变实像,应以参考光的共轭光——一束会聚在原参考光点光源的会聚光——照明底片。

3.全息照相的主要特点和应用

全息照片具有许多有趣的特点:

(1)片上的花纹与被摄物体无任何相似之处,在相干光束的照射下,物体图像却能如实重现。

(2)立体感很明显(三维再现性),如某些隐藏在物体背后的东西,只要把头偏移一下,也可以看到。视差效应很明显。

(3)全息图打碎后,只要任取一小片,照样可以用来重现物光波。犹如通过小窗口观察物体那样,仍能看到物体的全貌。这是因为全息图上的每一个小的局部都完整地记录了整个物体的信息(每个物点发出的球面光波都照亮整个感光底片,并与参考光波在整个底片上发生干涉,因而整个底片上都留下了这个物点的信息)。当然,由于受光面积减少,成像光束的强度要相应地减弱;而且由于全息图变小,边缘的衍射效应增强而必然会导致像质的下降。

(4)在同一张照片上,可以重叠数个不同的全息图。在记录时或改变物光与参考光之间的夹角,或改变物体的位置,或改变被摄的物体,等等。——曝光之后再进行显影与定影,再现时能一一重现各个不同的图像。

由于具有这些特点,全息照相术现在已经得到了广泛的应用。如前面提到的全息信息存储和全息干涉分析就是分别应用了所述的第三和第四个特点。

【仪器设备】

1.实验仪器

He－Ne 激光器 L(632.8nm),分光镜 S(半透半反镜)三维调整架,平面反射镜(M_1、M_2),二维调整架(4 个),扩束镜($f_{L1}=15mm$、$f_{L2}=4.5mm$),小物体、载物台、全息干版 P、二维干版架,二维底座(3 个)、三维底座(1 个)、一维底座(3 个)、通用底座(2 个),毛玻璃屏各一个。

2.仪器介绍

(1)全反镜:使激光束改变方向,可作高度、左右、俯仰三维调节。

(2)分束镜:使激光束分成二豆类,一束透镜,另一束反射,可作三维调节。

(3)扩束镜:将激光管射出的细小光束扩大,以照明整个被摄物体和感光板,可作垂直、左右调节。

【实验内容及数据记录】

1.投射式全息图的记录

(1)将所有器件按图 5-27 的相对位置摆放在平台上布置好光路,调至等高,拿去扩束镜 L_1、L_2,打开激光器调好光路。注意此时不能放上全息干板,先用毛玻璃屏代替全息干板。

（2）将物光光束与参考光光束的光程调至基本相等，光程差接近于0，并使两者的夹角在30°到40°之间。

（3）调平面反射镜 M_1 的倾角，使物光光束照射在物的中间位置，调平面反射镜 M_2 的倾角，使参考光光束照射在白纸的中间。

（4）加入 L_1，调至其上下、左右、前后位置，使光团刚好照全物体，加入 L_2，调节其上下、左右、前后位置，使光团照在毛玻璃屏上，并使其与物光的光强比在2∶1至5∶1之间。

（5）关上照明灯，用黑纸挡住激光器的出光口。把干板底片夹到干板架上，应使乳胶面对着光入射的方向。先静置激光器2～3min后移开黑纸，对干版进行曝光，曝光时间约为3～10s，然后，在弱绿光下进行显影和定影，显影时间约为2～3min，定影时间约为3～5min。晾干。此时的干板就是全息图（显影时间和定影时间应依照显影液和定影液的浓度和温度而定）。

2.投射式全息图的重现

（1）用透镜将激光器扩速后照明全息图，使光照方向沿原参考光的方向，仔细观察虚像。撤掉物光波，从全息图的背面观察原物位置，在原物所在方位即发生波前再现，可见一个三维立体虚像。

（2）改变全息到光源的远离，观察再现像大小的改变。

（3）用一张有 $\psi=5mm$ 的小孔的黑纸贴近全息底片，人眼通过小孔观察全息虚像，你看到的是再现像的全部还是局

图 5-27 全息照相设备

部？移动小孔的位置，看到虚像。转动全息图的角度，在另一侧用毛玻璃或白屏寻找实像并记录其相对位置。

3.记录实验

过程记录整个实验过程。

【注意事项】

（1）眼睛绝不可直视未扩束的激光束，以免造成视网膜的永久损伤。

（2）为了保证物光和参考光之间的良好的相干性，应尽量使两束光的光程相同，二路光强（物光∶参考光）在1∶2～1∶4。

（3）曝光时保持安静，不能走动，不能触碰全息台。

（4）在化学处理过程及其前后，应拿住全息片的边缘。注意不要触摸药膜面，以免碰伤全息片。

【数据处理】

分析总结成败因果。

【课后思考】

（1）将处理后的干板按原方位装在干板夹上（注意正反面）。移走原物，并挡住物光

束。仅用参考光照射干板。按图 5-26 或图 5-27 所示迎着原物光束方向观察原物虚像，感受其立体感。改变观察角度，又发现了什么新情况？大致确定在多大的角度范围内观察图像较清晰。

(2)将上述参考光强的大小改变，所看到的像有何变化？

(3)将一黑纸挖一小孔，然后遮住全息干板，使激光只照到部分干板，你看到了什么？移动小孔位置，你又看到了什么？得出什么结论？

5.9 磁性材料基本特性的研究

通常磁性材料是指由过渡元素铁、钴、镍等元素及其合金等能够直接或间接产生磁性的物质。根据磁性材料按磁化后去磁的难易可分为软磁性材料和硬磁性材料。磁化后容易去掉磁性的物质叫软磁性材料，不容易去掉的物质叫硬磁性材料。磁滞回线和居里温度是表征磁性材料的两个基本特性。磁滞回线反映磁性材料在外磁场中的磁化特性，而居里温度则是磁性材料由铁磁性转变为顺磁性的相变温度。

从应用角度，磁性材料分为软磁、永磁、磁记录、旋磁材料等。软磁、永磁、磁记录中既有金属材料，又有铁氧体材料；而旋磁和高频软磁材料目前就只能是铁氧体材料了，因为金属在高频和微波频率下将产生巨大涡流，导致金属磁性材料无法使用，而铁氧体的电阻非常高，能有效克服，并得到广泛应用。在通信、网络、家电、计算机、汽车电子、抗电磁干扰、雷达、导航等电子产品市场发展势头迅猛的今天，我国已成为全球最大的软磁铁氧体生产基地。

本实验通过对软磁铁氧体材料居里温度及动态磁滞回线的测量，加深对这一磁性材料基本特性的理解。

磁性材料基本特性的研究(一)

【预习思考题】
(1)何为居里温度？
(2)在实验中你认为应怎样才能正确找到居里温度？

【实验目的】
(1)初步了解铁磁物质由铁磁性转变为顺磁性的微观机理。
(2)学习铂电阻温度计的使用。
(3)测定所给定的铁磁材料的居里温度。

【实验原理】

1. 磁化性质

一切可被磁化的物质叫作磁介质。磁介质的磁化规律可用磁感应强度 B、磁化强度

M、磁场强度 H 来描述，在国际单位制下它们满足以下关系

$$B = \mu_0(H + M) = (\chi_m + 1)\mu_0 H = \mu_r\mu_0 H = \mu H \tag{5-38}$$

式中，$\mu_0(H/m)$ 为真空磁导率，χ_m 为磁化率，$\mu_r = \chi_m + 1 = B/\mu_0 H$ 为相对磁导率，是一个无量纲的系数。$\mu = \mu_r\mu_0$ 为绝对磁导率。对于顺磁性介质，磁化率 $\chi_m > 0$，μ_r 略大于 1；对于抗磁性介质，$\chi_m < 0$，一般 χ_m 的绝对值在 10^{-4} 至 10^{-5} 之间，μ_r 略小于 1；而铁磁性介质的 $\chi_m \gg 1$，所以，$\mu_r \gg 1$。

对非铁磁性的各向同性的磁介质，H 和 B 之间满足线性关系：$B = \mu H$。而铁磁性介质的 μ、B 与 H 之间有着复杂的非线性关系。一般情况下，铁磁质内部存在自发的磁化强度，温度越低自发磁化强度越大。图 5-28 是典型的磁化曲线（B-H 曲线），它反映了铁磁质的共同磁化特点：随着 H 的增加，开始时 B 缓慢的增加，此时 μ 较小；而后便随 H 的增加 B 急剧增大，μ 也迅速增加；最后随 H 增加，B 趋向于饱和，而此时的 μ 值到达最大值。图 5-28 表明了磁导率 μ 是磁场 H 的函数。从图 5-29 中可看到，磁导率 μ 也是温度 T 的函数，当温度升高到某个值时，铁磁质由铁磁状态转变成顺磁状态，在曲线突变点所对应的温度就是居里温度 T_C。

图 5-28　磁化曲线和 μ-H 曲线

图 5-29　μ-T 曲线

2. 用交流电桥测量居里温度

铁磁材料的居里温度可用任何一种交流电桥测量。交流电桥种类很多，如麦克斯韦电桥、欧文电桥等，但大多数电桥可归结为如图 5-30 所示的四臂阻抗电桥，电桥的四个臂可以是电阻、电容、电感的串联或并联的组合。调节电桥的桥臂参数，使得 C、D 两点间的电位差为零，电桥达到平衡，则有

$$\frac{Z_1}{Z_2} = \frac{Z_3}{Z_4} \tag{5-39}$$

若要上式成立，必须使复数等式的模量和辐角分别相等，于是有

$$\frac{|Z_1|}{|Z_2|} = \frac{|Z_3|}{|Z_4|} \tag{5-40}$$

$$\varphi_1 + \varphi_4 = \varphi_2 + \varphi_3 \tag{5-41}$$

由此可见，交流电桥平衡时，除了阻抗大小满足式(5-40)外，阻抗的相角还要满足式(5-41)，这是它和直流电桥的主要区别。

本实验采用如图 5-31 所示的 RL 交流电桥，在电桥中输入电源由信号发生器提供，在实验中应适当选择较高的输出频率，ω 为信号发生器的角频率。其中 Z_1 和 Z_2 为纯电阻，Z_3 和 Z_4 为电感（包括电感的线性电阻 r_1 和 r_2），其复阻抗为

图 5-30　交流电桥的基本电路

图 5-31　RL 交流电桥

$$Z_1 = R_1, Z_2 = R_2, Z_3 = r_1 + j\omega L_1, Z_4 = r_2 + j\omega L_2 \tag{5-42}$$

当电桥平衡时有

$$R_1(r_2 + j\omega L_2) = R_2(r_1 + j\omega L_1) \tag{5-43}$$

实部与虚部分别相等,得

$$r_2 = \frac{R_2}{R_1}r_1, L_2 = \frac{R_2}{R_1}L_1 \tag{5-44}$$

选择合适的电子元件相匹配,在未放入软磁铁氧体材料前,可直接使电桥平衡,但当其中一个电感放入铁氧体后,电感大小发生了变化,引起电桥不平衡。随着温度上升到某一个值,铁氧体的铁磁性转变为顺磁性,C、D 两点间的电位差发生突变并趋于零,电桥又趋向于平衡,这个突变的点对应的温度就是居里温度。可通过桥路电压与温度的关系曲线,求其曲线突变处的温度,并分析研究在升温与降温时的速率对实验结果的影响。

由于被研究的对象铁氧体置于电感的绕组中,被线圈包围,则空间温度将与铁氧体实际温度不同(加温时,铁氧体温度低于空间温度;降温时,铁氧体温度高于空间温度),这种滞后现象在实验中必须加以重视。只有在动态平衡的条件下,磁性突变的温度才精确等于居里温度。

【仪器设备】

1. 实验仪器

数字万用表、铂电阻温度计、管式加热器、实验接线板和实验配件等。

2. 仪器介绍

铂电阻温度计用来测量加热管管中的温度。

管式加热器通过外界的电流,实现管中温度升高。

【实验内容及数据记录】

用电桥法测量铁氧体的居里温度 T_C。

(1)按图 5-32 自联电路,调节电路。

(2)在其中的一个电感里放入铁氧体。

(3)对铁氧体加热,测量桥路电压与温度的关系。

(4)根据实验内容的要求,记录电桥各臂阻抗、加热时桥路电压和温度。

【注意事项】

(1)为了准确地测量铁氧体的温度,测量中测量铂电阻温度计必须与铁氧体在同一位置。

(2)加热过程中保持孤立系统。

【数据处理】

用坐标纸或 Origin 软件绘出桥路电压与温度的关系曲线,求出居里温度。

【课后思考】

(1)温度到达居里温度时有什么现象?

(2)你认为这一实验引起的误差主要是什么原因?应如何减少误差?

磁性材料基本特性的研究(二)

磁性材料在外加磁场 H 作用下,必有相应的磁感应强度 B,B 随磁场强度 H 的变化曲线称为磁化曲线。通过实验可以理解磁性材料的磁化特点,加深认识磁性材料的物理特性。

实验简介

【预习思考题】

(1)何为剩磁?何为退磁?何为矫顽力?

(2)用示波器法观测磁滞回线时,通过什么方法获得 B 和 H 两个磁学量?

【实验目的】

(1)掌握磁滞、磁滞回线和磁化曲线的概念,加深对铁磁材料的主要物理量——矫顽力、剩磁和磁导率的理解。

(2)学会用示波器法观测基本磁化曲线和磁滞回线。

【实验原理】

1.磁滞性质

铁磁材料除了具有高的磁导率外,另一重要的特性是磁滞现象。当铁磁材料磁化时,磁感应强度 B 不仅与所加载的磁场强度 H 有关,而且与磁化的历史有关,如图 5-32 所示。曲线 OA 表示铁磁材料从没有磁性开始磁化,B 随 H 的增加而增加,称为初始磁化曲线。当 H 值到达某一个值 H_S 时,B 值几乎不再增加,磁化趋于饱和。这时降低 H,B 将不再沿原曲线返回,而是沿另一条曲线 $AC'A'$ 下降,当 H 从 $-H_S$ 趋于正值时,B 将沿着 $A'CA$ 曲线到达 A

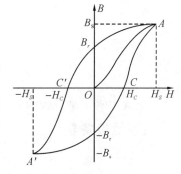

图 5-32　磁化曲线和磁滞回线

形成一闭合曲线。其中当 $H=0$ 时,$|B|=B_r$,B_r 称为剩余磁感应强度。要使得 B_r 为零,就必须加一反向磁场,当反向磁场强度增加到 $H=-H_C$ 时,磁感应强度 B 为零,达到退磁,H_C 称为矫顽力。各种铁磁材料有不同的磁滞回线,主要区别在于矫顽力的大小,矫顽力大的称为硬磁材料,矫顽力小的称为软磁材料。

2.用示波器测量动态磁化曲线和磁滞回线

图 5-33 为用示波器测量动态磁化曲线和磁滞回线的电路图。本实验研究的是闭合状的铁磁圆环样品,铁磁样品平均磁路为 L,励磁线圈的匝数为 N_1,若励磁电流为 i_1,在样品内根据安培环路定律,有

$$HL = N_1 i_1 \tag{5-45}$$

则示波器 X 轴偏转板输入电压

$$U_{R_1} = R_1 i_1 = \frac{R_1 L}{N_1} H \tag{5-46}$$

式中的 R_1、L、N_1 均为常数,这表明 X 轴输入电压的大小 U_{R1} 与磁场强度 H 成正比。

图 5-33　用示波器测量动态磁化曲线和磁滞回线的电路图

设样品的截面积为 S,根据电磁感应定律,在匝数为 N_2 的次级线圈中,感应电动势为

$$\varepsilon_2 = - N_2 S \frac{\mathrm{d}B}{\mathrm{d}t} \tag{5-47}$$

考虑次级线圈的匝数 N_2 较少,自感电动势可忽略,在 R_2、C 所构成的回路中适当地选取 R_2、C 值,使得 $R_2 \gg 1/C$,则

$$\varepsilon_2 = R_2 i_2 \tag{5-48}$$

将 $i = \dfrac{\mathrm{d}q}{\mathrm{d}t} = C \dfrac{\mathrm{d}u_C}{\mathrm{d}t}$ 代入(5-48)式,并利用(5-47)式可得

$$U_C = - \frac{N_2 S}{R_2 C} B \tag{5-49}$$

上式表明 Y 轴输入的 U_C 与磁感应强度 B 成正比。

【仪器设备】

仪器设备

1. 实验仪器

数字万用表,实验接线板,功率函数信号发生器,双踪示波器和实验配件等。

2. 仪器介绍

功率函数信号发生器,示波器见本书"3.4 电学实验的预备知识和常用仪器中的示波器"部分和"4.18 示波器的使用"部分。

【实验内容及数据记录】

观测磁环的磁化曲线和磁滞回线。

实验内容

(1)按图 5-33 接线图自接电路,在示波器上调节出饱和的磁化曲线和磁滞回线。

(2)在频率较低时,会造成相位失真,磁滞回线经常会出现如图 5-34 所示的畸变。因此频率不可较低,同时需要选择合适的 R_1、R_2 和 C 的值,可避免这种畸变,得到最佳磁滞回线图形。

(3)建立示波器显示的 $X(U_{R1})$、$Y(U_C)$ 坐标,记录示波器显示的坐标原点,记录示波器显示的 X、Y 轴的单位量。

(4)测量并记录饱和点、剩磁点、矫顽力应测的各物理量值(U_{Bs}、$-U_{Bs}$、U_{Hs}、$-U_{Hs}$、U_{Br}、$-U_{Br}$、U_{Hc}、$-U_{Hc}$)。为了做出 B-H 关系图,除上述点外请多测几点,自己设计取点。

图 5-34　磁滞回线畸变

【注意事项】

(1)磁化曲线和磁滞回线要达到饱和。

(2)测量过程中,应保持示波器的灵敏度 S_X 和 S_Y 不变。

【数据处理】

实验数据

(1)求出剩余磁感应强度 B_r,矫顽力 H_C,饱和磁感应强度 B_S 和饱和磁场强度 H_S。

(2)做出 B-H 关系图。

【课后思考】

思考与讨论

(1)如何正确调试磁滞回线?关键步骤有哪些?

(2)磁化过程中磁性材料的磁感应强度 B 是否随外部磁场 H 增大而增大?为什么?

(3)试讨论实验误差的主要来源。

(4)根据实验结果分析实验所用的材料是硬磁材料还是软硬磁材料。

5.10　用密立根油滴仪测油滴电荷

1897 年汤姆逊发现了电子的存在,一个电子所带的电荷量是现代物理学重要的基本常数之一。

由美国杰出的物理学家密立根在 1907 年及以后的七年时间内,首先设计并完成的密立根油滴实验,采用了宏观的力学模式来研究微观世界的量子特性。它证明了带电体所带的电荷都是某一最小电荷的整数倍,明确了电荷的量子化,并精确地测定了基本电荷 e 的数值。

实验简介

密立根油滴仪是通过带电油滴在重力场中和静电场中运动的测量,验证电荷的不连续性,并测定基本电荷电量的物理实验仪器。油滴实验用一小油滴作电的载体,在测量带电油滴运动时,可以避免 m_e 作为运动方程式的参量,代之以油滴质量 $m(m \gg m_e)$。实验设计巧妙,将微观量转化为宏观量的测量,在近代物理学的发展史上具有里程碑意义。密立根本人也因此荣获 1923 年诺贝尔物理学奖。

人们用类似的方法测定基本粒子夸克的电量。

【预习思考题】

(1)如何判断油滴盒内平行极板是否水平?不水平对实验结果有何影响?

(2)何谓合适的待测油滴,其选取原则是什么?

【实验目的】

(1)学习密立根油滴实验的设计思想。

(2)验证电荷的不连续性及测量基本电荷电量。

(3)通过对实验仪器的调整,油滴的选择、跟踪和测量,以及实验数据处理等,培养学生严谨的科学实验态度。

【实验原理】

一个质量为 m、带电量为 q 的油滴处在两块平行极板之间,在平行极板未加电压时,油滴受重力作用而加速下降。由于空气阻力的作用,下降一段距离后,油滴将做匀速运动,速度为 v_g,这时重力与阻力平衡(空气浮力忽略不计),如图 5-35 所示。根据斯托克斯定律,黏滞阻力为 $f_r = 6\pi a \eta v_g$ 式中 η 是空气的黏滞系数,a 是油滴的半径,这时有

$$6\pi a \eta v_g = mg \tag{5-50}$$

图 5-35　重力场中油滴的运动　　　图 5-36　电场中油滴的运动

当在平行极板上加电压 U 时,油滴处在场强为 E 的静电场中,设电场力 qE 与重力相反(如图 5-36 所示),使油滴受电场力加速上升。由于空气阻力作用,上升一段距离后,油滴所受的空气阻力、重力与电场力达到平衡(空气浮力忽略不计),则油滴将以匀速上升,此时速度为 v_e,则有

$$6\pi a \eta v_e = qE - mg \tag{5-51}$$

又因为

$$E = \frac{U}{d} \tag{5-52}$$

由上述式(5-50)、(5-51)、(5-52)可解出

$$q = mg \frac{d}{U} \left(\frac{v_g + v_e}{v_g} \right) \tag{5-53}$$

为测定油滴所带电荷 q，除应测出 U、d 和速度 v_e、v_g 外，还需知油滴质量 m，由于空气中悬浮和表面张力作用，可将油滴看作圆球，其质量为

$$m = \frac{4}{3}\pi a^3 \rho \tag{5-54}$$

其中 ρ 是油滴的密度。

由式(5-50)和(5-54)，可得油滴的半径

$$a = \left(\frac{9\eta v_g}{2\rho g}\right)^{\frac{1}{2}} \tag{5-55}$$

考虑到油滴非常小，空气已不能看成连续媒质，空气的黏滞系数 η 应修正为

$$\eta' = \frac{\eta}{1 + \dfrac{b}{pa}} \tag{5-56}$$

式中，b 为修正系数，p 为空气压强，a 为未经修正的油滴半径，由于它在修正项中，不必计算得很精确，由式(5-55)计算就够了。

实验时取油滴匀速下降和匀速上升的距离相等，都设为 l，测出油滴匀速下降的时间 t_g、匀速上升的时间 t_e，则

$$v_g = \frac{l}{t_g}，\ v_e = \frac{l}{t_e} \tag{5-57}$$

将式(5-54)、(5-55)、(5-56)、(5-57)代入式(5-53)，可得

$$q = \frac{18\pi}{\sqrt{2\rho g}}\left[\frac{\eta l}{1 + \dfrac{b}{pa}}\right]^{\frac{3}{2}} \frac{d}{U}\left(\frac{1}{t_e} + \frac{1}{t_g}\right)\left(\frac{1}{t_g}\right)^{\frac{1}{2}}$$

令

$$K = \frac{18\pi}{\sqrt{2\rho g}}\left[\frac{\eta l}{1 + \dfrac{b}{pa}}\right]^{\frac{3}{2}} \times d$$

得

$$q = K\left(\frac{1}{t_e} + \frac{1}{t_g}\right)\left(\frac{1}{t_g}\right)^{\frac{1}{2}} / U \tag{5-58}$$

此式是动态(非平衡)法测油滴电荷的公式。

下面导出静态(平衡)法测油滴电荷的公式。调节平行极板间的电压，使油滴不动，$v_e = 0$，即 $t_e \rightarrow \infty$。由式(5-58)可得

$$q = K\left(\frac{1}{t_g}\right)^{\frac{3}{2}} \times \frac{1}{U_B} \tag{5-59}$$

上式即为静态法测油滴电荷的公式，其中 U_B 为平衡电压。

为了求电子电荷 e，对实验测得的各个电荷 q 求最大公约数，就是基本电荷 e 的值，即电子电荷 e；也可以测得同一油滴所带电荷的改变量 Δq(可以用紫外线或放射源照射油滴，使它所带电荷改变)，这时 Δq 应近似为某一最小单位的整数倍，此最小单位即为基本电荷 e。

【仪器设备】

1. 实验仪器

OM99 型密立根油滴仪、监视器、喷雾器、油。

2. 仪器介绍

OM99 型密立根油滴仪主要由油滴盒、CCD 电视显微镜、电路箱、监视器等组成。

(1)其主要技术指标如下：

平行极板间的距离：$d=(5.00\pm0.01)$mm

电视显微镜放大倍数 $60\times$

分划板刻度：分八格，每格值 0.25mm

极板间电压：$\pm DC0\sim700V$ 可调

平衡电压：$200\sim300V$

电源：AC220V、50Hz

(2)油滴盒是个重要部件，加工要求很高，其结构见图 5-37。

1—油雾杯；2—油雾孔开关；3—防风罩；4—上电极；5—油滴盒；6—下
电极；7—座架；8—上盖板；9—喷雾口；10—油雾孔；11—上电极压簧；
12—油滴盒基座。

图 5-37 油滴盒的结构

从图 5-37 可见，上下电极直接用精加工的平板垫在胶木圆环上，极板间的不平行度、极板间的间距误差都可以控制在 0.01mm 以下。在上电极板中心有一个直径 0.4mm 的油雾落入孔，在胶木圆环上开有显微镜观察孔、照明孔和汞灯射入孔。在胶木圆环的外侧装有照明室，内置高亮度发光二极管，作上下电极间油滴照明用。在胶木圆环的外侧还装有冷阴极低压石英汞灯，点亮时能辐射出 $\lambda=253.7$nm 的紫外光线，该光线通过胶木圆环上的汞灯射入孔后，使油滴中的空气电离，从而使油滴所带的电量发生变化。在油滴盒外套有防风罩，罩上放置一个可取下的油雾杯，杯底中心有一个落油孔及一个挡片，用来开关落油孔。在上电极上方有一个可以左右拨动的压簧，注意，只有将压簧拨向最边位置，方可取出上极板。

【实验内容及数据记录】

1.OM99 型密立根油滴仪的连接

将 OM99 面板上最左边带有 Q9 插头的电缆线接至监视器后背下部相应的插座上。

实验内容

2.仪器调整

将仪器放平稳,调节仪器底座上的三只调平手轮,将水泡调平。由于底座空间较小,调手轮时如将手心向上,用中指和无名指夹住手轮调节较为方便。

照明光路不需调整。CCD 显微镜对焦也不需用调焦针插在平行电极孔中来调节,只需将显微镜筒前端和底座前端对齐,然后喷油后再稍稍前后微调即可。在使用中,前后调焦范围不要过大,取前后调焦 1mm 内的油滴较好。

3.仪器接通

开机 1 分钟后自动进入测量状态,显示出标准分化板刻度线及 V 值、S 值。开机后如想直接进入测量状态,按一下"计时/停"按钮即可。

如开机后屏幕上的字很乱或字重叠,可调节显示器下方聚焦等控制旋钮。

面板上 K_1 用来选择平行电极上的极性,实验中置于"+"或"−"侧均可,一般不常变动。使用最频繁的是 K_2 和 W 及"计时/停"(K_3)。

4.测量练习

练习是顺利做好实验的重要一环,包括练习控制油滴运动,练习测量油滴运动时间和练习选择合适的油滴。

(1)练习控制油滴:用平衡法实验时,在平行极板上加工作(平衡)电压 250V 左右,反向开关放在"+"或"−"侧均可,选择一颗油滴,仔细调节平衡电压,使这颗油滴静止不动,然后去掉平衡电压,让它们匀速下降,下降一段距离后再加上平衡电压使油滴上升,如此反复多次地进行练习,以掌握控制油滴的方法。

(2)练习测量油滴运动的时间:任意选择几颗运动速度快慢不同的油滴,测出它们下降一段距离所需要的时间或者加上一定的电压,测出它们上升一段距离所需要的时间。如此反复多次地进行练习,以掌握测量油滴运动的时间的方法。

(3)练习选择油滴:选择一颗合适的油滴十分重要,是做好本实验的保障。选的油滴不能太大,太大的油滴虽然亮,但其带电荷也多,匀速下降时间必然短,时间不容易测准,同时油滴电量过大,不便计算最大公约数。油滴不能选得过小,过小的油滴观察困难,布朗运动明显,会引入较大的测量误差。一般选择平衡电压为 200～300V,匀速下落 1.5mm 的时间在 10～20s 左右的油滴,即油滴电量约在 12e 以内的油滴,以提高测量精度。

5.正式测量

(1)选择一颗合适的油滴,一般选择平衡电压为 200～300V,匀速下落 1.5mm 的时间在 10～20s 左右的油滴。

(2)将油滴调至分化板的上方,仔细调整并记录平衡电压,然后将平衡电压开关置"0",让油滴自由下落,记录油滴通过 1.5mm 的时间 t_g。

(3)这时油滴在分化板的下方,加上平衡电压使油滴平衡静止,然后加升降电压至

450V 左右,使油滴上升,测量并记录通过 1.5mm 的时间 t_e 。

(4)重复(2)(3)步骤,对同一油滴测量 5～6 次。注意,每次必须重新调整平衡电压并做记录。整个测量过程中都要对油滴进行跟踪,以免油滴丢失。

(5)用同样的方法选择 4～5 颗油滴进行测量。

(6)列表整理数据(表格自拟),分别用平衡法和动态法计算电子电荷 e 。

(7)对误差结果进行误差分析和评估。

【注意事项】

(1)判断油滴是否平衡要有足够的耐性。用平衡电压调节旋钮将油滴移至某条刻度线上,仔细调节平衡电压,这样反复操作几次,经一段时间观察油滴确实不再移动,才可认为是平衡了。

(2)测准油滴上升或下降某段距离所需的时间,一是要统一油滴到达刻度线什么位置才认为油滴已踏线,二是眼睛要平视刻度线,不要有夹角。反复练习几次,使测出的各次时间的离散性小。

(3)由于空气阻力的存在,油滴是先经一段变速运动然后进入匀速运动的,但这变速运动时间非常短(小于 0.01s),小于计时器的最小显示值,所以可以看作当油滴自静止开始运动时,是立即做匀速运动的。运动的油滴突然加上原平衡电压时,将立即静止下来。

(4)油滴喷雾器结构见图 5-38。喷雾器内的油不可装得太满,否则会喷出很多"油"(而不是"油雾"),堵塞上电极的落油孔。每次喷油时,应在一张白纸上喷几下,确认有油雾喷出,再往喷油孔喷油,一般按两下即可。喷油时喷雾器应竖拿,喷头不要深入喷油孔内,只要轻轻喷入少许的油即可,防止大颗粒油滴堵塞落油孔。

1—灌油处;2—气孔;3—出气管;4—油;5—气囊;6—虹吸管;7—喷雾出处。

图 5-38 油滴喷雾器

喷雾器不用时,应放入杯中,避免喷雾器中的油洒落或流出。

【数据处理】

自拟数据处理表格,用平衡法计算油滴电量。

平衡法依据公式为

$$q = K \left(\frac{1}{t_g} \right)^{\frac{3}{2}} \times \frac{1}{U_B}$$

数据处理

其中

$$K = \frac{18\pi}{\sqrt{2\rho g}} \left(\frac{\eta l}{1 + \frac{b}{pa}} \right)^{\frac{3}{2}} \times d$$

$$a = \left(\frac{9\eta v_g}{2\rho g} \right)^{\frac{1}{2}}$$

油的密度

$$\rho = 981 \text{kg} \cdot \text{m}^{-3}（t = 20℃时的值，\pm 20℃的相对误差约为\pm 0.5\%）$$

重力加速度

$$g = 9.793 \text{m} \cdot \text{s}^{-2}（宁波）$$

空气的黏滞系数

$$\eta = 1.83 \times 10^{-5} \text{kg} \cdot \text{m}^{-1} \cdot \text{s}^{-1}$$

油滴匀速下降距离

$$l = 2.00 \times 10^{-3} \text{m}（4格）或 l = 1.50 \times 10^{-3} \text{mm}（3格）$$

修正常数

$$b = 6.17 \times 10^{-6} \text{m} \cdot \text{cmHg}$$

大气压强

$$p = 76.0 \text{cmHg}$$

平板极板间的距离

$$d = (5.00 \pm 0.01) \times 10^{-3} \text{m}$$

式中的时间 t_g 应为测量数次时间的平均值。实际大气压由气压表读出。

　　计算出各油滴的电荷后，可用逐项逐差法，求它们的最大公约数，即为基本电荷 e 值。若求最大公约数有困难，可用作图法求 e 值，设实验得到 m 个油滴的带电量分别为 q_1，q_2，$\cdots$，q_m，由于电荷的量子化特性，应有 $q_i = n_i e$，此为一直线方程，n 为自变量，q 为因变量，e 为斜率。因此 m 个油滴对应的数据在 n-q 坐标中将在同一条直线上，若找到满足这一关系的直线，就可用斜率求得 e 值。

　　将 e 的实验值与公认值比较，求百分差（可看作是相对不确定度——仪器的平均相对误差 $\leqslant 5\%$）。

【课后思考】

（1）实验结果的误差主要由哪些原因引起的？

（2）试根据实验结果思考：还有什么方法可以从实验数据中直接得到电子电荷值？

（3）本实验的设计思想、实验技巧，对你的实验素质和能力的提高有何帮助。

思考与讨论

5.11　光电效应测定普朗克常量

　　当光照射到某些金属表面上时，会有电子即刻逸出金属表面，这种现象称为光电效应。对光电效应这一现象的研究，人们进一步认识光的波粒二象性的本质，促进了光的量子理论的建立和近代物理学的发展。目前利用光电效应制成的光电器件和光电管、光电池、光电倍增管等已成为生产和科研中不可缺少的重要器件。深入观察光电效应现象，对认识光的本性具有极其重要的意义。

普朗克常量 h 是 1900 年普朗克为了解决黑体辐射能量分布时提出的"能量子"假设中的一个普适常量,是量子力学中的基本常量,也是粗略地判断一个物理体系是否需要用量子力学来描述的依据。

1905 年爱因斯坦为了解释光电效应现象,提出了"光量子"假设,即频率为 ν 的光子能量为 $h\nu$。1916 年密立根首次用油滴实验证实了爱因斯坦光电效应方程,并在当时的条件下,较为精确地测得普朗克常量为: $h = 6.57 \times 10^{-34}$ 焦耳·秒,其不确定度大约为 0.5%。这一数据与现在的公认值比较,相对误差也只有 0.9%。为此,1923 年密立根因这项工作而荣获诺贝尔物理学奖。

【预习思考题】

(1)光电效应有哪些规律?爱因斯坦光电效应方程的物理意义是什么?

(2)什么是截止频率、遏制电位差?实验中如何确定额定电位差值?

(3)什么是光电管伏安特性曲线?

【实验目的】

(1)加深对光电效应和光的量子性的理解。

(2)验证爱因斯坦光电效应方程,测定普朗克常量 h。

(3)测量光电管的伏安特性曲线。

【实验原理】

1. 光电效应

光电效应的实验示意图如图 5-39 所示,图中 GD 是光电管,K 是光电管阴极,A 为光电管阳极,G 为微电流计,V 为电压表,E 为电源,R 为滑线变阻器,调节 R 可以得到实验所需的加速电位差 U_{AK}。光电管的 A、K 之间可获得从 $-U$ 到 0 再到 $+U$ 连续变化的电压。

实验时用的单色光是从低压汞灯光谱中用干涉滤色片过滤得到的,其波长分别为 365nm、405nm、436nm、546nm、577nm。无光照阴极时,由于阳极和阴极是断路的,所以微电流计 G 中无电流通过。用光照射阴极时,由于阴极释放出电子而形成阴极光电流(简称阴极电流)。加速电位差 U_{AK} 越大,阴极电流越大,当 U_{AK} 增加

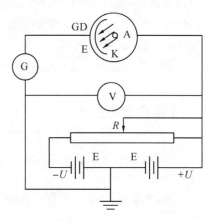

图 5-39　光电效应实验示意图

到一定数值后,阴极电流不再增大而达到某一饱和值 I_M,I_M 的大小和照射光的强度成正比(如图 5-40 所示)。加速电位差 U_{AK} 变为负值时,阴极电流会迅速减少,当加速电位差 U_{AK} 负到一定数值时,阴极电流变为"0",与此对应的电位差称为截止电位差。这一电位差用 U_a 来表示。$|U_a|$ 的大小与光的强度无关,而是随着照射光的频率的增大而增大(如图 5-41 所示)。另外可以发现:

(1)饱和电流的大小与光的强度成正比。

(2)光电子从阴极逸出时具有初动能,其最大值等于它反抗电场力所做的功,即

$$\frac{1}{2}mv^2 = e \times U_a \tag{5-60}$$

因为 $U_a \propto \nu$，所以初动能大小与光的强度无关，只是随着频率的增大而增大。$U_a \propto \nu$ 的关系可用爱因斯坦方程表示如下：

$$U_a = \frac{h}{e}\nu - \frac{W}{e} \tag{5-61}$$

此式表明截止电压 U_a 是频率 ν 的线性函数，直线斜率 $K = h/e$（如图 5-42 所示），实验时用不同频率的单色光（ν_1，ν_2，ν_3，ν_4，$\cdots$）照射阴极，测出相对应的截止电位差（U_{a1}，U_{a2}，U_{a3}，U_{a4}，$\cdots$），然后做出 $U_a - \nu$ 图，由此图的斜率即可以求出 h。

（3）如果光子的能量 $h\nu \leqslant W$ 时，无论用多强的光照射，都不可能逸出光电子。与此相对应的光的频率则称为阴极的红限，且用 ν_0（$\nu_0 \leqslant W/h$）来表示。实验时可以从 $U_a - \nu$ 图的截距求得阴极的红限和逸出功。

（4）光电效应是瞬时效应。即使入射光的强度非常微弱，只要频率大于 ν_0，在开始照射后立即有光电子产生，所经过的时间至多为 10^{-9} s 的数量级。

图 5-40　同一频率，不同光强时　　图 5-41　不同频率时光电管的　　图 5-42　截止电压 U 与入射光频
　　　　　光电管的伏安特性曲线　　　　　　伏安特性曲线　　　　　　　　　率的关系

2. 测量原理

本实验的关键是正确确定截止电位差，做出 $U_a - \nu$ 图。至于在实际测量中如何正确地确定截止电位差，还须根据所使用的光电管来决定。下面就专门对如何确定截止电位差的问题作一简要的分析与讨论。

截止电位差的确定：如果使用的光电管对可见光都比较灵敏，而暗电流也很小。由于阳极包围着阴极，即使加速电位差为负值时，阴极发射的光电子仍能大部分射到阳极。而阳极材料的逸出功又很高，可见光照射时是不会发射光电子的，其电流特性曲线如图 5-43 所示。图中电流为零时的电位就是截止电位差 U_a。

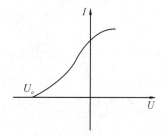

图 5-43　理想的光电管电流特性曲线

然而，光电管在制造过程中，工艺上很难保证阳极不被阴极材料所污染（这里污染的含义是：阴极表面的低逸出功材料溅射到阳极上），而且这种污染还会在光电管的使用过程中日趋加重。被污染后的阳极逸出功降低，当从阴极反射过来的散射光照到它时，便会发射出光电子而形成阳极光电流。实验中测得的电流特性曲线，是阳极光电流和阴极光电流叠加的结果，如图 5-44 的实线所示。

由图 5-44 可见。由于阳极的污染，实验时出现了反向电流。特性曲线与横轴交点的电流虽然等于"0"，但阴极光电流并不等于"0"，交点的电位差 $U_a{}'$ 也不等于截止电位差

U_a。两者之差由阴极电流上升的快慢和阳极电流的大小所决定。阴极电流上升越快,阳极电流越小,$U_a{}'$与U_a之差也越小。从实际测量的电流曲线上看,正向电流上升越快,反向电流越小,则$U_a{}'$与U_a之差也越小。

图 5-44　实验中测得的电流特性曲线

由图 5-44 我们可以看到,由于电极结构等种种原因,实际上阳极电流往往饱和缓慢,在加速电位差负到 U_a时,阳极电流仍未达到饱和,所以反向电流刚开始饱和的拐点电位差 $U_a{}''$也不等于截止电位差 U_a。两者之差视阳极电流的饱和快慢而异。阳极电流饱和得越快,两者之差越小。若在负电压增至 U_a 之前阳极电流已经饱和,则拐点电位差就是截止电位差 U_a。

总而言之,对于不同的光电管应该根据其电流特性曲线的不同采用不同的方法来确定其截止电位差。假如光电流特性的正向电流上升得很快,反向电流很小,则可以把光电流特性曲线与暗电流特性曲线交点的电位差 $U_a{}'$ 近似地当作截止电位差 U_a(交点法或零电流法)。若反向特性曲线的反向电流虽然较大,但其饱和速度很快,则可把反向电流开始饱和时的拐点电位差 $U_a{}''$ 当作截止电位差 U_a(拐点法)。

【仪器设备】

1. 实验仪器

ZKY－GD－4 智能光电效应实验仪。

2. 主要仪器介绍

ZKY－GD－4 智能光电效应实验仪由汞灯及电源、滤色片、光阑、光电管、智能测试仪构成,仪器结构如图 5-45 所示,测试仪的调节面板如图 5-46 所示。测试仪有手动和自动两种工作模式,具有数据自动采集、存储,实时显示采集数据,动态显示采集曲线(连接示波器,可同时显示 5 个存储区中存储的曲线),以及采集完成后查询数据的功能。

1—汞灯电源;2—汞灯;3—滤色片;4—光阑;5—光电管;6—基座;7—测试仪。

图 5-45　仪器结构

图 5-46　测试仪器调节面板

【实验内容及数据记录】

1. 准备

(1)将测试仪及汞灯电源接通(汞灯及光电管暗箱遮光盖盖上),预热 20min。调整光电管与汞灯距离为约 40cm 并保持不变。用专用连接线将光电管暗箱电压输入端与测试仪电压输出(后面板上)连接起来(红—红,蓝—蓝)。

(2)将"电流量程"选择开关置于所选挡位,进行测试前调零。测试仪在开机或改变电流量程后,都会自动进入调零状态。调零时应将光电管暗箱电流输出端 K 与测试仪微电流输入端(后面板上)断开,旋转"调零"旋钮使电流指示为 000.0。调节好后,用高频匹配电缆将电流输入连接起来,按"调零确认/系统清零"键,系统进入测试状态。

2. 测普朗克常数 h

(1)采用零电流法(即交点法),测量各谱线的截止电压 U_a,即直接将各谱线照射下测得的电流为零时对应的电压 U_{AK} 的绝对值作为截止电压 U_a。

(2)测量截止电压时,"伏安特性测试/截止电压测试"状态键应为截止电压测试状态。"电流量程"开关应处于 10∼13A 挡。

(3)使"手动/自动"模式键处于手动模式。

将直径 4mm 的光阑及 365.0nm 的滤色片装在光电管暗箱光输入口上,打开汞灯遮光盖。此时电压表显示 U_{AK} 的值,单位为伏;电流表显示与 U_{AK} 对应的电流值 I,单位为所选择的"电流量程"。用电压调节键"→、←、↑、↓"可调节 U_{AK} 的值,"→、←"键用于选择调节位,"↑、↓"键用于调节值的大小。

(4)从低到高按步长为 0.01V 或 0.001V 调节电压(从 −2V 到 0V),观察电流值的变化,寻找电流为零时对应的 U_{AK},以其绝对值作为该波长对应的 U_a 的值,并记录数据。

(5)依次换上 404.7nm、435.8nm、546.1nm、577.0nm 的滤色片,重复以上测量步骤。

3. 测光电管的伏安特性曲线

测量不同谱线在同一光阑、同一距离下的伏安特性曲线:"伏安特性测试/截止电压测试"状态键应为伏安特性测试状态,"电流量程"开关应拨至 10−10A 档(光电管工作情况与其工作环境,工作条件密切相关,根据需要可能置其他挡位),并重新调零;用 Q9 线,将电流输入连接起来,按"调零确认/系统清零"键,系统进入测试状态;调整光电管与汞灯距离为 400mm 并保持不变,选用"手动"模式,测量的最大范围为 −1∼50V。将 4mm 的光阑及 435.8nm 的滤光片安装在光电管暗箱光输入口上,打开汞灯遮光盖;按电压值由小到大调节电压(←、→调节位,↑、↓调节值的大小),记录下不同电压值及其对应的电流值;依次更换 546.1nm,577.0nm 滤光片分别测量。依据记录下的数据作出 I−U_{AK} 曲线图。

【注意事项】

(1)必须认真阅读仪器使用说明,弄清仪器上各开关、部件等的作用与性能,认真预习实验后方可动手实验。

(2)滤色片更换时应避免污染。使用前用镜头纸擦净以保证良好的透光性,滤色片需加平整套,以免不必要的折射光带来的实验误差。

(3)更换滤色片时必须先将光源出射光孔遮住。实验后用折射罩盖住光电管暗盒光输入口,避免强光直接照射阴极。

(4)光电管入射窗口不要面对其他强光源,以免缩短光电管寿命。

【数据处理】

1.测普朗克常量

(1)记录波长 λnm 在 365.0nm、404.7nm、435.8nm、546.1nm、577.0nm 下的截止电压。

(2)由记录的实验数据,作出 $U_a-\nu$ 图,求出直线的斜率 K,可用 $h=eK$ 求出普朗克常量,并与 h 的公认值 h_0 比较,求出相对误差 $E=(h-h_0)/h_0$,式中 $e=1.602\times10^{-19}$C,$h_0=6.626\times10^{-34}$J·S。

2.测光电管的伏安特性曲线

(1)记录下不同电压值及其对应的电流值;依次更换 435.8nm,546.1nm,577.0nm 滤光片分别测量。

(2)依据记录下的数据,作 $I-U_{AK}$ 伏安特性曲线图。

【课后思考】

(1)实验过程中应采取哪些措损失减小测量遏制电位差的误差?

(2)影响实验结果准确度的主要原因是什么?

5.12 弗兰克-赫兹实验

1913 年,丹麦物理学家玻尔(N. Bohr)提出了一个氢原子模型,并指出原子存在能级。该模型在预言氢光谱的观察中取得了显著的成就。根据玻尔的原子理论,原子光谱中的每根谱线表示原子从某一个较高能态向另一个较低能态跃迁时的辐射。

实验简介

1914 年,德国物理学家夫兰克(J. Franck)和赫兹(G. Hertz)对勒纳用来测量电离电位的实验装置进行了改进,他们同样采取慢电子(几个到几十个电子伏特)与单元素气体原子碰撞的办法,着重观察碰撞后电子发生什么变化(勒纳则观察碰撞后离子流的情况)。通过实验测量,电子和原子碰撞时会交换某一定值的能量,且可以使原子从低能级激发到高能级。直接证明了原子发生跃变时吸收和发射的能量是分立的、不连续的,证明了原子能级的存在,从而证明了玻尔理论的正确。因而获得了 1925 年诺贝尔物理学奖。

弗兰克-赫兹实验至今仍是探索原子结构的重要手段之一,实验中用的"拒斥电压"筛去小能量电子的方法,已成为广泛应用的实验技术。

【预习思考题】

(1)说明本实验中两物理量 V_{G2A}、V_{G2K} 的物理意义。

(2)本实验采用什么方法使原子从低能级向高能级跃迁?

【实验目的】

(1)通过对氩原子的第一激发电位的测定验证原子能级的存在,了解夫兰克-赫兹实验研究原子内部能量量子化的基本思想和方法。

（2）了解慢电子与原子碰撞和能量交换过程的微观图像，以及影响这个过程的主要物理因素。

【实验原理】

1. 激发电位

玻尔提出的原子理论指出，原子只能长时间地停留在一些稳定状态（即稳态）。原子的每一状态具有的一定的能量，称"能级"。其数值是彼此分立的。原子的能量不论通过什么方式发生改变时，只能使原子从一个状态跃迁到另一个状态（一个能级跃迁到另一个能级）。原子从一个状态跃迁到另一个状态时发射或吸收的能量是一定的。如果用 E_m 和 E_n 分别代表有关两状态的能量，则发射或吸收的辐射光子频率 ν 决定于如下关系：

$$h\nu = E_m - E_n \tag{5-62}$$

式中，普朗克常量 $h = 6.63 \times 10^{-34} \text{J·S}$。

能量最低的状态称"基态"，能量较高的状态称"激发态"，其中能量最低的激发态称为"第一激发态"。原子只能吸收或释放两状态间的能量差，若要原子状态发生改变，所具备的能量不能少于原子从基态跃迁到第一激发态时所需的能量。为了使原子从低能级向高能级跃迁，可以通过具有一定频率的光子与原子交换能量来实现，也可以通过具有一定能量的电子与原子相碰撞进行能量交换的办法来实现。本实验采用后者。

设初速度为零的电子在电位差为 V_0 的加速电场作用下，获得能量 eV_0。当具有这种能量的电子与稀薄气体的原子（比如几个到几十个电子伏特的氩原子）发生碰撞时，就会发生能量交换。如以 E_1 代表氩原子的基态能量，E_2 代表氩原子的第一激发态能量，那么当氩原子吸收从电子传递来的能量恰好为

$$e_{V_0} = E_2 - E_1 \tag{5-63}$$

时，氩原子就会从基态跃迁到第一激发态。而且相应的电位差称为氩原子的第一激发电位（或称氩的中肯电位）。测定出这个电位差 V_0，就可以根据式（5-63）求出氩原子的基态和第一激发态之间的能量差了。

2. 测量原理

原理如图 5-47 所示。在充氩气的弗兰克-赫兹管中，电子由阴极 K 发出，阴极 K 和第二栅极 G2 之间的加速电压 V_{G2K} 使电子加速。在板极 A 和第二栅极 G2 之间加有反向拒斥（减速）电压 V_{G2A}。管内空间电位分布如图 5-48 所示。

图 5-47　弗兰克-赫兹原理

图 5-48　弗兰克-赫兹管内空间电位分布

当电子能量足够大时,就能越过拒斥电场到达阳极 A,形成阳极电流 I_A,如果有电子在 KG2 空间与氩原子碰撞,并把一部分能量传给氩原子,电子本身所剩余的能量就很小,不能越过拒斥电场,从而到达不了阳极 A,不能形成阳极电流 I_A。这类电子增多,阳极电流 I_A 将显著减小。实验时,逐渐增加栅极电压 V_{G2K},并仔细观察电流计随 V_{G2K} 的变化,如果原子能级确实存在,而且基态和第一激发态之间有确定的能量差,就能观察到 I_A - V_{G2K} 曲线。如图 5-49 所示。

图 5-49　充氩的兰克－赫兹管 $I_A \sim V_{G2K}$ 曲线

3. 实验特点

(1) I_A 不随 V_{G2K} 增加而单调增加,曲线中间出现了多个谷点和峰点。

(2) 相邻的 2 个谷点或峰点之间对应的电位差都是 V_0。

4. 对 I_A - V_{G2K} 曲线的解释

(1) 当 KG2 空间电压逐渐增加时,电子在 KG2 空间被加速而取得越来越大的能量。但起始阶段,由于电压较低,电子的能量较小,即使在运动过程中它与原子相碰撞也只有微小的能量交换(为弹性碰撞)。穿过第二栅极的电子所形成的板流 I_A 将随第二栅极电压 V_{G2K} 的增加而增大(如图 5-49 的 oa 段)。

(2) 当 KG2 间的电压达到氩原子的第一激发电位 V_0 时,电子在第二栅极附近与氩原子相碰撞,将自己从加速电场中获得的全部能量交给后者,并且使后者从基态激发到第一激发态。而电子本身由于把全部能量给了氩原子,即使穿过了第二栅极也不能克服反向拒斥电场而被折回第二栅极(被筛选掉)。所以以极板电流将显著减小(图 5-49 所示 ab 段)。

(3) 随着第二栅极电压的增加,电子的能量也随之增加,在与氩原子相碰撞后还留下足够的能量,可以克服反向拒斥电场而达到板极 A,这时电流又开始上升(bc 段)。

(4) 直到 KG2 间电压(V_{G2K})是 2 倍氩原子的第一激发电位时,电子在 G2、K 间又会因 2 次碰撞而失去能量,因而又会造成第二次板极电流的下降(cd 段),同理,凡在

$$V_{G2K} = nV_0 (n = 1, 2, 3, \cdots) \tag{5-64}$$

的地方板极电流 I_A 都会相应下跌,形成规则起伏变化的 I_A - V_{G2K} 曲线。而各次板极电流 I_A 下降时相对应的阴、栅极电压差 $V_{n+1} - V_n$ 应该是氩原子的第一激发电位 V_0。

本实验要通过实际测量证实原子能级的存在,并测出氩原子的第一激发电位(公认值为 $V_0 = 11.5V$)。

【仪器设备】

仪器设备

1. 实验仪器

ZKY-FH 型智能弗兰克-赫兹实验仪。

2. 仪器介绍

弗兰克-赫兹实验仪前面板如图 5-50 所示,以功能划分为八个区:

①—弗兰克-赫兹管各输入电压连接插孔和板极电流输出插孔。②—弗兰克-赫兹管所需激励电压的输出连接插孔,其中左侧输出孔为正极,右侧为负极。③—测试电流指示区:四位七段数码管指示电流值;四个电流量程挡位选择按键用于选择不同的最大电流量程挡;每一个量程选择同时备有一个选择指示灯指示当前电流量程挡位。④—测试电压指示区:四个电压源(灯丝电压、V_{G1K}、V_{G2A}、V_{G2K})选择按键用于选择不同的电压源;每一个电压源选择都备有一个选择指示灯指示当前选择的电压源。⑤—测试信号输入输出区:电流输入插孔输入弗兰克-赫兹管板极电流;信号输出和同步输出插孔可将信号输送示波器显示。⑥—调整按键区,用于改变当前电压源电压设定值,设置查询电压点。⑦—工作状态指示区。⑧—电源开关。

图 5-50　智能弗兰克-赫兹实验仪前面板

【实验内容及数据记录】

实验内容

1. 准备

(1)按照实验要求连接实验线路如图 5-51 所示(见注意事项),检查无误后开机。

(2)开机后的初始状态显示如下:

①实验仪的"1mA"电流挡位指示灯亮,表明此时电流的量程为 1mA 挡;电流显示值 000.0μA。

②实验仪的"灯丝电压"挡位指示灯亮,表明此时修改的电压为灯丝电压;电压显示值为 000.0V;最后一位在闪动,表明现在修改位为最后一位。

③"手动"指示灯亮,表明仪器工作正常。

2. 氩元素的第一激发电位测量

手动测试用弗兰克-赫兹实验仪实验主机单独完成弗兰克-赫兹实验。

(1)设置仪器为"手动"工作状态,按"手动/自动"键,"手动"指示灯亮。

(2)设定弗兰克-赫兹管的各项工作参数(具体参数见机箱)。

①设定电流量程,按下电流量程 $10\mu A$ 键,对应的量程指示灯点亮。

②设定电压源的电压值,用"↓/↑,←/→"键完成,需设定的电压源有:灯丝电压 V_F、第一加速电压 V_{G1K}、拒斥电压 V_{G2A}。设定状态参见随机提供的工作条件(见机箱)。

③按下"启动"键,实验开始。用"↓/↑,←/→"键完成 V_{G2K} 电压值的调节,从 $0.0V$ 起,按步长 $1V$(或 $0.5V$)的电压值调节电压源 V_{G2K},仔细观察弗兰克-赫兹管的板极电流值 I_A 的变化(可用示波器观察),读出 I_A 的峰、谷值和对应的 V_{G2K} 值。(一般取 I_A 的谷在 $4\sim5$ 个为佳)。

④详细记录实验条件和相应的 $I_A - V_{G2K}$ 的值。

⑤重新启动。在手动测试的过程中,按下启动按键, V_{G2K} 的电压值将被设置为零,内部存储的测试数据被清除,但 V_F、V_{G1K}、V_{G2A}、电流挡位等的状态不发生改变。这时,操作者可以在该状态下重新进行测试,或修改状态后再进行测试。

【注意事项】

(1) $F-H$ 管很容易因电压设置不合适而遭到损害,所以,在设定各电压值时,必须在给定的量程或范围之内设值。

(2) V_{G2K} 设定终止值不要超过 $80V$。

(3)手动测试完毕后,尽快将 V_{G2K} 减为零。

(4)当 V_{G2K} 增大到 $10V$ 时,电流仍然没有增加的趋势,应立即关闭电源,请老师帮助检查。

(5)智能弗兰克-赫兹实验仪连线说明。图 5-51 为前面板接线图,按照接线图连接面板上的连接线,务必反复检查,切勿连错。

图 5-51 前面板接线图

(6)警告:弗兰克-赫兹管很容易因电压设置不合适而遭到损害。下列各量:电流量程、灯丝电源电压、V_{G1K} 电压、V_{G2A} 电压、V_{G2K} 电压一定按建议的取值范围取值。

【数据处理】

在直角坐标纸上做出 $I_A - V_{G2K}$ 曲线,对所得曲线进行分析,得出结论,并在图上标出 V_0 值。用逐差法处理数据,求得氩原子的第一激发电位 V_0 值及计算误差。

数据处理

【课后思考】

(1)弗兰克-赫兹实验的意义及应用。

(2)灯丝电压改变时对弗兰克-赫兹实验有何影响? 对第一激发电位有何影响?

思考与讨论

5.13 液晶电光效应综合实验

液晶是介于液体与晶体之间的一种物质状态。一般的液体内部分子排列是无序的,而液晶既具有液体的流动性,其分子又按一定规律有序排列,使它呈现晶体的各向异性。当光通过液晶时,会产生偏振方向旋转,产生双折射等效应。液晶分子是含有极性基团的极性分子,在电场作用下,偶极子会按电场方向取向,导致分子原有的排列方式发生变化,从而液晶

实验简介

的光学性质也随之发生改变,这种因外电场调制引起液晶的干涉、散射、衍射、旋光、吸收等光学性质的改变称为液晶的电光效应。

液晶材料的应用方面:主要可以用于制造显示器,因为它们有小容积、微量耗电、低操作电压、易设计多色面板等多项优点,在 20 世纪 70 年代以后发展迅速,现在成为制作显示器件的首选材料。另外类固醇型液晶,螺旋结构,其分子排列因温度变化发生偏转而呈现出艳丽的颜色变化,可以根据变色原理制成温度计。

【预习思考题】

(1)测量阈值电压和关断电压,在液晶什么模式下进行?

(2)测量液晶的时间响应,在液晶什么模式下进行?

【实验目的】

(1)在掌握液晶光开关的基本工作原理的基础上,测量液晶光开关的电光特性曲线,并由电光特性曲线得到液晶的阈值电压和关断电压。

(2)测量驱动电压周期变化时,液晶光开关的时间响应曲线,并由时间响应曲线得到液晶的上升时间和下降时间。

(3)测量由液晶光开关矩阵所构成的液晶显示器的视角特性以及在不同视角下的对比度,了解液晶光开关的工作条件。

(4)了解液晶光开关构成图像矩阵的方法,学习和掌握这种矩阵所组成的液晶显示器构成文字和图形的显示模式,从而了解一般液晶显示器件的工作原理。

【实验原理】

1. 液晶光开关的工作原理

液晶的种类很多,仅以常用的扭曲向列(TN)型液晶为例,说明其工作原理。TN 型光开关的结构如图 5-52 所示。在两块玻璃板之间夹有正性向列相液晶,液晶分子的形状如同火柴一样,为棍状。其长度在十几埃($\mathring{A}$,$1\mathring{A}=10^{-10}$ m),直径为 $4\sim6\mathring{A}$,液晶层厚度一般为 $5\sim8\mu m$。玻璃板的内表面涂有透明电极,电极的表面预先作了定向处理(可用软绒布朝一个方向摩擦,也可在电极表面涂取向剂),这样,液晶分子在透明电极表面就会躺倒在摩擦所形成的微沟槽里;电极表面的液晶分子按一定方向排列,且上下电极上的定向方向相互垂直。上下电极之间的那些液晶分子因范德瓦尔斯力的作用,趋向于平行排列。然而由于上下电极上液晶的定向方向相互垂直,所以从俯视方向看,液晶分子的排列从上电极的沿 $-45°$ 方向排列逐步地、均匀地扭曲到下电极的沿 $+45°$ 方向排列,整个扭曲了 $90°$。如图 5-52 左图所示。

图 5-52 液晶光开关的工作原理

理论和实验证明,上述均匀扭曲排列起来的结构具有光波导的性质,即偏振光从上电极表面透过扭曲排列的液晶传播到下电极表面时,偏振方向旋转 $90°$。

取两张偏振片贴在玻璃的两面,P_1 的透光轴与上电极的定向方向相同,P_2 的透光轴与下电极的定向方向相同,于是 P_1 和 P_2 的透光轴相互正交。

在未加驱动电压的情况下,来自光源的自然光经过偏振片 P_1 后只剩下平行于透光轴的线偏振光,该线偏振光到达输出面时,其偏振面旋转了 $90°$。这时光的偏振面与 P_2 的透光轴平行,因而有光通过。

在施加足够电压的情况下(一般为 $1\sim2V$),在静电场的作用下,除了基片附近的液晶分子被基片"锚定"以外,其他液晶分子趋于平行于电场方向排列。于是原来的扭曲结构被破坏,成了均匀结构,如图 5-52 右图所示。从 P_1 透射出来的偏振光的偏振方向在液晶中传播时不再旋转,保持原来的偏振方向到达下电极。这时光的偏振方向与 P_2 正交,因而光被关断。

由于上述光开关在没有电场的情况下让光透过,加上电场的时候光被关断,因此叫作常通型光开关,又叫作常白模式。若 P_1 和 P_2 的透光轴相互平行,则构成常黑模式。

2. 液晶光开关的电光特性

图 5-53 为本实验所用的液晶相对透过率（光线垂直液晶面入射时，以不加电场时的透过率为 100％）与外加电压的关系。由图 5-53 可见，对于常白模式的液晶，其透射率随外加电压的升高而逐渐降低，在一定电压下达到最低点，此后略有变化。可以根据此电光特性曲线图得出液晶的阈值电压和关断电压。阈值电压：透过率为 90％时的驱动电压；关断电压：透过率为 10％时的驱动电压。

图 5-53　液晶光开关的电光特性曲线

液晶的电光特性曲线越陡，即阈值电压与关断电压的差值越小，由液晶开关单元构成的显示器件允许的驱动路数就越多。TN 型液晶最多允许 16 路驱动，故常用于数码显示。在电脑、电视等需要高分辨率的显示器件中，常采用 STN（超扭曲向列）型液晶，以改善电光特性曲线的陡度，增加驱动路数。

3. 液晶光开关的时间响应特性

加上（或去掉）驱动电压能使液晶的开关状态发生改变，是因为液晶的分子排序发生了改变，这种重新排序需要一定时间，反映在时间响应曲线上，用上升时间 τ_r 和下降时间 τ_d 描述。给液晶开关加上一个如图 5-54 上图所示的周期性变化的电压，就可以得到液晶的时间响应曲线，上升时间和下降时间。如图 5-54 下图所示。

图 5-54　液晶驱动电压和时间响应曲线

上升时间：透过率由 10％升到 90％所需时间；

下降时间：透过率由 90％降到 10％所需时间。

液晶的响应时间越短，显示动态图像的效果越好，这是液晶显示器的重要指标。早期的液晶显示器在这方面逊色于其他显示器，现在通过技术改进，已达到很好的效果。

4. 液晶光开关的视角特性

液晶光开关的视角特性表示对比度与视角的关系。对比度定义为光开关打开和关断时透射光强度之比，一般来说，对比度越大图像越清晰醒目，色彩也鲜明艳丽。图 5-55 表示了某种液晶视角特性的理论计算结果。图 5-55 中用与原点的距离表示垂直视角（入射光线方向与液晶屏法线方向的夹角）的大小。

图中 3 个同心圆分别表示垂直视角为 30°、60° 和 90°。90° 同心圆外面标注的数字表示水平视角（入射光线在液晶屏上的投影与 0 方向之间的夹角）的大小。图 5-54 中的闭合曲线为不同对比度时的等对比度曲线。

由图 5-55 可以看出，液晶的对比度与垂直与水平视角都有关，而且具有非对称性。若我们把具有图 5-55 所示视角特性的液晶开关逆时针旋转，以 220° 方向向下，并由多个

图 5-55　液晶的视角特性

显示开关组成液晶显示屏。则该液晶显示屏的左右视角特性对称,在左、右和俯视 3 个方向,垂直视角接近 60°时对比度为 5,观看效果较好。在仰视方向对比度随着垂直视角的加大迅速降低,观看效果差。

5.液晶光开关构成图像显示矩阵的方法

除了液晶显示器以外,其他显示器靠自身发光来实现信息显示功能。这些显示器主要有:阴极射线管显示(CRT),等离子体显示(PDP),电致发光显示(ELD),发光二极管(LED)显示,有机发光二极管(OLED)显示,真空荧光管显示(VFD),场发射显示(FED)。这些显示器因为要发光,所以要消耗大量的能量。

液晶显示器通过对外界光线的开关控制来完成信息显示任务,为非主动发光型显示,其最大的优点在于能耗极低。正因为如此,液晶显示器在便携式装置的显示方面,例如电子表、万用表、手机、传呼机等具有不可代替地位。下面我们来看看如何利用液晶光开关来实现图形和图像显示任务。

矩阵显示方式,是把图 5-56(a)所示的横条形状的透明电极做在一块玻璃片上,叫作行驱动电极,简称行电极(常用 Xi 表示);而把竖条形状的电极制在另一块玻璃片上,叫作列驱动电极,简称列电极(常用 Si 表示)。把这两块玻璃片面对面组合起来,把液晶灌注在这两片玻璃之间构成液晶盒。为了画面简洁,通常将横条形状和竖条形状的 ITO 电极抽象为横线和竖线,分别代表扫描电极和信号电极,如图 5-56(b)所示。

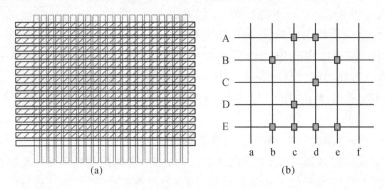

图 5-56　液晶光开关组成的矩阵式图形显示器

矩阵型显示器的工作方式为扫描方式。显示原理可依以下的简化说明作一介绍。欲显示图 5-56(b)的那些有方块的像素,首先在第 A 行加上高电平,其余行加上低电平,同时在列电极的对应电极 c、d 上加上低电平,于是 A 行的那些带有方块的像素就被显示出来了。然后第 B 行加上高电平,其余行加上低电平,同时在列电极的对应电极 b、e 上加上低电平,因而 B 行的那些带有方块的像素被显示出来了。然后是第 C 行、第 D 行……依此类推,最后显示出一整场的图像。这种工作方式称为扫描方式。

这种分时间扫描每一行的方式是平板显示器的共同的寻址方式,依这种方式,可以使每一个液晶光开关按照其上的电压的幅值关断或通过外界光线,从而显示任意文字、图形和图像。

【仪器设备】

仪器设备

1. 实验仪器

(1) ZKY－YJ 液晶光开关电光特性综合实验仪。

(2) DS－1000 系列数字示波器。

2. 仪器介绍

图 5-57 是液晶光电效应综合实验仪功能键示意图。下面简单介绍仪器各个按钮的功能。

1—发射器：为仪器提供较强的光源；2—液晶板：本实验仪器的测量样品；3—接收器：将透过液晶板的激光转换为电压输入到透过率显示表；4—接收口；5—静态闪烁/动态清屏切换开关，此开关可以切换到闪烁和静止两种方式；6—模式转换开关：切换液晶的静态和动态两种工作模式；7—供电电压显示：显示加在液晶板上的电压，范围在 0.00～7.60V；8—供电电压调节按键：改变加在液晶板上的电压，调节范围在 0～7.6V；9—透过率显示：显示光透过液晶板后光强的相对百分比；10—透过率校准：①在激光接收端处于最大接收的时候（即供电电压为 0 伏时），校准透过率的最大输出为 100；②在激光接收端没有光输入的时候（即捂住接收口时），校准透过率的最小输出为 0；11—开关矩阵：此为 16×16 的按键矩阵，用于液晶的显示功能实验；12—扩展口；13—光透过率输出（光功率输出）：接到数字存储示波器，显示液晶的光开响应曲线；14—液晶驱动输出：接存储示波器，显示液晶的驱动电压；15—发射接口；16—发射装置；17—液晶转盘：承载液晶板一起转动，用于液晶的视角特性实验；18—接收装置。

图 5-57　液晶光电效应综合实验仪功能键示意图

DS－1000 数字示波器的使用见本书"3.4 电学实验的预备知识和常用仪器中的数字示波器部分"和"4.18 示波器的使用部分"。

【实验内容及数据记录】

1. 准备工作

(1) 将液晶板金手指 1（见图 5-58）插入转盘上的插槽，液晶凸起面必须正对光源发射方向（此步骤已经完成，请直接往下操作）。打开电源，点亮光源，让光源预热 10min 左右。（若光源未亮，检查模式转换开关。只有

实验内容

当模式转换开关处于静态时,光源才会被点亮。)

图 5-58　液晶板方向(视角为正视液晶屏凸起面)

(2)检查仪器初始状态:发射器光线必须垂直入射到接收器;在静态模式、液晶转盘角度为 0 度,供电电压为 0V 的条件下,透过率显示大于"250"时,按住透过率校准按键 3s 以上,透过率可校准为 100%。(若供电电压不为 0,或显示小于"250",则该按键无效,不能校准透过率)若不为此状态,需增加光源预热时间,同时检查前面的操作是否有误,重新调整仪器光路,直到达到上述条件为止(如果还有问题,请咨询老师)。

2.液晶光开关电光特性测量

(1)阈值电压和关断电压的测量:液晶静态模式下,将透过率显示校准为 100%,按下面的数据改变电压,使得电压值从 0 到 6V 变化(0、0.5、0.6、0.7、0.8、0.9、1.0、1.1、1.2、1.3、1.4、1.5、1.6、1.7、2、3、4、5、6)19 个值左右,记录相应电压下的透过率数值。重复 3 次并计算相应电压下透过率的平均值,依据实验数据绘制电光特性曲线。

(2)液晶的时间响应的测量:用数字存储示波器在液晶静态闪烁状态下,将透过率显示调到 100%,然后将液晶供电电压调到 2.00V,观察光开关时间响应特性曲线,并根据此曲线得到液晶的上升时间 τ_r 和下降时间 τ_d。

3.液晶光开关视角特性(水平方向)的测量

液晶静态模式下,将透过率显示调到 100%,然后再进行实验。首先确定当前液晶板的金手指 1 是否正确插入插槽(如图 5-58 所示)。在供电电压为 0V 时,按照从 -80° 至 80° 每 5° 调节液晶屏注向与入射激光的角度,在每一角度下测量光强透过率最大值 T_{max}。然后将供电电压置于 2V,再次调节液晶屏角度,测量光强透过率最小值 T_{min},并计算其对比度。以角度为横坐标,对比度为纵坐标,绘制水平方向对比度随入射光入射角而变化的曲线。

4.液晶显示器显示原理

(1)将模式转换开关置于动态(图像显示)模式。液晶转盘转角逆时针转到 80°,液晶供电电压调到 5V 左右。

(2)按动矩阵开关面板上的按键,改变相应液晶像素的通断状态,观察由暗像素(或亮像素)组合成的字符或图像,体会液晶显示器件的成像原理。

(3)组成一个字符或文字后,可由"静态闪烁/动态清屏"按键清除显示屏上的图像。

(4)实验完成后,关闭电源开关。

【注意事项】

(1)禁止用光束照射他人眼睛或直视光束,以防伤害眼睛!

(2)在进行液晶视角特性实验中,更换液晶板方向时,务必断开总电源后,再进行插取,否则将会损坏液晶板。

(3)液晶板凸起面必须要朝向激光发射方向,否则实验记录的数据为错误数据。

(4)在调节透过率 100% 时,如果透过率显示不稳定,则很有可能是光路没有对准,或者为激光发射器偏振没有调节好,需要仔细检查,调节好光路。

(5)在校准透过率 100% 前,必须将液晶供电电压显示调到 0.00V 或显示大于"250",否则无法校准透过率为 100%。在实验中,电压为 0.00V 时,不要长时间按住"透过率校准"按钮,否则透过率显示将进入非工作状态,本组测试的数据为错误数据,需要重新进行本组实验数据记录。

【数据处理】

用坐标纸或 Origin 软件绘图。

(1)画出液晶光开关的电光特性曲线。由曲线求出液晶的阈值电压和关断电压。

(2)计算对比度。从数据表中找出比较好的水平视角显示范围。

数据处理

(3)以角度为横坐标,对比度为纵坐标,绘制水平方向对比度随入射光入射角而变化的曲线。

【课后思考】

(1)在电脑、电视等需要高分辨率的显示器件中,常采用超扭曲向列(STN)型液晶,为什么?

(2)叙述液晶目前在各领域的应用和发展前景,应用中出现的局限和解决方法等。

思考与讨论

5.14　巨磁电阻效应及其应用

2007 年诺贝尔物理学奖授予了巨磁电阻(Giant Magneto Resistance,简称 GMR)效应的发现者,法国物理学家阿尔贝·费尔(Albert Fert)和德国物理学家彼得·格伦贝格尔(Peter Grunberg)。诺贝尔奖委员会说:"这是一次好奇心导致的发现,但其随后的应用却是革命性的,因为它使计算机硬盘的容量从几百兆、几千兆,一跃而提高几百倍,达到几百兆乃至上千兆。"

诺贝尔奖委员会还指出:"巨磁电阻效应的发现打开了一扇通向新技术世界的大门——自旋电子学,这里,将同时利用电子的电荷以及自旋这两个特性。"

GMR 作为自旋电子学的开端具有深远的科学意义。本实验介绍多层膜 GMG 效应的原理,并通过实验让学生了解几种 GMR 传感器的结构、特性及应用领域。

【预习思考题】

(1)无限长直螺线管内部轴线上任一点的磁感应强度计算公式及公式中各量的物理意义。

(2)根据实验原理,GMR 梯度传感器能用于车辆流量监控吗?

【实验目的】

(1)了解巨磁电阻效应的原理。

(2)测量巨磁阻的模拟传感器磁电转换特性。

(3)测量巨磁阻的磁阻特性。

(4)用巨磁阻传感器测量电流。

(5)用巨磁阻传感器测量齿轮的角位移。

(6)通过实验了解磁记录与磁读写的原理。

【实验原理】

根据导电的微观机理,电子在导电时并不是沿电场直线前进,而是不断和晶格中的原子产生碰撞(又称散射),每次散射后电子都会改变运动方向,总的运动是电场对电子的定向加速与这种无规散射运动的叠加。称电子在两次散射之间走过的平均路程为平均自由程,电子散射概率小,则平均自由程长,电阻率低。电阻定律 $R = \rho l / S$ 中,把电阻率 ρ 视为常数,与材料的几何尺度无关,这是因为通常材料的几何尺度远大于电子的平均自由程(例如,铜中电子的平均自由程约 34nm),可以忽略边界效应。当材料的几何尺度小到纳米量级,只有几个原子的厚度时(例如,铜原子的直径约为 0.3nm),电子在边界上的散射概率大大增加,可以明显观察到厚度减小,电阻率增加的现象。

电子除携带电荷外,还具有自旋特性,自旋磁矩有平行或反平行于外磁场两种可能取向。早在 1936 年,英国物理学家,诺贝尔奖获得者 N. F. Mott 指出,在过渡金属中,自旋磁矩与材料的磁场方向平行的电子,所受散射概率远小于自旋磁矩与材料的磁场方向反平行的电子。总电流是两类自旋电流之和;总电阻是两类自旋电流的并联电阻,这就是所谓的两电流模型。

在图 5-59 所示的多层膜结构中,无外磁场时,上下两层磁性材料是反平行(反铁磁)耦合的。施加足够强的外磁场后,两层铁磁膜的方向都与外磁场方向一致,外磁场使两层铁磁膜从反平行耦合变成了平行耦合。电流的方向在多数应用中是平行于膜面的。

图 5-60 是图 5-59 结构的某种 GMR 材料的磁阻特性。由图可见,随着外磁场增大,电阻逐渐减小,其间有一段线性区域。当外磁场已使两铁磁膜完全平行耦合后,继续加大磁场,电阻不再减小,进入磁饱和区域。磁阻变化率 $\Delta R / R$ 达百分

无外磁场时顶层磁场方向

| 顶层铁磁膜 |
| 中间导电层 |
| 底层铁磁膜 |

无外磁场时底层磁场方向

图 5-59 多层膜 GMR 结构

之十几,加反向磁场时磁阻特性是对称的。注意到图 5-60 中的曲线有两条,分别对应增大磁场和减小磁场时的磁阻特性,这是因为铁磁材料都具有磁滞特性。

有两类与自旋相关的散射对巨磁电阻效应有贡献。

图 5-60　某种 GMR 材料的磁阻特性

其一,界面上的散射。无外磁场时,上下两层铁磁膜的磁场方向相反,无论电子的初始自旋状态如何,从一层铁磁膜进入另一层铁磁膜时都面临状态改变(平行—反平行,或反平行—平行),电子在界面上的散射概率很大,对应于高电阻状态。有外磁场时,上下两层铁磁膜的磁场方向一致,电子在界面上的散射概率很小,对应于低电阻状态。

其二,铁磁膜内的散射。即使电流方向平行于膜面,由于无规散射,电子也有一定的概率在上下两层铁磁膜之间穿行。无外磁场时,上下两层铁磁膜的磁场方向相反,无论电子的初始自旋状态如何,在穿行过程中都会经历散射概率小(平行)和散射概率大(反平行)两种过程,两类自旋电流的并联电阻相似于两个中等阻值的电阻的并联,对应于高电阻状态。有外磁场时,上下两层铁磁膜的磁场方向一致,自旋平行的电子散射概率小,自旋反平行的电子散射概率大,两类自旋电流的并联电阻相似于一个小电阻与一个大电阻的并联,对应于低电阻状态。

多层膜 GMR 结构简单,工作可靠,磁阻随外磁场线性变化的范围大,在制作模拟传感器方面得到广泛应用。在数字记录与读出领域,为进一步提高灵敏度,发展了自旋阀结构的 GMR,如图 5-61 所示。

图 5-61　自旋阀 SV-GMR 结构

自旋阀结构的 SV-GMR(Spin Valve GMR)由钉扎层、被钉扎层、中间导电层和自由层构成。其中,钉扎层使用反铁磁材料,被钉扎层使用硬铁磁材料,铁磁和反铁磁材料在交换耦合作用下形成一个偏转场,此偏转场将被钉扎层的磁化方向固定,不随外磁场改变。自由层使用软铁磁材料,它的磁化方向易于随外磁场转动。这样,很弱的外磁场就会改变自由层与被钉扎层磁场的相对取向,对应很高的灵敏度。制造时,使自由层的初始磁化方向与被钉扎层垂直,磁记录材料的磁化方向与被钉扎层的方向相同或相反(对应于 0 或 1),当感应到磁记录材料的磁场时,自由层的磁化方向就向与被钉扎层磁化方向相同(低电阻)或相反(高电阻)的方向偏转,检测出电阻的变化,就可确定记录材料所记录的信息,硬盘所用的 GMR 磁头就采用这种结构。

【仪器设备】

1. 实验仪器

ZKY-JCZ 巨磁阻实验仪面板如图 5-62 所示。

2. 仪器介绍

(1)仪器主机分四个区域:区域 1——电流表部分:作为一个独立的电流表使用。两

个挡位——2A 挡和 200mA 挡,可通过电流量程
切换开关选择合适的电流挡位测量电流。

区域 2——电压表部分:作为一个独立的电
压表使用。两个挡位 20V 挡和 200mV 挡,可通
过电压量程切换开关选择合适的电压挡位。

区域 3——恒流源部分:可变恒流源。

区域 4——实验仪还提供 GMR 传感器工作
所需的 4V 电源和电路工作所需的电源。

(2)测量组件 4 组:基本特性组件、电流测量
组件、角位移测量组件、磁读写组件。

图 5-62　ZKY-JCZ巨磁阻实验仪

【实验内容及数据记录】

1. GMR 磁阻特性测量

(1)实验装置。巨磁阻实验仪、基本特性组
件。有两种巨磁阻样品供测试、比较。

(2)测量。

①将 GMR 模拟传感器置于螺线管磁场中,功能切换按钮切换为"巨磁阻测量"实验
仪的 4V 电压源串联电流表后接至基本特性组件"巨磁电阻供电",恒流源接至"螺线管电
流输入"。

②调节励磁电流,逐渐减小磁场强度,记录相应的磁阻电流于表格"减小磁场"列中。
由于恒流源本身不能提供负向电流,当电流减至 0 后,交换恒流输出接线的极性,使电流
反向。再次增大电流,此时流经螺线管的电流与磁感应强度的方向为负,从上到下记录相
应的输出电压。

③电流至 −300mA 后,逐渐减小负向电流,电流到 0 时同样需要交换恒流输出接线
的极性。从下到上记录数于"增大磁场"列中。

④对巨磁阻样品 2,可按同样的方法与类似的表格进行测量与记录,由于样品 2 对外
磁场的灵敏度更高,电流变化范围只需 100mA。

⑤根据螺线管上标明的线圈密度,由公式(5-65)计算出螺线管内的磁感应强度 B。

$$B = \mu_0 nI \qquad (5-65)$$

式中,n 为线圈密度,I 为流经线圈的电流强度,$\mu_0 = 4\pi \times 10^{-7}$ H/m 为真空中的磁导率。

⑥由欧姆定律 $R = U/I$ 计算磁阻。

⑦以磁感应强度 B 作横坐标,磁阻为纵坐标做出磁阻特性曲线。

2. GMR 模拟传感器的磁电转换特性测量

(1)实验装置。巨磁阻实验仪,基本特性组件。有两种模拟传感器供测试、比较。

(2)测量。

①将 GMR 模拟传感器置于螺线管磁场中,功能切换按钮切换为"传感器测量"。实
验仪的 5V 电压源接至基本特性组件"试件供电",恒流源接至"螺线管电流输入",基本特
性组件"模拟信号输出"接至实验仪电压表。

②将 GMR 模拟传感器置于螺线管磁场中,功能切换按钮切换为"传感器测量"。实验仪的 4V 电压源接至基本特性组件"巨磁电阻供电",恒流源接至"螺线管电流输入",基本特性组件"模拟信号输出"接至实验仪电压表。

③调节励磁电流,逐渐减小磁场强度,记录相应的输出电压于表格"减小磁场"列中。由于恒流源本身不能提供负向电流,当电流减至 0 后,交换恒流输出接线的极性,使电流反向。再次增大电流,此时流经螺线管的电流与磁感应强度的方向为负,从上到下记录相应的输出电压。

④电流至 -100mA 后,逐渐减小负向电流,电流到 0 时同样需要交换恒流输出接线的极性。从下到上记录数据于"增大磁场"列中。

⑤用同样的方法和同样的表格对模拟传感器 2 进行测量。

⑥根据螺线管上标明的线圈密度,由公式(5-65)计算出螺线管内的磁感应强度 B。

⑦以磁感应强度 B 作横坐标,电压表的读数为纵坐标做出磁电转换特性曲线。

3. GMR 开关(数字)传感器的磁电转换特性曲线测量

(1)实验装置。巨磁阻实验仪,基本特性组件。

(2)测量。

①将 GMR 模拟传感器于螺线管磁场中,功能切换按钮切换为"传感器测量"。实验仪的 4V 电压源接至基本特性组件"巨磁电阻供电","电路供电"接口接至基本特性组件对应的"电路供电"输入插孔,恒流源接至"螺线管电流输入",基本特性组件"开关信号输出"接至实验仪电压表。

②从 50mA 逐渐减小励磁电流,输出电压从高电平(开)转变为低电平(关)时记录相应的励磁电流于"减小磁场"列中。当电流减至 0 后,交换恒流输出接线的极性,使电流反向。再次增大电流,此时流经螺线管的电流与磁感应强度的方向为负,输出电压从低电平(关)转变为高电平(开)时记录相应的负值励磁电流于"减小磁场"列中。将电流调至 -50mA。

③逐渐减小负向电流,输出电压从高电平(开)转变为低电平(关)时记录相应的负值励磁电流于"增大磁场"列中,电流到 0 时同样需要交换恒流输出接线的极性。输出电压从低电平(关)转变为高电平(开)时记录相应的正值励磁电流于"增大磁场"列中。

④根据螺线管上标明的线圈密度,由公式(5-65)计算出螺线管内的磁感应强度 B。

⑤以磁感应强度 B 作横坐标,电压读数为纵坐标做出开关传感器的磁电转换特性曲线。

4. 用 GMR 模拟传感器测量电流

(1)实验装置。巨磁阻实验仪、电流测量组件。

(2)测量。

①实验仪的 4V 电压源接至电流测量组件"巨磁电阻供电",恒流源接至"待测电流输入",电流测量组件"信号输出"接至实验仪电压表。

②将待测电流调节至 0。

③将偏置磁铁转到远离 GMR 传感器,调节磁铁与传感器的距离,使输出约 25mV。

④将电流增大到 300mA,按数据逐渐减小待测电流,从左到右记录相应的输出电压

于"减小电流"行中。由于恒流源本身不能提供负向电流,当电流减至 0 后,交换恒流输出接线的极性,使电流反向。再次增大电流,此时电流方向为负,记录相应的输出电压。

⑤逐渐减小负向待测电流,从右到左记录相应的输出电压于"增加电流"行中。当电流减至 0 后,交换恒流输出接线的极性,使电流反向。再次增大电流,此时电流方向为正,记录相应的输出电压。

⑥将待测电流调节至 0。

⑦将偏置磁铁转到接近 GMR 传感器,调节磁铁与传感器的距离,使输出约 150mV。

⑧用低磁偏置时同样的实验方法,测量适当磁偏置时待测电流与输出电压的关系。

⑨以电流读数作横坐标,电压表的读数为纵坐标作图。分别做出 4 条曲线。

5.GMR 梯度传感器的特性及应用

(1)实验装置。巨磁阻实验仪、角位移测量组件。

(2)测量。

①将实验仪 4V 电压源接角位移测量组件"巨磁电阻供电",角位移测量组件"信号输出"接实验仪电压表。

②逆时针慢慢转动齿轮,当输出电压为零时记录起始角度,以后每转 3° 记录一次角度与电压表的读数。转动 48° 齿轮转过 2 齿,输出电压变化 2 个周期。

③以齿轮实际转过的度数为横坐标,电压表的读数为纵向坐标作图。

6.磁记录与读出

同学可自行设计一个二进制码,按二进制码写入数据,然后将读出的结果记录下来。

(1)实验装置。巨磁阻实验仪、磁读写组件、磁卡。

(2)测量。

①实验仪的 4V 电压源接磁读写组件"巨磁电阻供电","电路供电"接口接至基本特性组件对应的"电路供电"输入插孔,磁读写组件"读出数据"接至实验仪电压表。

②将需要写入与读出的二进制数据记录。

③将磁卡插入,"功能选择"按键切换为"写"状态。缓慢移动磁卡,根据磁卡上的刻度区域切换"写 0""写 1"。

④将"功能选择"按键切换为"读"状态,移动磁卡至读磁头处,根据刻度区域在电压表上读出电压,记录。

(由于测试卡区域的两端数据记录可能不准确,因此实验中只记录中间的 1~8 号区域的数据。)

【注意事项】

(1)由于巨磁阻传感器具有磁滞现象,因此,在实验中,恒流源只能单方向调节,不可回调。否则测得的实验数据将不准确。实验表格中的电流只是作为一种参考,实验时以实际显示的数据为准。

(2)测试卡组件不能长期处于"写"状态。

(3)实验环境不得处于强磁场中。

【数据处理】

用坐标纸或 Origin 软件绘图。

【课后思考】

(1)同一外磁场强度下增加电流与减小电流时磁阻的差值反映了材料的什么特性？

(2)说说用 GMR 开关传感器的开关特性已制成的各种接近开关所应用的领域。

5.15　太阳能电池伏-安特性测量

实验简介

太阳能电池也称光伏电池,是将太阳辐射能直接转换为电能的器件。由这种器件与相配套的装置组成的太阳能电池发电系统具有不消耗常规能源、无转动部件、寿命长、维护简单、使用方便、功率大小可任意组合、无噪声、无污染等优点。世界上第一块实验用半导体太阳能电池是美国贝尔实验室于 1954 年研制的。经过 60 多年的努力,太阳能电池的研究、开发与产业化已取得巨大进步。目前太阳能电池的应用领域除人造卫星和宇宙飞船外,已应用于许多民用领域,如太阳能汽车、太阳能游艇、太阳能收音机、交通/铁路信号灯等;唯一的缺陷是成本相对较高。从长远来看,随着太阳能电池制造技术的改进以及新的光—电转换装置的发明,各国对环境的保护和对再生清洁能源的巨大需求,太阳能电池仍将是利用太阳辐射能比较切实可行的方法,可为人类未来大规模地利用太阳能开辟广阔的前景。

太阳能电池根据所用材料的不同,可分为硅太阳能电池、多元化合物薄膜太阳能电池、聚合物多层修饰电极型太阳能电池、纳米晶太阳能电池四大类,其中硅太阳能电池是目前发展最成熟的,在应用中居主导地位。

本实验是对晶体硅材料的太阳能电池的伏安特性测量,让学生了解太阳电池的工作原理及其技术参数。

【预习思考题】

(1)如图 5-63 所示的实验电路中,电阻 R_3、R_4 的作用是什么？

(2)如图 5-63 所示的实验电路中,CH1 两端、CH2 两端分别采集的是什么物理量数据？

图 5-63　实验电路

【实验目的】

(1)了解太阳能电池的工作原理及其应用。

(2)测量太阳能电池的伏-安特性曲线。

(3)确定不同条件下太阳能电池的基本技术参数。

【实验原理】

1.太阳能电池的结构

以晶体硅太阳能电池为例,其结构如图 5-64 所示。晶体硅太阳电池以硅半导体材料制成大面积 pn 结进行工作,一般采用 n+/p 同质结的结构,如在约 10cm×10cm 面积的 p 型硅片(厚度0.3μm)的经过重掺杂的 n 型层上面制作金属栅线,作为正面接触电极;在整个背面也制作金属膜,作为背面欧姆接触电极。这样就形成了晶体硅太阳能电池。为了减少光的反射损失,一般在整个表面上再覆盖一层减反射膜。

图 5-64 晶体硅太阳能电池的结构

2.光伏效应

当光照射在距太阳电池表面很近的 pn 结时,只要入射光子的能量大于半导体材料的禁带宽 Eg,则 p 区、n 区吸收光子会产生电子-空穴对。

如果外电场处于开路状态,那么这些光生电子和空穴积累在 pn 结附近,使 p 区获得附加正电荷,n 区获得附加负电荷,这样在 pn 结上产生一个光生电动势。这一现象称为光伏效应(Photovoltaic Effect)。

3.太阳能电池的基本技术参数

(1)短路电流:$I_{sc}=I_{ph}$,I_{ph} 为与入射光的强度成正比的光生电流。

(2)开路电压:$V_{oc}=\dfrac{nk_BT}{q}\ln\left(\dfrac{I_{sc}}{I_o}+1\right)$。

(3)最大功率 P_m:$P_m=I_mV_m$,式中 I_m 和 V_m 分别为最佳工作电压。

(4)填充因子 FF:最大功率 P_m 与 I_{sc} 和 V_{oc} 乘积之比

$$FF=\frac{P_m}{V_{oc}I_{sc}}=\frac{V_mI_m}{V_{oc}I_{sc}}$$

FF 为太阳能电池的重要表征参数,FF 愈大则输出的功率愈高。FF 取决于入射光强、材料的禁带宽度、理想系数、串联电阻和并联电阻等。

4.太阳能电池的等效电路

(1)理想的太阳能电池等效电路。理想的太阳能电池等效电路如图 5-65 所示。当连接负载的太阳能电池受到光照射时,太阳能电池可视为产生光生电流 I_{ph} 的恒流源,与之并联一个处于正偏置下的二极管 D。

(2)实际的太阳能电池等效电路。在实际的太阳能电池中,太阳能电池本身还有电阻,一类是由于导体材料的体电阻、金属电极与半导体材料的接触电阻、扩散层横向电阻以及金属电极本身的电阻四个部分产生的串联电阻 R_s,通常小于 1Ω;另一类是由于电池表面污染、半导体晶体缺陷引起的边缘漏电或耗尽区内的复合电流等原因产生的旁路电阻 R_{sh},一般为几千欧姆。所以实际的太阳能电池等效电路由一理想电流源 I_{ph}、一个理想二极管 D、一个并联电阻 R_{sh} 与一个串联电阻 R_s 所组成的电路来表示,如图 5-66 所示。

5.太阳能电池的伏-安特性

太阳能电池伏-安特性如图 5-67 所示。

图 5-65　理想的太阳能电池等效电路

图 5-66　太阳能电池的等效电路

图 5-67　太阳电池的伏-安特性曲线

【仪器设备】

1.实验仪器

(1)太阳能光伏组件。

(2)辐射光源,300W 卤钨灯。

(3)数据采集器。接线板,负载电阻。

仪器设备

2.主要仪器介绍

(1)太阳能光伏组件,由 20 块 $5cm \times 5cm$ 的太阳电池串联组成,功率为 5W。

(2)数据采集器,两通道(CH1、CH2)$-5 \sim +5V$ 电压量采集;其中红色插空是正极,黑色是负极;通过 CH1、CH2 采集物理量的数据,并能以 EXCEL 形式输出相应的采集数据。详可见本书"3.4 中数据采集器"部分。

【实验内容及数据记录】

1.电路连接与调试

(1)将太阳光伏组件,负载电阻 R_0、R_1、R_2 通过接线板连成回路,如图 5-63 所示,同时,将采样电阻 R_3、R_4 串联后与太阳能光伏组件并联,如图 5-63 所示。

实验内容

(2)把路端电压连接到数据采集器 CH1 输入端,把 R_0 两端的电压接入数据采集器 CH2 输入端,并设置数据采集器 X 轴为 CH1,Y 轴为 CH2。

(3)改变负载电阻 R_1 和 R_2,采集流经负载的电流 I 和负载上的电压 V,即可得到该光伏组件的伏-安特性曲线。测量过程中辐射光源与光伏组件的距离要保持不变,以保证整个过程中是在相同光照度下进行的。

2.分别测量以下几种条件下光伏组件的伏-安特性曲线

(1)辐射光源与光伏组件的距离为60cm。

(2)辐射光源与光伏组件的距离为80cm。

(3)辐射光源与光伏组件的距离为80cm,并且电池板转过一角度(如30°)。(演示实验)

(4)辐射光源与光伏组件的距离为80cm,将两组光伏组件串联。

(5)辐射光源与光伏组件的距离为80cm,将两组光伏组件并联。

3.用计算机绘图软件画出不同条件下的关系图

(1)光伏组件的伏-安特性曲线。

(2)光伏组件的输出功率P随负载电压V的变化。

(3)光伏组件的输出功率P随负载电阻R的变化。

确定不同条件下光伏组件的短路电流I_{sc},开路电压V_{oc},最大功率P_m,最佳工作电流I_m、工作电压V_m及负载电阻R_m,填充因子FF,并将这些实验数据列在一表格内进行比较。

【注意事项】

(1)连接电路时,保持太阳能电池无光照条件。

(2)连接电路时,保持电源开关断开。

(3)辐射光源的温度较高,应避免与灯罩接触。

(4)不用时,避免太阳光照射太阳能电池。

【数据处理】

(1)运用数据采集器的数据输出功能,自己保存相关数据,并将数据存于指导教师处。

(2)用计算机处理相关数据,按实验内容,得出相应的实验结果和结论。

数据处理

(3)为便于分析比较,将几种距离下的伏-安特性曲线作在同一图中,几种距离下的输出功率P随负载电压V的变化曲线作在同一图中,输出功率P随负载电阻R的变化曲线作在同一图中。

【课后思考】

你认为,把太阳能电池用于民用发电,应解决哪些问题?

思考与讨论

5.16 抛射体运动的照相法研究
——数码相机及计算机在实验中的应用

【任务与要求】

(1)对运动独立性原理进行研究:用数码相机动画功能,分时均匀采样记录抛射体运动物体的多帧照片,分析它的水平和垂直运动。

(2)学习数码相机操作;初步学会使用 Premiere、Photoshop 等软件来处理照片,从分帧照片中提取时间和位置的信息(t、X、Y)。

(3)学习用计算机软件处理实验数据,制作抛射体运动的轨迹图。得出运动规律:写出运动物体在水平和垂直方向的运动公式,算出重力加速度及其百分误差。

【可供选择的仪器设备】

数码相机、电脑、抛射小球、抛射屏、抛射轨道等。

【实验提示】

实验利用数码相机拍摄小球的抛射体运动的动画,将动画片装入电脑,用 Photoshop 软件从单幅静止图片中提取实验信息,并制作如图 5-68 所示的轨迹图,进行相应数据分析。找出物体运动规律,以加深对运动独立性原理的认识。

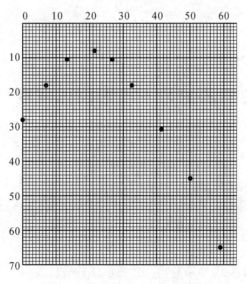

图 5-68 抛射体运动的实验轨迹

5.17 数字温度计的设计制作

【任务与要求】

(1)用 AD590 制作测温范围为 0～50℃的用数字电压表显示温度的数字温度计。

(2)对 AD590 进行定标。

(3)设计用 AD590 作为测温的电路原理图。

(4)写出测温原理、测量步骤。

(5)进行安装调试和测量,记录相关数据,用自制温度计和标准温度计进行数据对比,求出百分误差。

(6)写出实验总结报告并分析测量中产生误差的主要原因。

【可供选择的仪器设备】

FD－WTC－D 型恒温控制温度传感器、万用表 1 块、电阻箱 3 个、保温杯、AD590 集成电路温度传感器。

【实验提示】

(1)AD590 电流型集成温度传感器特性见本书 5.2 节内容。

(2)利用 AD590 集成电路温度传感器的特性,制成的数字式摄氏温度计是:AD590 器件在 0℃时,数字电压显示值为"0mV";而当 AD590 器件处于 t℃时,数字电压表显示值为"tmV"。

5.18 用力敏传感器测量不规则固体密度

【任务与要求】

(1)测量一元硬币的密度,并用不确定表示。

(2)用 Origin 数据处理软件求出硅压阻式力敏传感器的灵敏度 K 值。

(3)用排液法测量。

本实验视频

(4)设计实验方案,写出实验步骤。

(5)分析本实验的主要误差来源,写出实验总结报告。

【可供选择的仪器设备】

FD－NST 型液体表面张力系数测定仪(见图 4-19),一元硬币。

【实验提示】

力敏传感器测力原理见本书 4.7 节内容。

5.19　自组望远镜

【任务与要求】

(1)组装望远镜。要求放大倍数为 5 倍左右,设计实验方案,写出实验步骤。

(2)测定望远镜的放大率,并用不确定表示。

(3)分析本实验的主要误差来源,写出实验总结报告。

【可供选择的仪器设备】

实验光学平台、光源、物镜 L_o(焦距 $f' = 225\text{mm}$)、测微目镜 L_e、物体(毫米尺 F)、多个磁力表座、调整架、接收白屏等。

【实验提示】

最简单的望远镜是由一片长焦距的凸透镜作为物镜,用一短焦距的凸透镜作为目镜组合而成。远处的物经过物镜在其后焦面附近成一缩小的倒立实像,物镜的像方焦平面与目镜的物方焦平面重合。而目镜起放大镜的作用,把这个倒立的实像再放大成一个正立的像,望远镜的光路如图 5-69 所示。人眼通过望远镜观察物体,相当于将远处的物体拉到了近处观察,实质上起到了视角放大的作用。

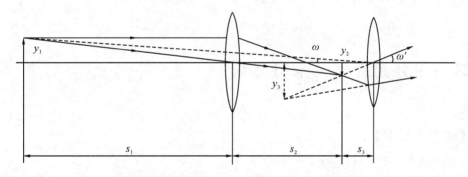

图 5-69　观察有限远物体时的望远镜光路

5.20　自组显微镜

【任务与要求】

(1)组装显微镜。设计实验方案,写出实验步骤。

(2)测定显微镜的视角放大率,并用不确定表示。

(3)分析本实验的主要误差来源,写出实验总结报告。

【可供选择的仪器设备】

实验光学平台及底座、带有毛玻璃的白炽灯光源、1/10mm 分划板、二维调整架 2 个、物镜($f=15$mm)、测微目镜 L_e、读数显微镜架。

【实验提示】

显微镜由物镜和目镜构成,物镜的焦距很短,通过物镜成一放大实像,然后再通过目镜在明视距离处成一放大的虚像。光路如图 5-70 所示。

图 5-70　光路

5.21　用分光计研究汞灯光谱

【任务与要求】

(1)测出 1、2 级光谱,求百分误差。

(2)设计实验方案,写出实验步骤。

(3)分析测量中产生误差的主要原因,写出实验总结报告。

【可供选择的仪器设备】

JJY 型分光计(附件:变压器 6.3V/220V)、平面反射镜、手持照明放大镜、平面全透射光栅、汞灯。

【实验提示】

光栅衍射原理见本书 5.4 节内容。

5.22　用读数显微镜观测牛顿环

【任务与要求】

(1)用牛顿环法测量透镜的曲率半径。

(2)用图解法解出透镜的曲率半径 R。

(3)与参考值比较求出百分误差。

(4)设计实验方案,写出实验步骤。

(5)分析测量中产生误差的主要原因,写出实验总结报告。

本实验视频

【可供选择的仪器设备】

读数显微镜,牛顿环,钠光灯(波长 589.3nm)。

【实验提示】

实验原理:

干涉图样有透射式和反射式两种。本书"4.15 节用 CCD 成像系统观测牛顿环"部分是透射式,本实验是反射式。

牛顿环装置如图 5-71(a)所示。当单色光垂直地照射于牛顿环装置时(见图 5-71),如果从反射光的方向观察,就可以看到透镜与平板玻璃接触处有一个暗点,周围环绕着一簇同心的明暗相间的内疏外密圆环,这些圆环就叫作牛顿环,如图 5-71(b)所示。

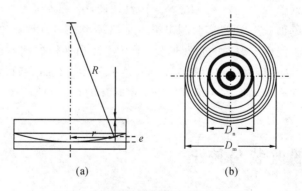

(a)　　　　　　　　　　(b)

图 5-71　牛顿环装置和反射式干涉图案

在平凸透镜和平板玻璃之间有一层很薄的空气层,通过透镜的单色光一部分在透镜和空气层的交界面上反射,一部分通过空气层在平板玻璃上表面上反射,这两部分反射光符合相干条件,它们在平面透镜的凸面上相遇时就会产生干涉现象。当透镜凸面的曲率半径很大时,在相遇时的两反射光的几何路程差为该处空气间隙厚度 e 的两倍,即 $2e$;又因为这两条相干光线中一条光线通过空气层在平板玻璃上表面上反射,在光密介质面上的反射,存在半波损失,而另一条光线来自光疏介质面上的反射,不存在半波损失。所以,在两相干光相遇时的总光程差为:

$$\Delta = 2e + \frac{\lambda}{2} \tag{5-66}$$

当光程差满足

$$\Delta = 2e + \frac{\lambda}{2} = (2k+1)\frac{\lambda}{2}, k = 0,1,2,3,\cdots \tag{5-67}$$

即 $$2e = k\lambda \tag{5-68}$$

时,为暗条纹。

$$\Delta = 2e + \frac{\lambda}{2} = 2k\frac{\lambda}{2}, k = 0,1,2,3,\cdots \tag{5-69}$$

即 $$2e = k\lambda - \frac{\lambda}{2} \tag{5-70}$$

时,为明条纹。

由(5-68)式,可见透镜与平板玻璃接触处 $e=0$,故为一个暗点,由于空气膜的厚度从中心接触点到边缘逐渐增加,这样交替地满足明纹和暗纹条件,所有厚度相同的各点,处在同一同心圆环上,所以我们可以看到一簇的明暗相间的圆环。

如图 5-71(a)所示,由几何关系,可得第 k 个圆环处空气层的厚度 e_k 和圆环的半径 r_k 的关系,即

$$r_k^2 = R^2 - (R - e_k)^2 = 2Re_k - e_k^2 \tag{5-71}$$

因为 $R \gg e_k$,所以可略去 e_k^2,即

$$e_k = \frac{r_k^2}{2R} \tag{5-72}$$

实验中测量通常用暗环,从(5-72)式和(5-68)式得到第 K 级暗环的半径为

$$r_k^2 = kR\lambda, k = 0,1,2,3,\cdots \tag{5-73}$$

若已知单色光的波长 λ,通过实验测出第 k 个暗环半径 r_k,由(5-73)式就可以计算出透镜的曲率半径 R。但由于玻璃的弹性形变,平凸透镜和平板玻璃不可能很理想地只以一点接触,这样就无法准确地确定出第 k 个暗环的几何中心位置,所以第 k 个暗环半径 r_k 难以准确测得。故比较准确地方法是测量第 k 个暗环的直径 D_k。

5.23　电表的改装与校正

【任务与要求】

(1)将表头($100\mu A$)的电流表改装成 10mA 电流表(扩大量程),校正改装后的表。

(2)将表头($100\mu A$)的电流表改装成 1V 的电压表,校正改装后的表。

(3)根据实验室提供的仪器,自行设计实验实施方案(设计实验电路,写出实验步骤,写出要测量的量,自拟数据记录和数据处理表格)。

(4)画出电表校正曲线。

本实验视频

(5)写出实验总结报告并进行误差分析。

【可供选择的仪器设备】

名称	数量	规格/型号
(1)直流稳压电源	1 台	0～30V 可调
(2)表头	1 只	100μA
(3)电阻箱	1 只	
(4)标准电压表	1 只	
(5)标准电流表	1 只	
(6)开关	1 只	
(7)滑线变阻器	1 只	
(8)电阻	1 只	10kΩ
(9)可变电阻器	1 只	10kΩ
(10)短接桥和连接导线	若干	P8－1 和 50148
(11)实验用 9 孔插件方板	1 块	297mm×300mm

【实验提示】

(1)用替代法测量表头内阻和满偏电流。

(2)将表头改装成量程为 10mA 的电流表,先计算分流电阻阻值,再改装表,改装好再校正。

(3)将表头改装成量程为 1V 的电压表,先计算分压电阻阻值,再改装表,改装好再校正。

5.24　用双踪示波器测 RLC 电路的相位关系

【任务与要求】

(1)当 RLC 串联时,用示波器分析出各元件的电压相位关系。

(2)当 RLC 并联时,用示波器分析出流过各元件电流的相位关系。

(3)根据实验室提供的仪器,自行设计实验实施方案(设计实验电路,写出实验步骤,写出要测量的量,自拟数据记录和数据处理表格)。

(4)写出实验总结报告并进行误差分析。

【可供选择的仪器设备】

示波器、信号发生器、各种规格的电阻、电容、电感。

【实验提示】

本设计中应解决示波器的共地问题及如何用示波器来显示电流相位。

1.共地解决方法

(1)RLC 串联时,以各元件上电压与端电压的相位关系,来得到二元件之间的相位关系。

(2)RLC 串联时,利用倒相装置直接得到各元件上电压的相位关系。

2.电流显示方法

可以通过(加)一小电阻上电压和流过的电流其大小和相位都相等,来实现显示电流的大小和相位关系。

3.设计思路

(1)当 RLC 串联时,主要测量加在各元件上的电压与端电压之间的相位关系。

(2)当 RLC 并联时,主要测量流过各支路的电流与端电压之间的相位关系。

5.25　电路元件伏-安特性的测绘

【任务与要求】

(1)测量非线性电阻元件伏安特性。

(2)根据实验室提供的仪器,自行设计实验实施方案(设计实验电路,写出实验步骤,写出要测量的量,自拟数据记录和数据处理表格)。

(3)绘制其特性曲线。

(4)写出实验总结报告并进行误差分析。

【可供选择的仪器设备】

名称	数量	规格/型号
(1)DC 电源	1 台	$\pm 15V$、$0 \sim 30V$ 可调
(2)万用表	2 台	
(3)电阻	2 只	$100\Omega \times 1$　$300\Omega \times 1$
(4)白炽灯泡	1 只	
(5)灯座	1 只	$M=9.3mm$
(6)二极管	1 只	2AP14
(7)电位器	1 只	$1k\Omega$
(8)短接桥和连接导线	若干	P8-1 和 50148
(9)实验用 9 孔插件方板	1 块	$297mm \times 300mm$

【实验提示】

1.测量小灯泡的伏安特性

设计电路,改变电源电压大小,测量出通过灯泡的电流与灯泡两端的电压的对应数据。

2.测量半导体二极管的伏安特性

(1)设计测量二极管伏安特性电路过程中应注意设计保护电路,以防二极管击穿。

(2)应测量二极管正向特性和反向特性,测量反向特性时应选用直流微安表。因为,二极管的反向电阻很大,流过它的电流很小。

5.26　电路混沌效应

【任务与要求】

(1)学习并观察电路混沌效应。

(2)根据实验室提供的仪器,自行设计实验实施方案(设计实验电路,写出实验步骤,写出要测量的量,自拟数据记录和数据处理表格)。

(3)分析和讨论分析电路混沌效应产生的原因。

(4)写出实验总结报告。

【可供选择的仪器设备】

名称	数量	规格/型号
(1)直流稳压电源	1 台	
(2)集成运放	1 块	TL082
(3)集成块座	1 只	双运放座
(4)电容	2 只	$22\mu F \times 1, 0.1\mu F \times 1$
(5)电位器	2 只	$220\Omega \times 1, 1k\Omega \times 1$
(6)电阻	6 只	$100\Omega \times 2, 1k\Omega \times 1, 2k\Omega \times 1, 10k\Omega \times 2$
(7)线圈	1 只	1000 圈
(8)短接桥和连接导线	若干	P8 - 1 和 50148
(9)实验用 9 孔插件方板	1 块	$297mm \times 300mm$

【实验提示】

按图 5-72 连接电路,调节 R_7、R_8,用双踪示波器从 CH1、CH2 处接入,观察电路混沌效应。

图 5-72　电路

【附录】
国际单位制和某些常用物理数据

表1　国际单位制的基本单位

物理量		单位		
名称	符号	名称	符号	定义
长度	l	米	m	1米是光在真空中在 1/299792458 秒的时间间隔内的距离
质量	m	千克	kg	1千克是对应普朗克常量为 $6.62607015 \times 10^{-34}$ J·s 时的质量单位
时间	t	秒	s	1秒是铯-133原子基态两个超精细能级之间跃迁所对应的辐射的 9192631770 周期的持续时间
电流	I	安[培]	A	在真空中相距1米的两无限长直导线（截面可忽略），若流过其中的电流使得两条导线之间产生的力在每米长度上等于 2×10 牛，则此时的电流就是1安培。
热力学温度	T	开[尔文]	K	1开是水三相点热力学温度的 1/273.16
物质的量	ν 或 n	摩[尔]	mol	摩尔是精确包含 $6.02214076 \times 10^{23}$ 个原子或分子等基本单元的系统的物质的量
发光强度	I	坎[德拉]	cd	坎德拉是一光源在给定方向的发光强度，该光源发出频率为 540×10 Hz 的单色辐射，且在此方向上的辐射强度为 1/683W/sr

表2　国际单位制的辅助单位

量的名称	单位名称	单位符号		国际
		定义	中文	
平面角	弧度	弧度	rad	当一个圆内两条半径在圆周上截取的弧长与半径相等时，则其间的夹角为1弧度
立体角	球面度	球面度	sr	如果一个立体角的顶点位于球心，其在球面上所截取的面积等于以球半径为边长的正方形面积时，即为一个球面度

表3   国际单位制中具有专门名称的导出单位

量的名称	单位名称/符号	单位换算	量的名称	单位名称/符号	单位换算
频率	赫[兹]/Hz	$1Hz=1s^{-1}$	电感	亨[利]/H	$1H=1Wb/A$
力	牛[顿]/N	$1N=1kg \cdot m/s^2$	磁通[量]	韦[伯]/Wb	$1Wb=1V \cdot s$
压强	帕[斯卡]/Pa	$1Pa=1N/m^2$	磁感应强度 磁通[量]密度	特[斯拉]/T	$1T=1Wb/m^2$
摄氏温度	摄氏温度/℃	$1℃=1K+273.15$			
功、能[量], 热量	焦[耳]/J	$1J=1N \cdot m$	光通量	流[明]/lm	$1lm=1cd \cdot sr$
功率,辐 [射能]通量	瓦[特]/W	$1W=1J/s$	光照度	勒[克斯]/lx	$1lx=1lm/m^2$
电荷[量]	库[伦]/C	$1C=1A \cdot s$	放射性活度	贝可[勒尔]/Bq	$1Bq=1s^{-1}$
电位(电势) /电压/ 电动势	伏[特]/V	$1V=1W/A$	吸收剂量	戈[瑞]Gy $1Gy=1J/kg$	
电容	法[拉]/F	$1F=1C/V$	比授予能		
电阻	欧[姆]/Ω	$1Ω=1V/A$	比释动能		
电导	西[门子]/S	$1S=1Ω$	剂量当量	希[沃特]/Sv	$1Sv=1J/kg$

表4   可与国际单位制并用的我国的法定计量单位

量的名称	单位名称	单位符号	与SI换算关系和说明
时间	分 [小]时 日(天)	min h d	$1min=60s$ $1h=60min=3600s$ $1d=24h=86400s$
平面角	[角]秒 [角]分 度	(″) (′) (°)	$1″=(\pi/648000)rad$(π 为圆周率) $1′=60″=(\pi/10800)rad$ $1°=60′=(\pi/180)rad$
旋转速度	转每分	r · min^{-1}	$1r \cdot min^{-1}=(1/60)s^{-1}$
长度	海里	n mile	$1n\ mile=1852m$(只用于海程)
速度	节	kn	$1kn=1n\ mile \cdot h^{-1}$ $=(1852/3600)m \cdot s^{-1}$(只用于海里)
质量	吨 原子质量单位	t u	$1t=10^3 kg$ $1u≈1.6605402×10^{-27}kg$
体积	升	l 或 L	$1l=1dm^3=10^{-3}m^3$
能	电子伏	eV	$1eV≈1.60217733×10^{-19}J$
级差	分贝	dB	$1B=10dB$

续表

量的名称	单位名称	单位符号	与 SI 换算关系和说明
线密度	特[克斯]	tex	$1\text{tex}=10^{-6}\,\text{kg}\cdot\text{m}^{-1}$
面积	公顷	hm^2	$1\text{hm}^2=10^4\,\text{m}^2$

表 5　构成词头的十进倍数和分数单位

因数	词头名称		号	因数	词头名称		符号
	中文	英文			中文	英文	
10^{24}	尧[它]	yotta	Y	10^{-1}	分	deci	d
10^{21}	泽[它]	zetta	Z	10^{-2}	厘	centi	c
10^{18}	艾[可萨]	exa	E	10^{-3}	毫	milli	m
10^{15}	拍[它]	peta	P	10^{-6}	微	micro	μ
10^{12}	太[拉]	tera	T	10^{-9}	纳[诺]	nano	n
10^{9}	吉[咖]	giga	G	10^{-12}	皮[可]	pico	p
10^{6}	兆	Mega	M	10^{-15}	飞[姆托]	femto	f
10^{3}	千	Kilo	K	10^{-18}	阿[托]	atto	a
10^{2}	百	Hector	H	10^{-21}	仄[普托]	zepto	z
10^{1}	十	deca	da	10^{-24}	幺[科托]	yocto	y

表 6　常用物理量常量

	物理量	符号,数值,单位
1	真空中的光速	$C=2.99792458\times10^8\,\text{m}\cdot\text{s}^{-1}$
2	电子的静止质量	$m_e=9.10938215(54)\times10^{-31}\,\text{kg}$
3	电子的电荷	$e=1.602176487(40)\times10^{-19}\,\text{C}$
4	质子电子质量比	$m_p/m_e=1836.1515$
5	电子 g 因子	$g_e=2.0023193043622(15)$
6	电子旋磁比	$\gamma_e=1.760859770(44)\times10^{11}\,(\text{s}\cdot\text{T})^{-1}$
7	质子 g 因子	$g_P=5.585694713(46)$
8	质子旋磁比	$\gamma_P=2.675222099(70)\times10^8\,(\text{s}\cdot\text{T})^{-1}$
9	普朗克常量	$h=6.62606896(33)\times10^{-34}\,\text{J}\cdot\text{S}$
10	阿佛伽德罗常量	$N_0=6.02214179(30)\times10^{23}\,\text{mol}^{-1}$
11	原子质量单位	$u=1.660538782(83)\times10^{-27}\,\text{kg}$
12	氢原子的里德伯常量	$R_H=1.0973731568527(73)\times10^7\,\text{m}^{-1}$
13	摩尔气体常量	$R=8.314472(15)\,\text{J}\cdot\text{mol}^{-1}\cdot\text{K}^{-1}$

续表

	物理量	符号,数值,单位
14	波耳兹曼常量	$K = 1.3806504(24) \times 10^{-23} \, \text{mol} \cdot \text{K}^{-1}$
15	万有引力常量	$G = 6.67428(67) \times 10^{-11} \, \text{m}^3 \text{kg}^{-1} \text{s}^{-2}$
16	标准大气压	$P_0 = 101325 \text{P}_a$
17	冰点的绝对温度	$T_0 = 273.15\text{K}$
18	标准状态下干燥空气的密度	$\rho_{空气} = 1.293 \text{kg} \cdot \text{m}^{-3}$
19	标准状态下水银的密度	$\rho_{水银} = 13595.04 \text{kg} \cdot \text{m}^{-3}$
20	标准状态下理想气体的摩尔体积	$V_m = 22.413996(36) \times 10^{-3} \, \text{m}^3 \cdot \text{mol}^{-1}$
21	宁波地区重力加速度	$g = 9.793 \text{m} \cdot \text{s}^{-2}$

表 7 常用光谱灯和激光器的可见谱线波长

元素	波长 λ /nm	元素	波长 λ /nm
氢(H)	656.28H$_\alpha$ 红 486.13H$_\beta$ 蓝绿 434.05H$_\gamma$ 蓝 410.17H$_\delta$ 蓝紫 397.01H$_\varepsilon$ 蓝紫 388.90H$_\varepsilon$ 紫	汞(Hg)	690.72 深红 弱 671.62 深红 弱 623.44 红 中 612.33 红 弱 589.02 黄 弱 585.94 黄 弱 579.07 黄 强 578.97 黄 强 576.96 黄 强 567.59 黄绿 很弱 546.07 绿 很强 535.40 绿 弱 496.03 蓝绿 中 491.60 蓝绿 中 435.84 蓝紫 很强 434.75 蓝紫 中 433.92 蓝紫 弱 410.81 紫 弱 407.78 紫 中 404.66 紫 强
钠(Na)	589.59 黄 很强 589.00 黄 很强 568.83 黄绿 中 568.28 黄绿 中 567.58 黄绿 强		
He－Ne (氦-氖)	632.8 橙红		

表 8 在不同温度下与空气接触的水的表面张力系数

温度/℃	$\sigma/(10^3 \text{N} \cdot \text{m}^{-1})$	温度/℃	$\sigma/(10^{-3} \text{N} \cdot \text{m}^{-1})$	温度/℃	$\sigma/(10^{-3} \text{N} \cdot \text{m}^{-1})$
0	75.62	16	73.34	30	71.15
5	74.90	17	73.20	40	69.55
6	74.76	18	73.05	50	67.90
8	74.48	19	72.89	60	66.17
10	74.20	20	72.75	70	64.41
11	74.07	21	72.60	80	62.60

续表

温度/℃	$\sigma/(10^3 \text{N} \cdot \text{m}^{-1})$	温度/℃	$\sigma/(10^{-3} \text{N} \cdot \text{m}^{-1})$	温度/℃	$\sigma/(10^{-3} \text{N} \cdot \text{m}^{-1})$
12	73.92	22	72.44	90	60.74
13	73.78	23	72.28	100	58.84
14	73.64	24	72.12		
15	73.48	25	71.96		

表 9　蓖麻油在不同温度时的黏滞系数 η

温度/℃	5	10	15	20	25	30	35	40	100
$\eta/(\text{Pa} \cdot \text{s})$	3.760	2.418	1.514	0.950	0.621	0.451	0.312	0.231	0.169

表 10　铜-康铜温差电偶的温差电动势

mV　　℃ ℃	0	1	2	3	4	5	6	7	8	9
90	3.652	3.694	3.736	3.778	3.820	3.862	3.904	3.946	3.988	4.030
100	4.072	4.115	4.157	4.199	4.242	4.285	4.328	4.371	4.413	4.456

表 11　固体的比热容

物质	温度/℃	比热容	
		kcal/kg · K	kJ/kg · K
铝	20	0.214	0.895
铜	20	0.092	0.385
铁	20	0.115	0.481

表 12　某些药物的旋光率　　　　单位:$(°) \cdot \text{g}^{-1} \cdot \text{cm}^3 \cdot \text{dm}^{-1}$

药名	$[\alpha]_\lambda^{20}$	药名	$[\alpha]_\lambda^{20}$
果糖	−91.9	桂皮油	−1～+1
葡萄糖	+52.5～+53.0	蓖麻油	+50 以上
樟脑(醇溶液)	+41～+43	维生素	+21～+22
蔗糖	+65.9	氯霉素	−20～−17
山道年(醇溶液)	−175～−170	薄荷脑	−50～−49

参考文献

[1] 成正维.大学物理实验[M].北京:高等教育出版社,2002.

[2] 沈元华,陆申龙.大学物理实验[M].北京:高等教育出版社,2003.

[3] 刘子臣.大学基础物理实验 [M].天津:南开大学出版社,2005.

[4] 霍剑青.大学物理实验[M].2 版.北京:高等教育出版社,2006.

[5] 吕斯骅,段家忯.基础物理实验[M].北京:北京大学出版社,2002.

[6] 石得华.物理实验指导[M].北京:兵器工业出版社,1996.

[7] 林抒,龚镇雄.普通物理实验 [M].北京:人民教育出版社,1981.

[8] 梁华翰,朱良铱,张立.大学物理实验[M].上海:上海交通大学出版社,1996.

[9] 胡盘新.大学物理手册[M].上海:上海交通大学出版社,1999.

[10] 隋成华,施建青.大学基础物理实验教程[M].杭州:浙江电子音像出版社,2001.

[11] 丁慎训,张孔时.物理实验教程(普通物理实验部分)[M].北京:清华大学出版社,1992.

[12] 华中工学院,天津大学,上海交通大学.普通物理实验[M].北京:高等教育出版社,1981.